厦门大学“双一流”建设子项目“建筑文化传统与传承”成果

“新闽南”建筑实践

厦门大学建筑与土木工程学院
教师优秀作品集(1987—2017)

主　编：王绍森
副主编：李立新

厦门大学出版社 XIAMEN UNIVERSITY PRESS
国家一级出版社
全国百佳图书出版单位

图书在版编目(CIP)数据

“新闽南”建筑实践：厦门大学建筑与土木工程学院教师优秀作品集：1987—2017/王绍森主编.
—厦门：厦门大学出版社，2018.12
ISBN 978-7-5615-7161-3

Ⅰ.①新… Ⅱ.①王… Ⅲ.①建筑设计—作品集—中国—现代 Ⅳ.①TU206

中国版本图书馆 CIP 数据核字(2018)第 254770 号

出 版 人 郑文礼
责任编辑 陈进才

出版发行 厦门大学出版社
社　　址 厦门市软件园二期望海路 39 号
邮政编码 361008
总 编 办 0592-2182177　0592-2181406(传真)
营销中心 0592-2184458　0592-2181365
网　　址 http://www.xmupress.com
邮　　箱 xmup@xmupress.com
印　　刷 厦门市竞成印刷有限公司

开本 889 mm×1 194 mm　1/16
印张 17.5
字数 450 千字
版次 2018 年 12 月第 1 版
印次 2018 年 12 月第 1 次印刷
定价 128.00 元

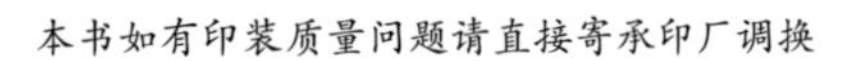

厦门大学出版社
微信二维码

厦门大学出版社
微博二维码

厦門大學建築與土木工程學院
SCHOOL OF ARCHITECTURE AND
CIVIL ENGINEERING XIAMEN UNIVERSTIY
SACE
1987

前 言

文心筑雅，营建乡城；三十而立，卓然前行！

厦门大学建筑与土木工程学院建院30年来，根据专业特点，强调教学团队的“双师型”人才构成，提倡人才培养应实行“学习与实践”相结合，知行合一，在“研究—教学—实践”全过程中培养人才，并取得了一定的成效。

在建筑设计创作中，我们强调应多元呈现，尤其应关注建筑的地域性表达研究。30年来，我院教师将建筑的地域性、时代性与文化性相结合，逐步形成了基于理论研究的厦门大学“新闽南”设计实践集体。30年来，我们创作了一些作品，影响了一些人群。“建筑文化传统与继承”列为厦门大学“双一流”建设子项目，就是对我们这种探索的最好肯定。

我们认为，应积极开展研究，同时把研究成果应用到实际中去，利用厦门大学建筑设计研究院、城乡规划设计研究院的科研平台等进行建筑创作和城乡规划研究，合作务实，虚实结合。

此书为我院教师30年来的大部分设计作品，其中大量作品获得各种荣誉和奖项。现结集呈现，求教大方，从中也见证了我们不断进取的奋斗足迹！

厦门大学建筑与土木工程学院院长、教授：

2017年12月08日

Preface

According to the tradition of architecture education, and the development strategy of School of Architecture and Civil Engineering of Xiamen University, most of the faculty simultaneously performs excellent roles as architect, city planner, researcher engineer and teacher, with the principle of integrating knowledge and practice implemented in their education efforts which leads to numerous successful works during the past three decades.

Works complied in the collection present impressive diversity and regionalism. Based upon theoretical research achievements, the design group conceptualizes the new "Minnan style" and perfectly interprets the culture and history of Southern Fujian through their works in cooperation with Architecture Design and Research Institute of Xiamen University, and Urban and Rural Planning and Design Research Institute of Xiamen University.

Wang Shaosen

School of Architecture and Civil Engineering, Xiamen University

December 8, 2017

目录

建筑篇

规划篇

建筑篇

厦门大学嘉庚主楼群

项目地点：福建厦门
设计单位：厦门大学建筑与土木工程学院
厦门大学建筑设计研究院
设计人员：黄 仁 王绍森 陈阳 徐文才 陆敏玉等
设计时间：1997—1999年
建设情况：已建成
获奖情况：2005年福建省优秀建筑工程设计一等奖
2005年住建部优秀工程设计三等奖
作品发表于
《建筑学报》《新建筑》《城市建筑》
《当代中国建筑集成Ⅱ》

项目用地面积40000㎡，总建筑面积55000㎡。建筑统领厦门大学校园总体关系，在校园中起控制作用；群体采取“一主四从”的组合模式，单体以现代语言抽象厦门大学嘉庚建筑特色，整个建筑体现了现代性与地域性的结合。

莆田天妃宾馆

项目地点：莆田市南门路
设计单位：厦门大学建筑与土木工程学院
厦门仁德振华建筑设计事务所
设计人员：黄仁 黄斐澜 王仁生等
设计时间：2001年
建设情况：已建成

天妃宾馆地处莆田市南门路和塘南街之间，但并不直接临街，而是临南门街为主入口，在塘南街一面也是局部，可作为次要出入口，或消防出入口。

天妃宾馆用地面积24946㎡，建筑总面积5605㎡，宾馆由一组多层建筑组合而成，有客房楼、商住楼，比较大的大堂和咖啡厅，中餐厅及 RTV、KTV 等娱乐用房。以及足浴、泳池，美容等健身用房，客房 177 间，总建筑 20000㎡。建筑的南面，主入口的东侧有一个近4000㎡的水池，为宾馆增色，特别是富有特色、造型略带简洁的大殿，金属翘脊，双坡大出檐及檐下的廊道，大堂室内富有妈祖特色的大堂，有垒石近岸水面，和“远航的船帆”。目前是莆田市一处环境质量良好，知名度较高的四星级酒店。

建德体育馆

项目地点：浙江省建德市

设计单位：厦门大学建筑与土木工程学院

厦门仁德振华建筑设计事务所

设计人员：黄仁 黄斐澜 王仁生等

设计时间：2002年

建设情况：已建成

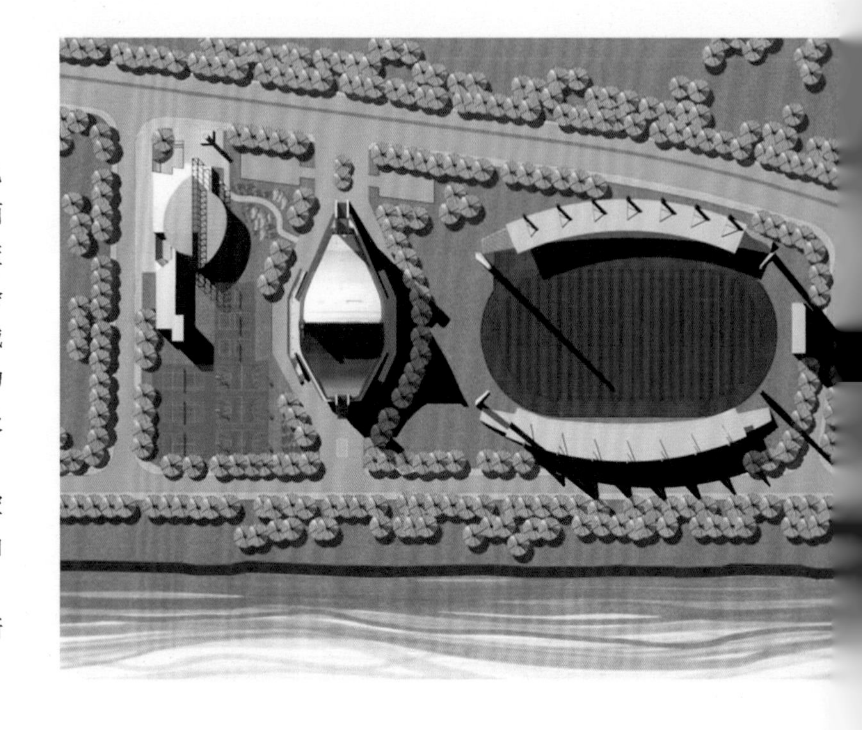

新安江体育馆是建德体育中心组成部分之一，地址位于建德焦山。总占地面积约1.3公顷，建筑总面积 33330 ㎡，拟建体育馆规模2500座，既能满足篮球、排球、手球、体操等比赛要求，还能满足大型会议、歌舞演出及电影放映等功能。建德是一个旅游城市，体育馆又坐落在新安江畔、城市人口处，设计力求功能合理，又能融入所在环境，成为城市景观点及城市标志之一。环境周边山峦及入口有塔体的上升，观众厅网架屋顶曲线上升，形成比赛厅主体向上的空间高潮。平面设计上沿长轴向两侧对称收进，外墙曲线衔接，有似“一船舱”。曲线上升的外墙因顶部、侧墙自然光的切割，形成两片如同舫帆的巨墙，与新安江上的江流相响应，有起锚扬帆之意境。

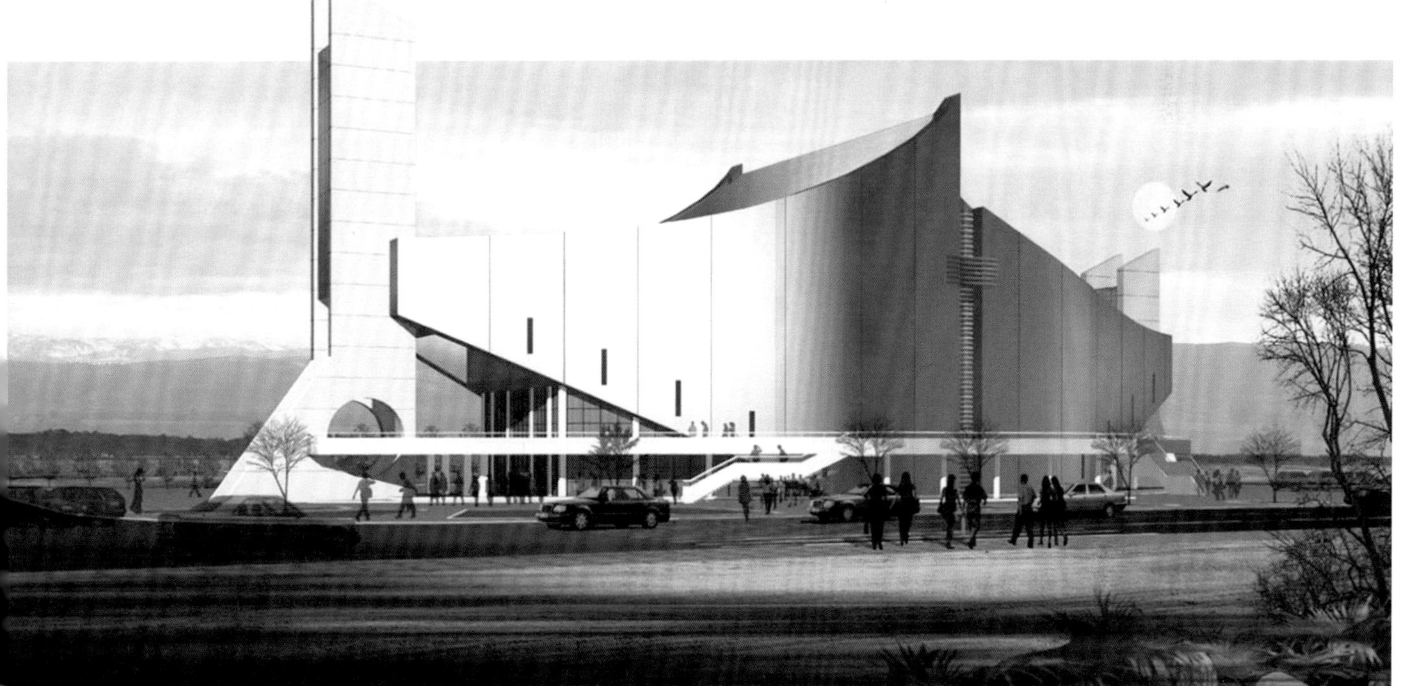

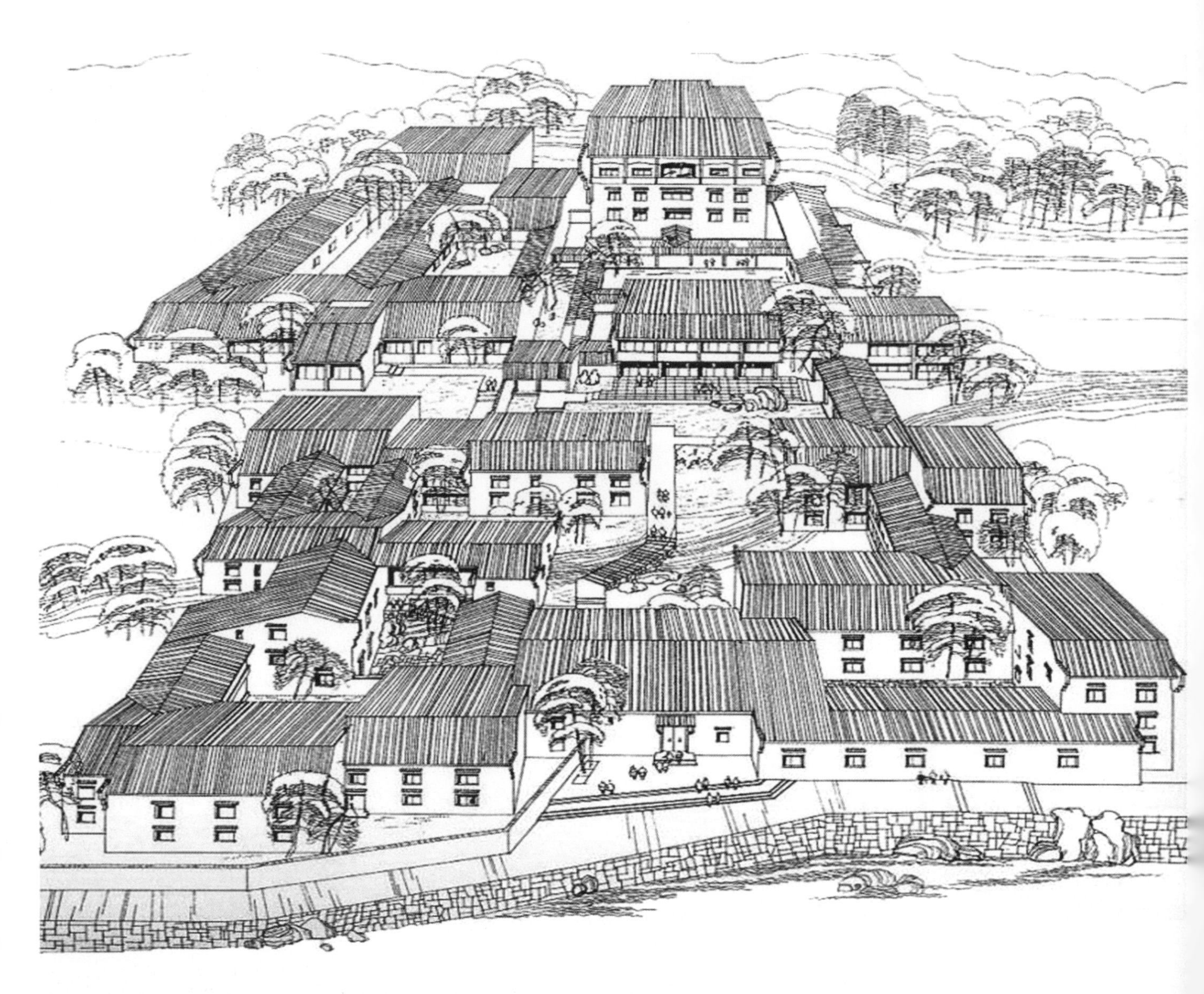

九华山东崖宾馆扩建工程

项目地点：安徽九华山

设计单位：厦门大学建筑与土木工程学院

厦门仁德振华建筑设计事务所

设计人员：黄仁 黄斐澜

设计时间：2002年

建设情况：已建成

东崖宾馆扩建用地面积11682m²，保留以旧的东崖精舍为主体的中心轴线构成的原有的空间系列。续建部分环绕现有东崖下院的东、北两个部分进行安排，分成两个组团。利用现有东崖下院东侧的空地扩建主要入口及接待大堂、公共空间及部分中高档客房成东组团；利用东崖下院北侧和虎型山南侧平坦空地安排北组团，其靠山的最后轴布置有套房、会议，可作为成组独立接待使用的客房，保留化城寺的东侧现有职工宿舍，其东侧增加一幢单身宿舍用房。总体建筑仍以二、三层为主，结合地形，沿台地上升，建筑风格仍沿续皖南民居建筑格调。

浙江临平东来第一阁

项目地点：浙江临平
设计单位：厦门大学建筑与土木工程学院
　　　　　厦门仁德振华建筑设计事务所
设计人员：黄仁 黄斐澜 王仁生
设计时间：2002年
建设情况：已建成
获奖情况：2008年福建省优秀勘察设计一等奖，福建省第三届优秀建筑创作奖第二名

临平山地处杭州东北面，历来被称为第一山，山势起伏，整个山似一把动态的梭子迎向东方，取名“临平山”正道出此山的地势。第一阁地处临平山东侧的背脊处，地势险要，是建阁组景的最佳选地。第一阁总占地面积约2公顷，总建筑面积约为4748㎡，建筑造型延续传统，力求创新。

“东来第一阁”由于处在平原上的孤山，在构思上强调动态感，为具有“东来第一阁”之意，造型上屏弃了传统的亭阁楼台的静态感，使之成为观日月、迎江河的“飞阁”。传统形态，现代诠释，通过悬挑深远的檐口、玻璃楼梯等各种要素的运用、组合，创造出崭新的地标。

厦门一中新校区

项目地点：厦门文园路
设计单位：厦门大学建筑与土木工程学院
　　　　　厦门仁德振华建筑设计事务所
设计人员：黄仁 黄斐澜 方威
设计时间：2003年
建设情况：已建成

百年名校厦门一中为深化教育改革、推进素质教育，建设新的高中部，达到全国一流示范性中学。

新校址位于文园路以南的坑内路两侧，总用地面积约65000㎡，拟建48栋教学楼、实验楼、学术教研楼、信息中心、文体楼、教师办公楼及奥赛培训中心。总建筑面积为45000㎡，建筑以多层为主，高层为辅。因场地极不规整、地势高差悬殊，而校园要求规划严整有序、分区明确，设计将建筑空间随坡就势，错落有致，创造性地、巧妙地整体规划。同时特别注重百年名校的文化底蕴，营造品牌环境，塑造学子精英，要在传统中求创新，注重艺术性，时代性和实用性。

余杭游泳馆

项目地点：浙江省杭州市余杭区
设计单位：厦门大学建筑与土木工程学院
厦门仁德振华建筑设计事务所
设计人员：黄仁 黄斐澜
设计时间：2003年
建设情况：已建成

余杭游泳馆基地位于浙江省杭州市余杭区的体育运动中心内，游泳馆占地面积0.9公顷，总建筑面积31173㎡，游泳馆与体育馆平面成倚角之势，造型成为力度相效的抗衡，在体量上两者与体育场三足鼎立，相互协调均衡。游泳馆造型力求简洁、明快，既反映出当代体育建筑的特色，又使其个性鲜明，现代建材的运用，创造独特的建筑风格，使体育中心更加完美。

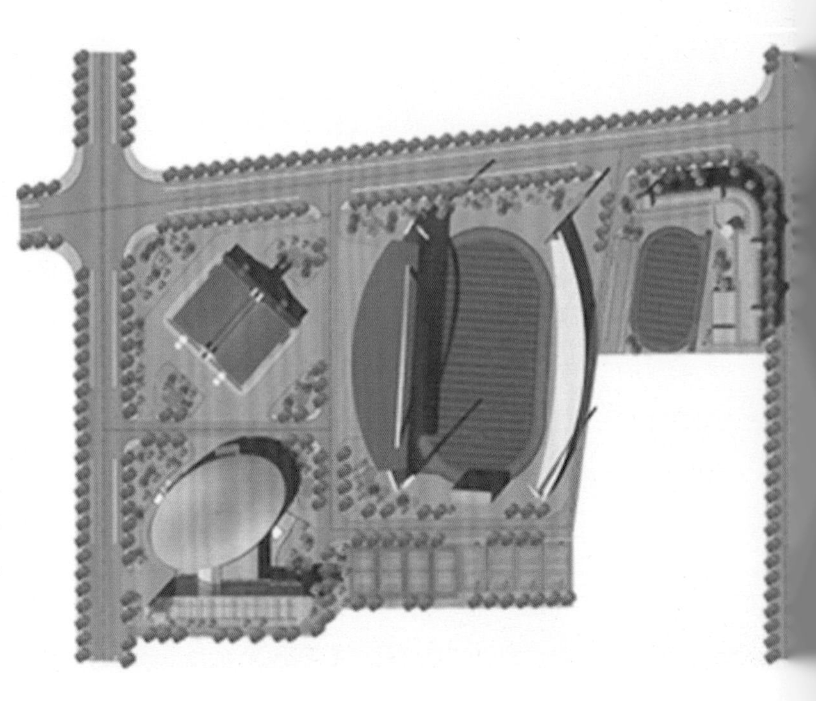

中国银行莆田分行

项目地点：莆田市

设计单位：厦门大学建筑与土木工程学院

厦门仁德振华建筑设计事务所

设计人员：黄仁 方威等

设计时间：2004年

建设情况：已建成

中行莆田分行选址于莆田文献路原城厢区政府办公楼所在地，建筑占地面积约为789.32 m²；总建筑面积约为5458m²；坐北朝南，西侧隔区府路是已建的建设银行，东面是工商银行。建行总体布局是沿交叉口成回转折角平面，而中行则成向内收势，群房外凸，正好与建行相协调，沿文献路平面线形成平凹凸的变奏关系，使街道空间生动而联系有机。

本建筑运用现代材料 — 铝单板，诠释新时代新语汇。一、二层巨大的网格挑檐，落地玻璃，表达轻盈通透，热情好客之意。上部主体结构与玻璃幕墙有机结合，传达中行巨大的财力和现代形象，令人印象深刻。

莆田妈祖阁

项目地点：莆田市山柄村
设计单位：厦门大学建筑与土木工程学院
厦门仁德振华建筑设计事务所
设计人员：黄仁 黄斐澜
设计时间：2006年
建设情况：已建成

妈祖阁选址处位于莆田市山柄村的烟墩山，是历史上的烽火台遗址。三面临海，台基高出海面约50米，有很好的视觉景观。

建筑造型是利用烟墩山顶部立基，筑台座，在台座上建阁，正符合传统中的高台建楼阁之意。妈祖阁平面做成方形，四角减缺，成海棠平面，总体高四层（约32.3米），一楼扩出，四面敞廊，外侧为基座平台。二、三、四层逐层收进，每层周边是凭空栏杆，3.5 米左右挑檐，屋顶为竭山顶，成前后三重屋脊布局。

漳州康桥学校

项目地点：漳州
设计单位：厦门大学建筑与土木工程学院
　　　　　厦门仁德振华建筑设计事务所
设计人员：黄仁 黄斐澜
设计时间：2012年
建设情况：已建成

康桥学校选址位于漳州角美与厦门海沧交界处。学校内设12班幼儿园、24班小学、24班初中、18班高中，实行封闭全日制教学。

总体建筑色彩以降红色为主调，略有白色构件相间，更衬降红色调之美。这种色彩也是基于闽南建筑文化清水红砖的思考。空间以突出红砖砌体量，体现闽南建筑文化的历史积淀。康桥学校在周边建筑和自然环境的衬托下更显空间特色和校园文化，自成一处校园佳构。由于总平面规划是一个以田径场为中心的内聚布局，在田径场活动可以观看到整个校园的各个部分。而位于东、东北、西北的群山似乎也围绕着中心田径场，景色生动。校园处在群山之中，令人有亲近自然山水的感觉，为学校注入最美好的自然要素。

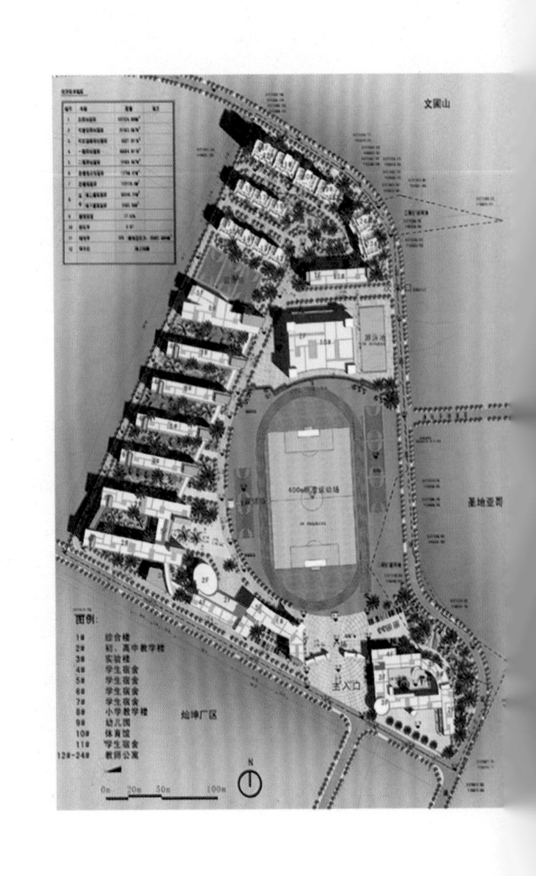

成人与成才并重
中西融合 国际视野

厦门白鹭洲中央公园及白鹭女神广场设计

项目地点：福建省厦门市
设计单位：厦门大学建筑系
厦门大学建筑设计研究院
景观设计：罗林（项目负责人） 李立新 等
设计时间：1993年
建设情况：1996年建成使用
获奖情况：2000年获福建省优秀勘察设计二等奖、国家建设部优秀勘察设计三等奖

白鹭女神广场为1993年厦门市重点建设项目，由广场、“白鹭女神雕像”、游艇码头、商亭及水上休息岛等部分构成，主要为市民提供户外休闲、观景、聚会场所。设计引入岛的概念，将坐于弧形礁石上的白鹭女神雕像立于湖中，再以雕像为圆心作圆弧岸缘，半径持续扩大，并逐步抬升为座阶，形成凤凰回首的具有很强内聚力的观景平台。

夏门大学建筑系馆设计

页目地点：福建省厦门市
设计单位：厦门大学建筑系
厦门大学建筑设计研究院
建筑设计：罗林（项目负责人）等
设计时间：1995年
建设情况：1996年建成使用

厦门大学建筑系馆是建筑系顺利办学的重要依
。设计根据地形将建筑围合出内庭院，营造良好
学习交流空间。

建筑外形朴实，在色彩的运用上与建南楼群相
应，融入校园环境。

福建省国宾馆三、四、五号总统接待楼设计

项目地点：福建省福州市
设计单位：厦门大学建筑系
　　　　　厦门大学建筑设计研究院
建筑设计：罗林（项目负责人） 李立新 等
设计时间：1998年
建设情况：2000年建成使用

整个项目从方案到实施全程在齐康院士及庄林生总规划师的指导下完成。

三、四、五号总统接待楼位于闽江沿岸，设计旨在找到山水间的幽静。建成后接待了多位党和国家领导人，是福建省重要的接待场所，又名鲤鱼洲国宾馆。

厦门大学漳州校区主楼群设计、主校门设计、主楼群景观设计、主楼及图书馆室内设计

项目地点：福建省漳州市
设计单位：厦门大学建筑系
　　　　　厦门大学建筑设计研究院
建筑设计：主楼：罗林（项目负责人） 罗毅诚 郭露 等
　　　　　从楼：罗林（项目负责人） 王绍森 万军 黄宁 等
　　　　　主楼群景观、主校门、主楼及图书馆室内设计：罗林 等
设计时间：2002年
建设情况：从楼2004年建成使用，主楼2005年建成使用
获奖情况：2006年获福建省第二届建筑创作优秀奖

厦门大学漳州校区主楼群为2002年福建省重点建设项目，总建筑面积66750㎡。设计首先将校主陈嘉庚先生主张的象征“国性”的中国建筑式样置于纵轴中央，展示闽地中式“大厝顶”的平缓、舒展、飘逸。

建筑群在与环境空间的交叠中有一纵深一横向展开、视觉与动线一致的“轴”：居中的图书馆引入中国空间中央之空，如闽之明堂、天井，并向后山前水敞开，与门、前广场空间一以贯之，呈一纵深轴；横向有一近400米长廊贯通整组建筑群，廊宽5米，有交通功效却又远超越交通需要。

建筑群尊重所依托的山脉的自然形态，像山一样匍匐于坚实的大地。形体上作为母题一再出现的山形“跌台”与群山对话，刻意令建筑成为南太武山脉的自然延伸。

网络图片

网络图片

安徽师范大学图书馆设计

项目地点：安徽省芜湖市
设计单位：厦门大学建筑与土木工程学院
合作单位：安徽省芜湖市建筑设计院
方案设计：罗林（项目负责人）等
设计时间：2004年
建设情况：2006年建成使用
获奖情况：2005年获福建省第一届建筑创作奖佳作奖

安徽师范大学图书馆建筑面积 41166㎡，功能包括图书馆、信息中心、休闲中心、校史陈列室、文物陈列室、档案馆和一个地下车库。七层高图书馆主体建筑基本构图呈“井”字形，与原校园规划的两条纵横主轴线相呼应。内天井有“四水归堂”之徽文化内涵。图书馆四方各设出入口，方便读者、工作人员分别使用。

图书馆建筑体量呈台阶式递退，形成丰富的天际线，也再现了徽州民居马头墙的渐退造型。介于细部和体块之间的大量片墙同样引用了徽州民居的传统元素，成为整体造型的中间层次。

国际学术交流

厦门大学科学艺术中心设计

项目地点：福建省厦门市
设计单位：厦门大学建筑与土木工程学院 厦门大学建筑与规划研究所
　　　　　厦门大学建筑设计研究院
合作设计：华南理工大学建筑设计研究院
建筑设计：罗林（项目负责人）郭露 等
设计时间：2005年
建设情况：2010年建成使用
获奖情况：2006年获福建省第二届建筑创作优秀奖

厦门大学科艺中心总建筑面积约为19253㎡，作为厦门大学唯一一个高规格的、符合国际标准的、能够举行各种国际学术会议的场所，容纳了音乐厅、报告厅、展厅、多功能厅等多个空间，以补充日常校园文化生活之需。

设计以校主嘉庚先生十分尊崇的闽南之大厝意境建构科学艺术中心这一学术和文化殿堂，曲面坡顶下的四个立面均表现出中国建筑木构特征，完成了一个中国式建筑意境的建构。屋顶造型脱胎于“群贤”和“建南”主楼大厝顶，采用与之完全相同的绿色琉璃脊瓦，配红色沟瓦，其灰绿色质与大面积树木之色的一致关系构成新的和谐的画面。

厦门大学自钦楼改扩建及三家村学生广场设计

项目地点：福建省厦门市
设计单位：厦门大学建筑与土木工程学院
　　　　　厦门大学建筑设计研究院
建筑设计：罗林（项目负责人）等
设计时间：2006年
建设情况：2008年建成使用

自钦楼改造面积约2400㎡，设计通过自钦楼的改扩建重塑其空间环境，为学生提供一个可以活动、交往、休闲的中心。同时，设计采用红砖贴面及铝板等材料，以现代的手法将建筑融入到嘉庚时代的芙蓉楼群中，使其成为芙蓉湖畔的一个重要景观。

除了对自钦楼单体建筑的改造，设计同时对三家村原本无序的环境进行梳理，改变人车混行的现状，开辟了一个提供学生户外活动聚会的广场，将其塑造为重要的校园空间节点。

厦门大学艺术学院扩建设计

项目地点：福建省厦门市
设计单位：厦门大学建筑与土木工程学院 厦门大学建筑与规划研究所
　　　　　厦门大学建筑设计研究院
建筑设计：罗林（项目负责人） 等
设计时间：2007年
建设情况：2012年建成使用

艺术学院扩建面积约4920㎡，包括艺术学院主门厅、一个360人音乐教学演出厅、美术教学雕塑室及实验室、教师工作室等。扩建部分与原艺术大楼的南侧相连，结合台地局部架空，保留原有道路关系，并改善原有入口台阶，形成富有特色的交流空间。

艺术学院位于校园东部，其建筑形式不受嘉庚风格直接影响，扩建部分提取原建筑的形式元素和材料特点，与之融合，使新建筑与原建筑形成一个和谐统一的整体。

ART COLLEGE OF XIAMEN UNIVERSITY
厦门大学艺术学院

厦门大学鲁迅广场及萨本栋墓园设计

项目地点：福建省厦门市
设计单位：厦门大学建筑与土木工程学院 厦门大学建筑与规划研究所
景观设计：罗林（项目负责人）柯桢楠 等
设计时间：2008年
建设情况：2010年建成使用

鲁迅广场及萨本栋广场位于校园博学路一侧，紧靠棋盘山。在广场建设前，鲁迅雕像与萨本栋墓偏居校园一角，其空间环境无法支撑其精神内涵。设计通过对场地的整理和景观环境的重塑，使其成为积极的活跃的校园公共空间，是校园重要的景观节点之一。

厦门大学法学院扩建设计

项目地点：福建省厦门市
设计单位：厦门大学建筑与土木工程学院 厦门大学建筑与规划研究所
厦门大学建筑设计研究院
方案设计：罗林（项目负责人）柯桢楠 等
设计时间：2010年
建设情况：中标实施中

厦门大学法学院扩建建筑面积约27712㎡，主要 内容为图书馆、研究中心、模拟法庭及教室、食堂、博士生公寓及地下车库等，位于校园东南，与厦门大学艺术学院相邻，西侧为博海豪园及海滨宿舍，南面为胡里山炮台与白城海湾。

现法学院始建于1987年，为厦门大学80年代建设中的代表作品。新建筑延续老建筑的风格，以白色基调为主。在细部的处理上，采用了老楼的建筑语言，与其呼应，让新老建筑融合为新的建筑群。建筑整体造型沿环岛路立面层层退台，减少对城市公共空间的压迫。

厦门大学演武运动场地段更新改造研究

项目地点：福建省厦门市

设计单位：厦门大学建筑与土木工程学院 厦门大学建筑与规划研究所

规划设计：罗林（项目负责人） 柯桢楠 等

设计时间：2010年

建设情况：建设中

演武运动场地段更新改造面积约9.1万㎡，设计以群贤轴线为出发点，综合考虑场地环境，还原墨菲规划中的南大校门与校园主轴。以群贤楼为中心，规划一个以群贤、嘉庚楼群、图书馆、南强、经济、化学化工大楼以及本案的演武场为一个纯粹步行的“群贤院子”。院子外环车道，内步行，将车子阻隔在以群贤楼群和嘉庚楼群为中心的“群贤院子”之外。将进入本区域的2000余辆车放在演武场下，消除车灾，恢复校园的宁静和安全。

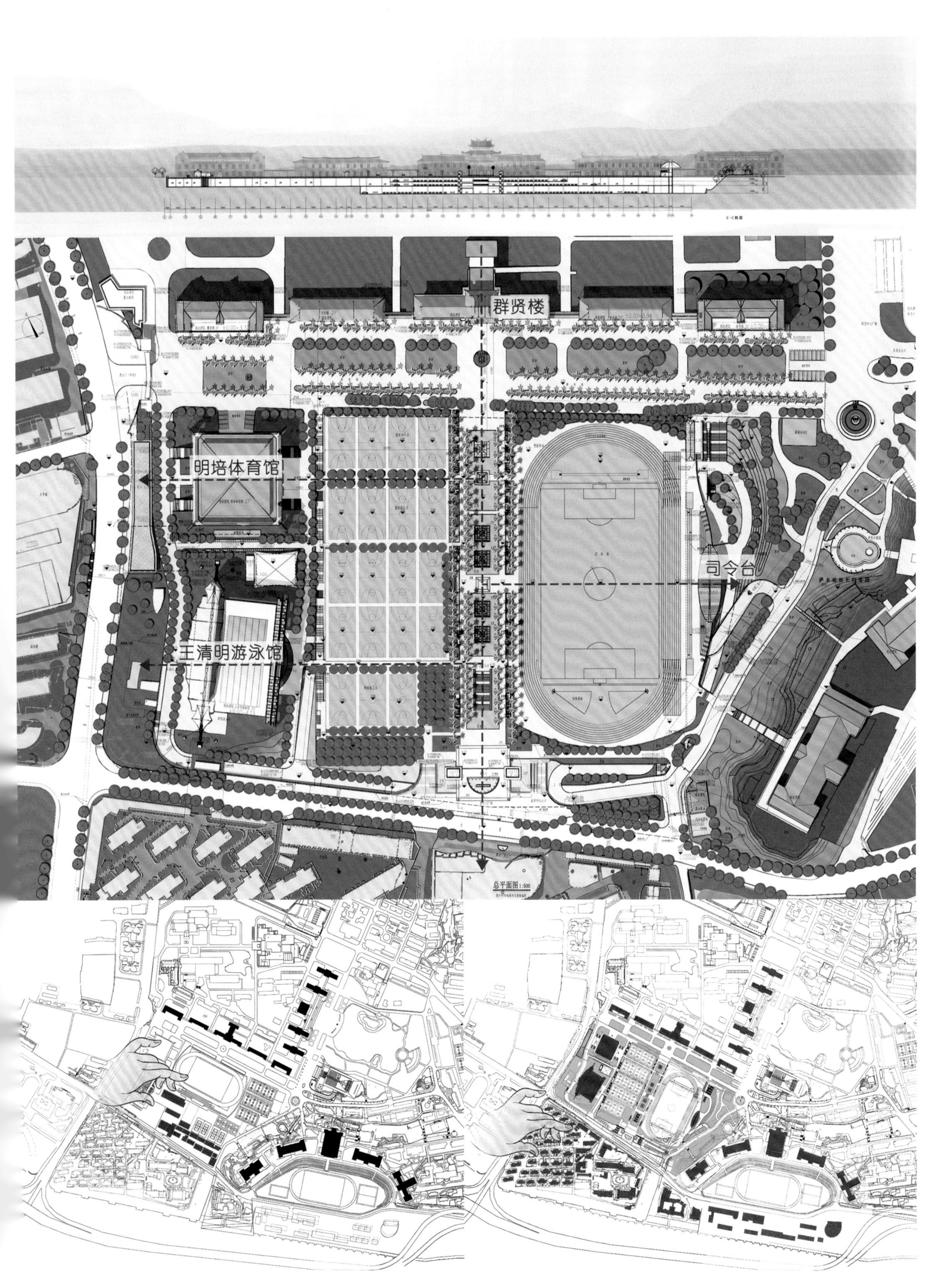

C-C剖面
群贤楼
明培体育馆
王清明游泳馆
司令台
总平面图 1:500

厦门大学南大门、访客中心设计及演武运动场改造

项目地点：福建省厦门市
设计单位：厦门大学建筑与土木工程学院 厦门大学建筑与规划研究所
合作单位：厦门合立道工程设计集团
方案设计：罗林（项目负责人） 柯桢楠 等
南大门建筑设计：罗林（项目负责人） 柯桢楠 等
设计时间：2010年
建设情况：2017年地面部分建成使用

设计利用改造厦门大学演武运动场成为标准运动场之机，建厦门大学南门成为主校门。同时利用其地下空间资源，建约 10.8万 m² 厦门大学访客中心，其中包括不少于2000个标准停车位的地下停车库，服务厦门大学师生和中外访客。

新建司令台采用陈嘉庚崇尚的寿龟为原型，以钢结构和膜结构仿群贤楼的传统琉璃瓦屋顶之意向。

新辟南校门广场以椭圆喷水池为核心，水池中央立校牌，上刻陈嘉庚题“厦门大学”四字。

网络图片

厦门市和平码头保护与更新改造

项目地点：福建省厦门市
设计单位：厦门大学建筑与土木工程学院 厦门大学建筑与规划研究所
合作单位：中国建筑西南设计研究院厦门分院
方案设计：罗林（项目负责人） 等
设计时间：2010年
建设情况：2012年建成使用

和平码头是厦门港唯一的原址原物完好保留下来的百年“老码头”，具有不可替代的历史价值。和平码头改造面积约 13421 ㎡。改造采用减法，剥去1979年和1990年的加建和“现代化外观改造”，还原1930年荷兰人设计的无梁楼盖结构系统，向世人展示其丰富的历史信息。

和平码头
太古1935

厦门大学经济学院扩建设计

项目地点：福建省厦门市
设计单位：厦门大学建筑与土木工程学院 厦门大学建筑与规划研究所
厦门大学建筑设计研究院
建筑设计：罗林（项目负责人）等
设计时间：2010年
建设情况：2012年建成使用

厦门大学经济学院位于思明校区西北角，建于1984年，曾经过多次改扩建，形成今天的院落式布局。此次扩建面积约5549㎡。扩建保持原院落式空间格局，充分利用自然通风、采光，提升整体建筑的无障碍设计，对原建筑空间的进一步完善，加强建筑与城市和校园空间形态的连续性及和谐统一。

作为厦门大学校园面对城市的重要立面形象，扩建部分继承和发扬历史校区红砖、白石、柱廊等建筑传统，同时与5年前外观改造过的既有部分“新折中主义风格”保持语序上的连续性。

厦门大学白城校门及景观设计

项目地点：福建省厦门市
设计单位：厦门大学建筑与土木工程学院 厦门大学建筑与规划研究所
合作单位：厦门营造设计有限公司
建筑设计：罗林（项目负责人） 柯桢楠 等
设计时间：2011年
建设情况：建设中

白城位于厦门岛南端，是明代抗倭城垒遗址，是厦门重要的城市节点之一。此区域山海之间地形十分局促，校门前各大型市政设施的建设，使白城喧闹而无序。

项目总用地面积1.2万㎡，设计充分发挥大海和山体等自然景观优势，重新梳理校门及周边设施的相互关系，运用白色城门和墙垛塑造城门意向，与历史对话，重现明代镇北关记忆。

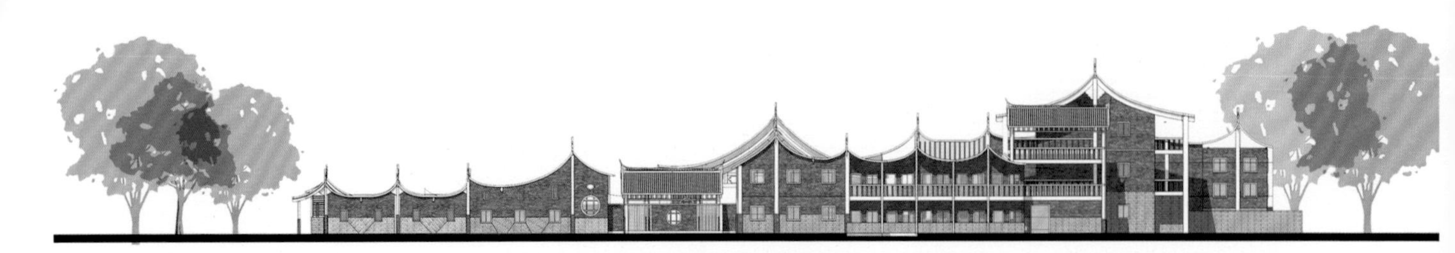

同安区莲花山佛心寺寺院空间发展规划及佛心寺南广场景观设计

项目地点：福建省厦门市

设计单位：厦门大学建筑与土木工程学院 厦门大学建筑与规划研究所

合作单位：厦门园典景观设计有限公司

建筑设计：罗林　柯桢楠（项目负责人）等

设计时间：2011年

建设情况：实施中

同安莲花山佛心寺位于厦门市同安区西北部，建于民国时期，背倚莲花山，面朝莲花溪，环境幽静。后因寺院扩张，在佛心寺东侧兴建一组大雄宝殿等大体量建筑群，导致原寺院格局和空间的破坏。

寺院空间发展规划面积13.6万㎡，将寺院空间向东拓展，并建立多个轴线，打破原本佛心寺与新建建筑群二元对立格局。同时沿莲花溪岸，设立 7 座佛塔，以弧形消解现状两条轴线间的对立关系，并确立了佛心寺在整个规划中的主体地位。佛心寺前场地平整为开阔草坪，形成南广场，新建筑群之间密植大树，重新塑造佛心寺宜人的尺度和清幽的修禅环境。

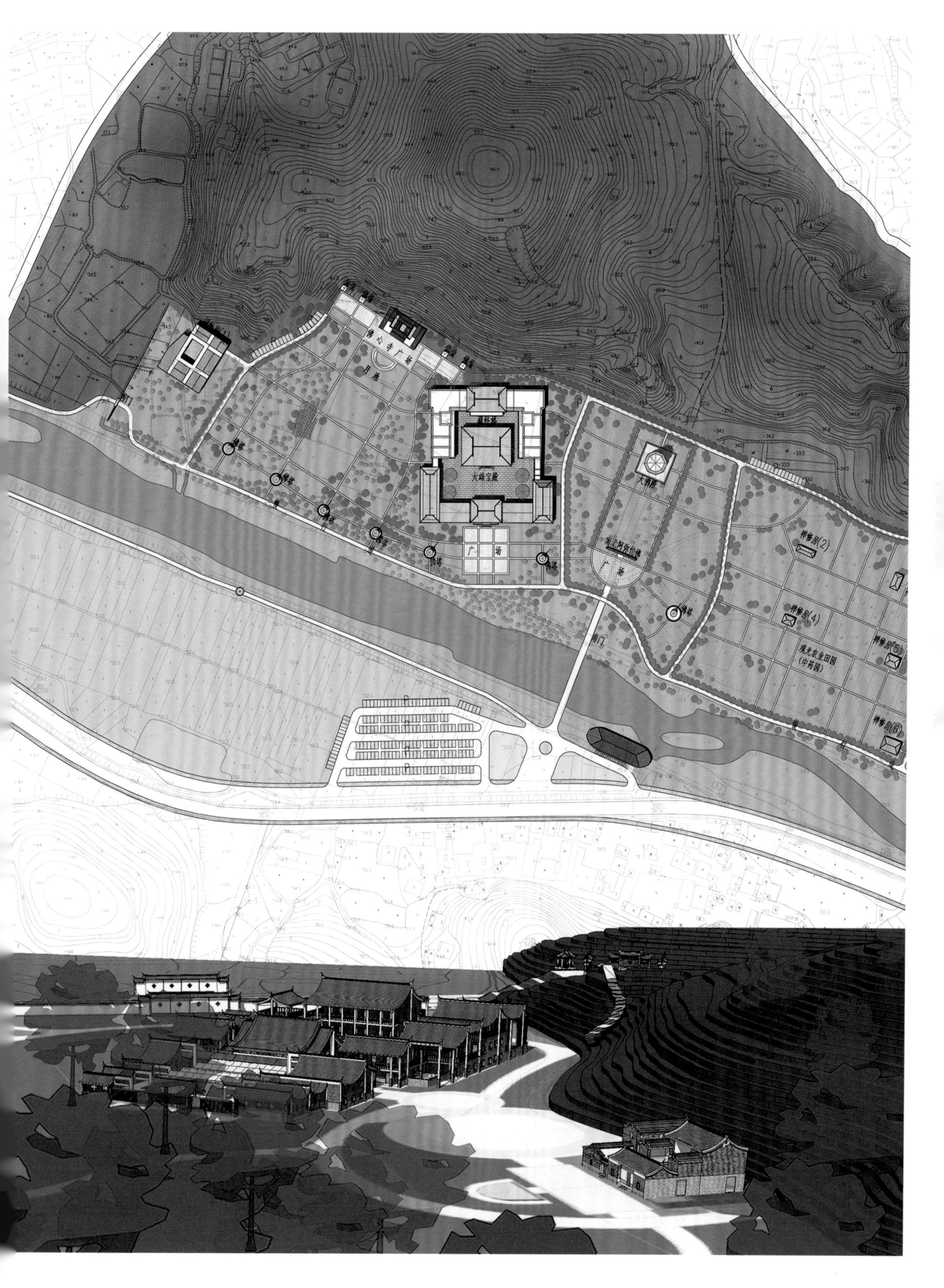
净心寺广场
月池
大雄宝殿
广场
佛塔
大佛殿
南无阿弥陀佛
广场
南门
西门
禅修房(2)
禅修房(4)
禅修房(5)
禅修房(6)
观光农业田园
(中药园)

来源自绘

林绍良纪念公园及林绍良纪念馆设计

项目地点：福建省福清市
设计单位：厦门大学建筑与土木工程学院 厦门大学建筑与规划研究所
方案设计：罗林（项目负责人） 柯桢楠 等
设计时间：2013年
建设情况：尚未实施

为纪念著名华侨领袖、三林集团主席林绍良先生，于其故乡福建省福清市海口镇牛宅村修建“林绍良纪念公园”。方案规划用地红线内土方，在用地南侧掘一湖之土至东北堆土成山，构成围合，既与相邻较凌乱村庄区隔，又令核心用地范围坡向正南。同时形成的湖可兼具城市蓄洪和山体绿化日常浇灌功能。

单体方案自然延伸规划概念，在十分“圆融”的形态中，以象征“三林”的三片菩提叶为原型，以及福建传统建筑之“燕尾脊”提炼抽象出三组飞扬的戗角，同时也涵盖了印尼民居的“牛角”和福建“福船”的意向。

来源自绘

华尔街国际生活广场改造设计

项目地点：安徽省合肥市
设计单位：厦门大学建筑与土木工程学院 厦门大学建筑与规划研究所
合作单位：合肥工业大学建筑设计研究院
方案设计：罗林（项目负责人） 柯桢楠 等
设计时间：2011年
建设情况：2014年建成使用

华尔街国际生活广场改造面积约12万㎡。设计在不改变原方案结构框架、经济指标的前提下进行优化，将原露天广场上加盖玻璃顶棚使其内部形成“一条街”，改造后内部空间更符合商业模式。

同时，对原建筑古典立面进行简化，利用屋顶构架对塔楼体量进行拔高。裙房使用穿孔铝板，使建筑外表简洁的同时具有丰富的肌理。

来源自绘

厦门大学漳州校区后山景观改造及水上音乐台设计

项目地点：福建省漳州市
设计单位：厦门大学建筑与土木工程学院 厦门大学建筑与规划研究所
合作单位：厦门市住宅设计院
建筑设计：罗林（项目负责人） 柯桢楠 等
设计时间：2012年
建设情况：2014年建成使用

后山景观改造场地位于厦门大学嘉庚学院主校区西侧山体，面积约15公顷，包括高尔夫球场水域改造、音乐台区域造湖和场地地形改造等。人工湖的中心为直径30米的舞台，漂浮在水面之上，覆以钢结构和膜结构的屋盖，取莲花红色花瓣的意向。设计旨在为师生提供一个散步、休闲、运动的园区，以及可以进行文娱表演的舞台。

网络图片

厦门大学化学化工学院配电房及泵房改造

项目地点：福建省厦门市
设计单位：厦门大学建筑与土木工程学院 厦门大学建筑与规划研究所
合作单位：厦门理工学院建筑设计院
建筑设计：罗林（项目负责人） 柯桢楠 等
设计时间：2012年
建设情况：2013年建成使用

项目位于厦门大学化学化工学院水泵房（1980年建）和变配电房（2000年建）上，改造面积约为272 米。基地整体环境比较混乱，是学院的一个死角，利用率极低。加建目标是希望将死角激活，给学院的师生提供一个休闲放松的场所和交往的中心。设计充分利用原有建筑的高差，创造出丰富多变的空间。考虑到师生的使用需求，对出入口的设置及室内分区都做了充分的规划。同时，立面改变原配电房突兀的白色外墙，选取化学楼的色彩，将建筑融入场地环境。

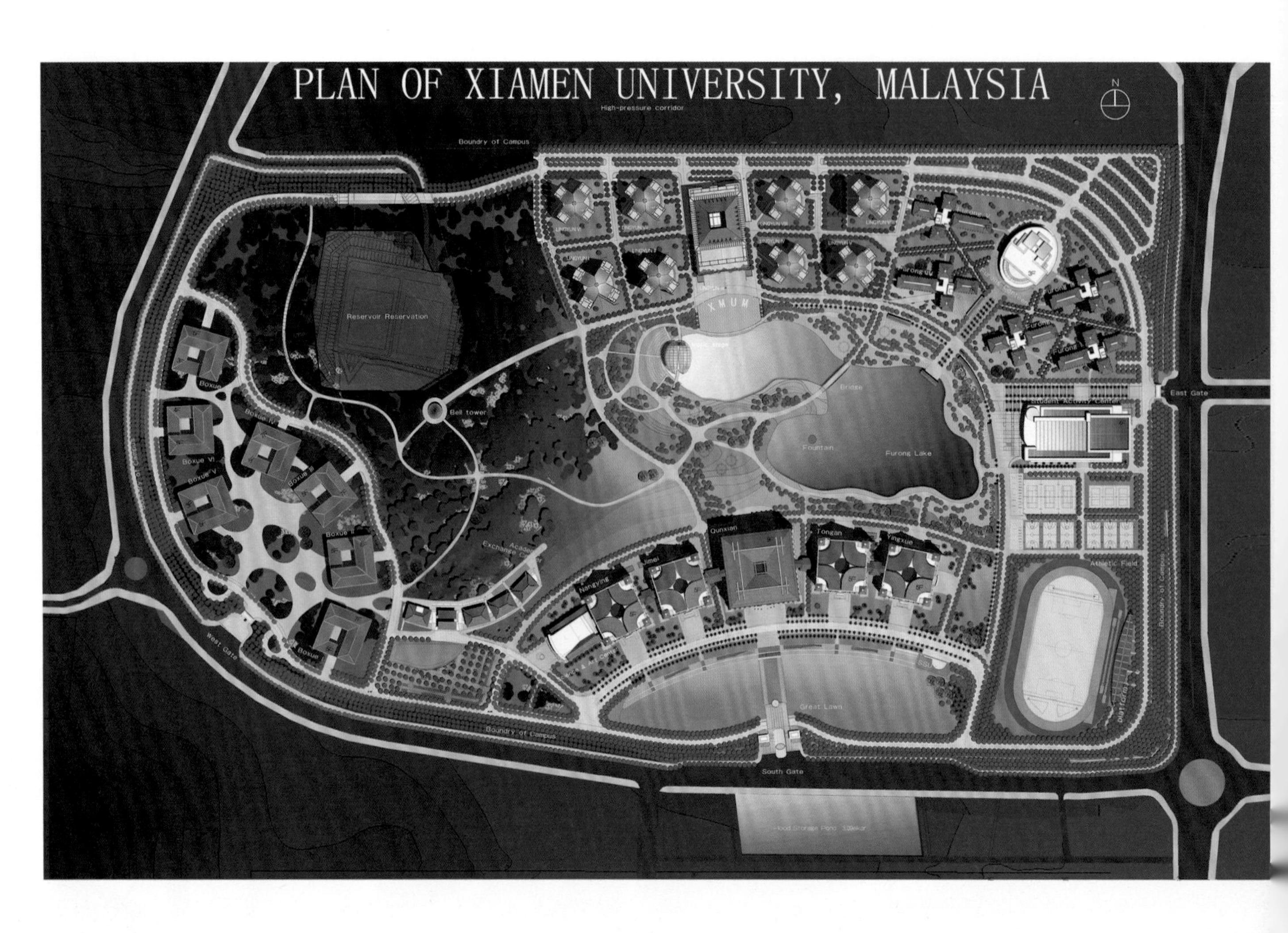

厦门大学马来西亚分校规划设计

项目地点：马来西亚吉隆坡

设计单位：厦门大学建筑与土木工程学院 厦门大学建筑与规划研究所

合作单位：AJC PLANING CONSULTANTS SDN BHD.（马来西亚）

规划设计：罗林（项目负责人） 柯桢楠 等

设计时间：2012年

建设情况：2017年一期建成使用，二期动工

2012年，中马两国教育部商定厦门大学到马来西亚设立分校。分校建设基地位于马来西亚首府吉隆坡南郊，在布城市区与吉隆坡国际机场连线中心，用地约60万㎡，总建筑面积约56万㎡。本规划设计主要采用周边式布局方式，建筑以组团形成片区，围绕山体及中心水体四周布置，向南开设校园主入口。

校园主轴线由南向北延伸，中区由群贤楼群，山体景观，水体景观，及钟楼等共同组成。东区由运动场地和学生活动中心组成。北区为学生生活片区，由芙蓉楼群和凌云楼群构成。西区由博学楼群和国际学术交流中心组成。山体42米等高线以上保留原棕榈林，有曲折小路可步行沿山环绕登至山顶钟楼。

PLAN OF XIAMEN UNIVERSITY, MALAYSIA

厦门大学马来西亚分校群贤楼群设计

项目地点：马来西亚吉隆坡
设计单位：厦门大学建筑与土木工程学院 厦门大学建筑与规划研究所
合作单位：GARIS ARCHITECTS SDN. BHD. （马来西亚）
方案设计：罗林（项目负责人） 柯桢楠 等
设计时间：2013年
建设情况：2017年建成使用

厦门大学马来西亚分校群贤楼群总建筑面积16万㎡，背靠芙蓉湖，南面上弦场，继承了厦大嘉庚建筑传统的一主四从。群贤楼群作为分校的教学与行政中心，主要囊括图书馆、行政办公、公共教学与学院科研以及报告会议等功能。为保证主楼群的公共性和开放性，整个楼群通过一层连廊贯通，且每栋楼四面均为骑楼空间，创建室内的步行系统，方便学生进入和穿越。

厦门大学马来西亚分校芙蓉食堂及芙蓉公寓设计

项目地点：马来西亚吉隆坡
设计单位：厦门大学建筑与土木工程学院 厦门大学建筑与规划研究所
合作单位：GARIS ARCHITECTS SDN. BHD. （马来西亚）
方案设计：罗林（项目负责人） 柯桢楠 等
设计时间：2013年
建设情况：2017年建成使用

芙蓉食堂位于校园西北角，建筑面积约7812㎡，为一期生活区中心，周边环绕5栋公寓楼，公寓面积约55425㎡。芙蓉餐厅呈椭圆形，取厦门大学最有文化共鸣的勤业餐厅为原型。芙蓉公寓每栋楼供700~800人居住，每栋楼自成为一个管理单元，涵盖了住宿、文娱设施、学生活动等多种功能空间。公寓楼平面由四翼组成一个错动的“风车”型平面，用以打破长廊宿舍的单调感；同时面对芙蓉湖形成错落的坡屋顶，减少对校园环境的压迫。

厦门大学马来西亚分校学生中心设计

项目地点：马来西亚吉隆坡
设计单位：厦门大学建筑与土木工程学院 厦门大学建筑与规划研究所
合作单位：GARIS ARCHITECTS SDN. BHD. （马来西亚）
方案设计：罗林（项目负责人） 柯桢楠 等
设计时间：2013年
建设情况：2015年建成使用

厦门大学马来西亚分校学生中心总建筑面积约29441㎡。为满足一万学生课外活动的各种需求，将其定位为多功能的活动综合体，为学生提供室内体育运动、生活服务、社团活动等多种活动空间，以期待高利用率的复合建设。

设计充分利用地形特点，多入口，自由流线，以并联空间理念满足所有功能设施的可达性，塑造全天候公共开放空间。

2015年分校开学在即，学生中心和芙蓉公寓五在主楼群还未完工的情况下承担了五百名学生的食宿和教学活动。其空间的可变性和多样性起到了决定性的作用。

厦门大学马来西亚分校运动区规划及司令台设计

项目地点：马来西亚吉隆坡
设计单位：厦门大学建筑与土木工程学院 厦门大学建筑与规划研究所
合作单位：GARIS ARCHITECTS SDN. BHD. （马来西亚）
方案设计：罗林（项目负责人） 柯桢楠 等
设计时间：2013年
建设情况：2017年建成使用

运动区位于校园东南角，由3片网球场、3片排球场、6片篮球场、单双杠运动区、400米标准田径场及司令台组成，为学生课余生活运动提供必要的设施与场所。

考虑到当地习惯和太阳高度角，司令台设置于田径场东侧，面朝校园中心，直面主楼群，远眺钟塔。造型如两片叶子飘落在运动场上，用红色钢架、白色膜以及木地板和石材共同建构简洁轻盈的形态，让建筑在现代的造型中不失中国传统韵味。

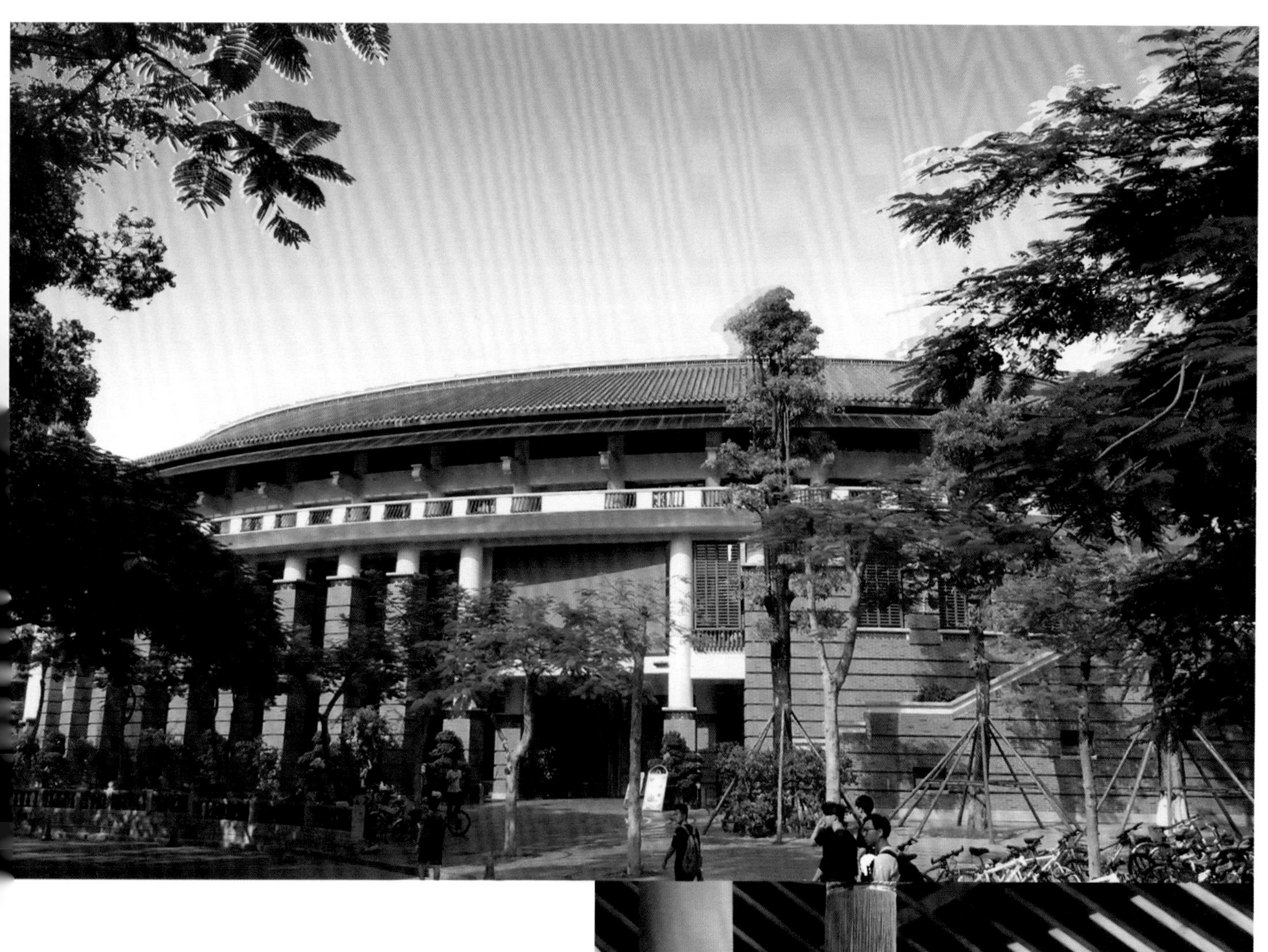

厦门大学勤业餐厅改扩建

项目地点：福建省厦门市
设计单位：厦门大学建筑与土木工程学院 厦门大学建筑与规划研究所
　　　　　厦门大学建筑设计研究院
建筑设计：罗林（项目负责人） 柯桢楠 等
设计时间：2012年
建设情况：2015年建成使用

勤业餐厅是厦门大学重要的校园空间节点，改扩建后总建筑面积约10790㎡。原勤业餐厅于1981年建成，在厦大师生与市民中享有很高的美誉度。改扩建方案在总体布局上沿用原勤业餐厅的椭圆形体，保留场所记忆。

设计充分利用餐厅的形体优势，四个方向各设一个用餐入口，分散解决四方人流。椭圆形体外立面延续相邻丰庭、芙蓉等嘉庚建筑红砖柱廊的节奏、材质，以及绿色琉璃瓦坡顶，让新建筑悄无声息融合在红砖绿瓦的厦门大学嘉庚历史建筑群落之中。

厦门大学马来西亚分校国际学术交流中心设计

项目地点：马来西亚吉隆坡
设计单位：厦门大学建筑与土木工程学院 厦门大学建筑与规划研究所
合作单位：AKIPANEL ARCHITECTS SDN. BHD. （马来西亚）
方案设计：罗林（项目负责人） 柯桢楠 等
设计时间：2016年
建设情况：建设中

国际学术交流中心是厦门大学马来西亚分校对外进行学术交流的基地，承担接待、住宿、餐饮等使用需求，总建筑面积18000㎡。项目地块位于厦门大学马来西亚分校中心，南低北高，南北跨越10米等高线。国际学术交流中心是校园东西两个区之间的一个联系，也是两个区之间的绿楔，将山顶的雨林通过两期建筑之间的夹缝引下来。设计尊重场地原始环境，尽可能的少破坏雨林，少挤占山体，并将山体的绿意向南延伸。

建筑立面沿用了嘉庚先生的烟炙砖和白石墙的基调，从南洋传统的街屋立面提取格构，以热烈浓郁的色彩呼应闽南文化和大学精神，在降低造价的同时缩短工期，融合在吉隆坡的艳阳与山水中。

厦门大学马来西亚分校 凌云食堂及凌云公寓设计

项目地点：马来西亚吉隆坡
设计单位：厦门大学建筑与土木工程学院 厦门大学建筑与规划研究所
合作单位：AKIPANEL ARCHITECTS SDN. BHD. （马来西亚）
方案设计：罗林（项目负责人） 柯桢楠 等
设计时间：2016年
建设情况：建设中

厦门大学马来西亚分校凌云片区总建筑面积约为150000㎡，位于校园北端，面朝芙蓉湖，背抵校园边界，东西地势高差较大，故形成该片区错落的空间形态。片区包括 7 幢学生公寓， 1 幢研究生公寓， 1 个食堂。其中凌云食堂为中轴，公寓依据地势分置于餐厅的东西两侧。为满足学生住宿的刚性需求，公寓采用点式高层。同时造型上传承厦门大学的校园精神，吸收地域建筑特点、适应当地气候特征，采用厦大传统的绿色琉璃瓦坡顶，红砖墙等元素，也呼应了相邻的芙蓉片区。凌云食堂共三层， 3 个餐厅，可提供3000个固定用餐座位。立面采用石材干挂搭配白色涂料和局部红砖，与校园整体风格相融合。

“南光三”历史建筑保护与更新

项目地点：福建省厦门市
设计单位：厦门大学建筑与土木工程学院 厦门大学建筑与规划研究所
合作单位：福建万润联合建筑设计有限公司
方案设计：罗林（项目负责人）柯桢楠 等
设计时间：2013年
建设情况：实施中

本设计为历史建筑修复与屋顶加建设计，加建部分建筑面积约358㎡，屋面改造面积约1100㎡。厦门大学“南光三”建于20世纪60年代，并于90年代进行扩建。早期该建筑为厦门大学物理与机电学院教学楼，今为厦大外文学院。历经岁月沉淀后，建筑无论从内部还是外在造型都亟待修复。当代厦大人对厦大的美好印象仅停留于群贤楼群等著名建筑，对南光三的保护与更新将重新唤起厦大师生对文科黄金年代的美好回忆。设计对“南光三”大楼五层屋面进行修复，并加建一层木结构建筑，作为多功能的“外文学生中心”为外文学院师生提供交流场所。同时，通过加建一层将立面中段升高，还原1960年代西洋古典三段式比例。

1960'

1990

201

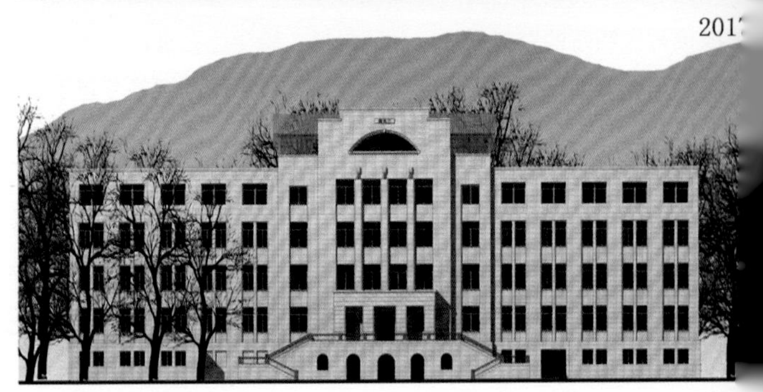

陈嘉庚纪念馆透视图 A

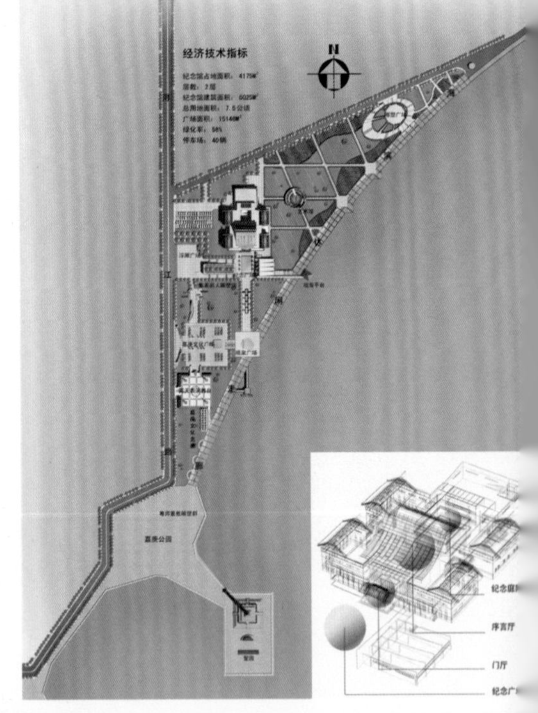

厦门集美陈嘉庚纪念馆及嘉庚文化广场

项目地点：厦门市集美区

设计单位：厦门大学建筑设计研究院

厦门大学建筑与土木工程学院

设计人员：凌世德 朱郑炜 蔡沪军

设计时间：2003年

建设情况：方案设计

获奖情况：全国邀请赛二等奖（第一轮入选方案第一名）

项目位于厦门市集美区集美学村北部滨海区域，与集美鳌园陈嘉庚墓园和“集美解放纪念碑”沿海相望。纪念馆占地 7.5 公顷，含纪念广场、纪念馆、文化广场、滨海休闲景观带等功能内容。纪念馆建筑面积6000㎡。

设计将纪念馆主题布置于基地北侧，与现有纪念碑在同一轴线上。纪念馆依基地坐北朝南，空间布局借鉴闽南传统民居的亚子形布局，中间以嘉庚先生纪念庭院为中心，构成十字轴向布局的空间结构，形成纪念广场到雕刻墙到门厅、序厅至纪念庭院的完整序列。建筑采用闽南传统屋顶和燕尾脊的形式，通过现代材料来变异化诠释表达。立面采用出砖入石的做法结合立面所开的竖向的凹槽来暗喻柱廊以体现嘉庚建筑中西结合的文化特色，并力求与集美建筑风格的协调统一。

海滨步行道透视图

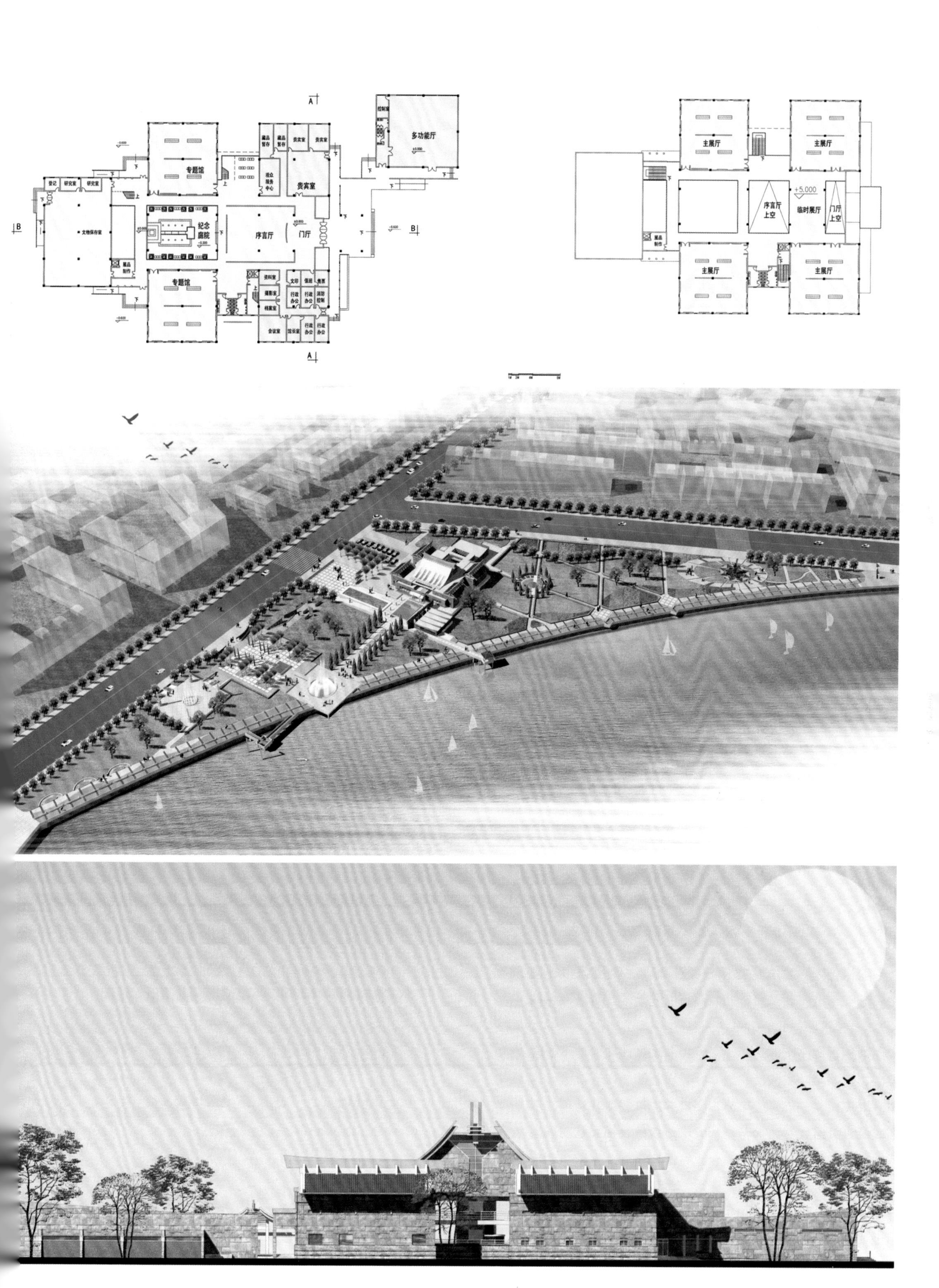

多功能厅
控制室
藏品暂存
贵宾室
群众服务中心
专题馆
登记
研究室
文物保存室
纪念庭院
序言厅
门厅
藏品制作
资料室
摄影室
档案室
会议室
馆长室
文印
保卫
售票
行政办公
消防控制
A
B
主展厅
序言厅上空
临时展厅
门厅上空
+5.000

厦门大学海韵校区楼群

项目地点：厦门大学思明校区
设计单位：厦门大学建筑设计研究院
厦门大学建筑与土木工程学院
设计人员：凌世德 张燕来 董立军 肖祁林 薛瑞清 潘是伟
卓靖 任耀辉 张晓山 张奕昌
设计时间：2004年
建设情况：已建成
获奖情况：2009年度教育部优秀建筑设计二等奖

项目位于厦门大学思明校区东部，南临厦门市环岛路，东临曾厝安北二路，北靠万石山风景区。基地面积约5万㎡，建筑面积49500㎡。

基地呈西高东低走势，高差10余米。该建筑群体含教学楼、科研楼、实验楼、教学办公楼等功能内容。设计力图吸取厦门大学“嘉庚风格”要素并加以创造性运用，以形成既具有时代特色又与厦门大学传统建筑相关联的形态特质。建筑结合地形呈半围合式组群式布局，保留中西部较高山体形成园区主要自然景观。建筑或高低错落、或退台展开，以与地形地貌相契合。建筑面向东部主入口结合山地构建阶梯式景观主轴，同时结合层层台地布置满足校园育人环境的休读场所，营造良好的学习和研究环境。

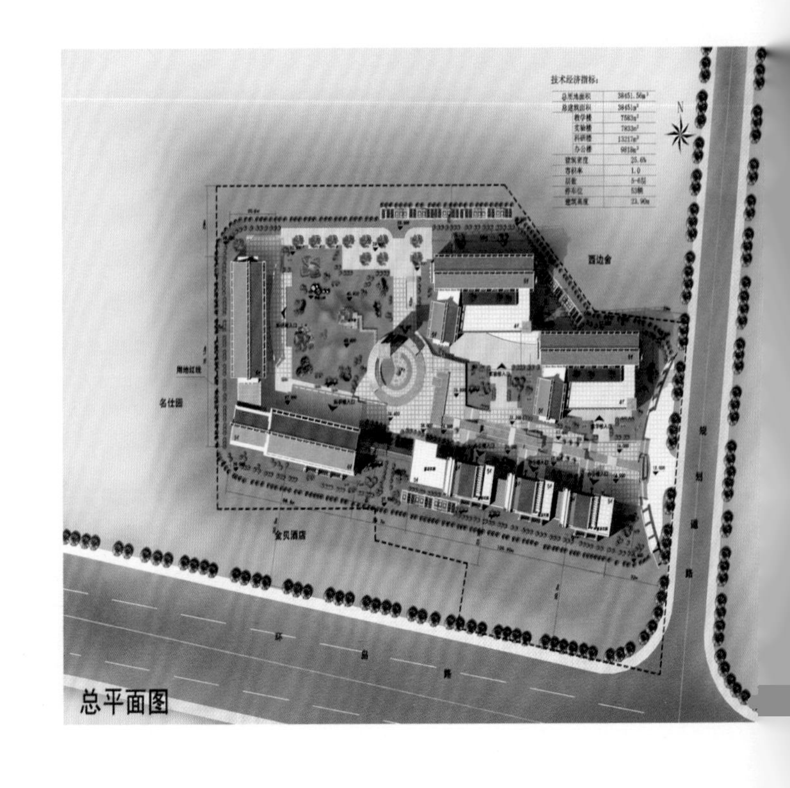
总平面图

厦门大学漳州校区大学生活动中心

项目地点：厦门大学漳州校区
设计单位：厦门大学建筑设计研究院
　　　　　厦门大学建筑与土木工程学院
设计人员：凌世德 邵红 潘是伟 陈申 卓靖
设计时间：2006年
建设情况：已建成

项目位于漳州中银开发区厦门大学漳州校区西北部，占地8270㎡，总建筑面积5390㎡。项目设有大学生活动室、开敞式展厅、排练厅（兼舞厅）、会议及培训室、琴房、咖啡厅等功能，各功能既要减少干扰，又要连成整体，以满足多样功能需求。

设计以直线和弧形体量相结合，力求朝水面水平向伸展，且通过入口圆形体量展厅和多功能舞厅加之屋顶架空遮阳构架，力图通过光与影的变化凸显主入口空间形态。同时通过大小院落组合，一方面有利于小而密集的琴房部分与其他部分相分离，减少声音干扰；另一方面利用半圆形的较大院落与入口展厅及开放展厅相渗透，构建室外活动空间，以期活跃中心的氛围。

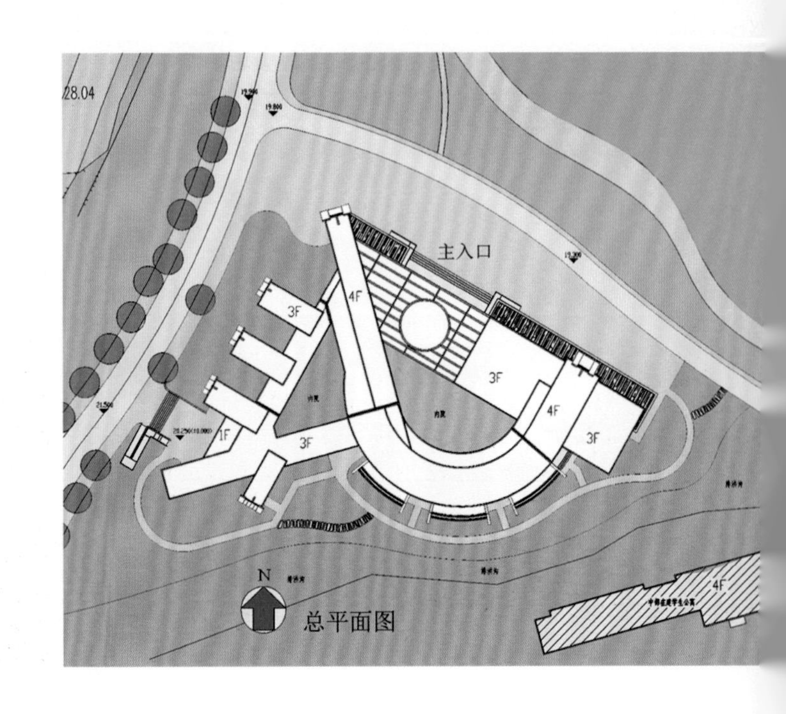

总平面图

学生活动中心

福建古田干部教育基地——培训中心

项目地点：福建上杭县古田镇
设计单位：厦门大学建筑设计研究院
厦门大学建筑与土木工程学院
设计人员：凌世德 邵红 陈兰英 张建霖 等
设计时间：2008年
建设情况：已建成
获奖情况：2009年度福建省优秀建筑工程设计三等奖

基地位于“革命圣地”上杭县古田镇北部的八溪岭果林场内，东面临湖、三面临路，基地南低北高，且背靠区内最高山体，西面可见自然植被良好、树木浓密的山体景观。基地面积27300㎡，建筑面积14300㎡。

建筑平面采用院落式布局，大小不等的院落形成丰富的空间变化，竖向上充分利用坡地地形，由南向北渐次抬高，结合造型上的坡顶、退台等手法，营造出一个与环境统一协调，错落有致，有中国山水画韵味的建筑意象。动静分明、流线清晰、功能分区明确。敞蔽结合的空间形态构成空间层次丰富与空间景观良好的建筑群。注重地域性与时代特征的有机组合，形态构成力求有客家山寨朴素简洁、坡顶平缓、出檐深长的错落有致的韵味，同时运用现代材料和设计处理手法，力求体现出时代特征。

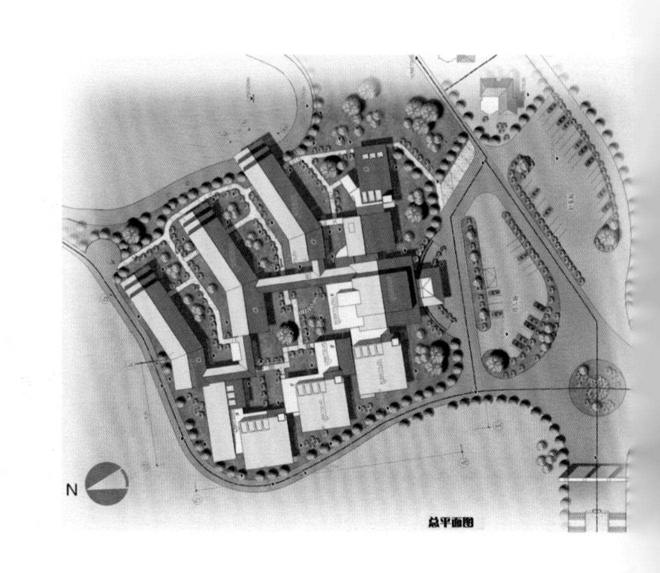

总平面图

芜湖市冶芳园改造建筑设计方案

项目地点：芜湖市神山公园

设计单位：厦门大学建筑设计研究院

厦门大学建筑与土木工程学院

设计人员：凌世德 张燕来

设计时间：2008年

建设情况：方案设计

项目位于安徽芜湖市神山公园中部，占地 250 亩，总建筑面积31500㎡，由1~5号楼五星级高级政务酒店和商务宾馆及员工宿舍组成。项目用地大部分为山体，地形自然起伏，植被良好，地势西低东高，基地分布大量水面。

设计以“绿色、生态、现代化”为主题，力图创造一个“冶情清韵，芳馥雅致”“走进森林，回归自然”的新颖政务和商务接待区。整体规划结合自然地貌和商务与政务接待的功能要求理性而有机展开布局，力求化组分团、聚落有致。单体建筑依山就势，以低层院落式顺坡跌落，并结合多层平台设置以强化自然环境体验。同时，结合基地景观特征，水景收放结合，以期构建自然而富有变化的外部空间，以表达“山水之间，人文精神”理念。

芜湖市冶芳园改造建筑设计方案

2-05

连城机场商务小区

项目地点：福建省龙岩市
设计单位：厦门大学建筑与土木工程学院
厦门大学建筑设计研究院
设计人员：凌世德 张燕来 王伟
设计时间：2012年
建设情况：方案设计

本项目连城机场商务小区位于龙岩冠豸山机场东侧，东邻文川河上游，南至现状道路，西至连城大道，北至文川河，项目总用地面积约186亩。

设计包括商业、办公、酒店、会议等几大部分，地上总建筑面积为106500㎡，其中商业45000㎡，办公26630㎡，酒店及会议34900㎡。

建筑外观为现代徽派风格，变异的马头墙和白墙黛瓦、碎冰窗、月亮门等传统元素与现代幕墙、木百叶、玻璃阳台板结合简洁现代而又富有传统特色。层层叠落的手法既活跃了造型，又增加了室外景观和活动场所。

天津市动力工程技术中心

项目地点：天津市北辰高新开发区
设计单位：厦门大学建筑设计研究院
厦门大学建筑与土木工程学院
设计人员：凌世德 张燕来 王伟 周卫东
设计时间：2012年
建设情况：已建成
获奖情况：2017年度福建省建筑创作二等奖

本项目基地位于天津市北辰高新开发区，总用地面积约为266668㎡（400亩）。规划绿线东西长446米，南北长598米。场地东、南侧为主干路，西侧为次干路，周边建筑西侧为园区管委会大楼，东侧规划为园区标志性超高层写字楼。总建筑面积17.5万㎡。

本项目含科研办公楼、国家重点实验室、国际学术交流中心、试验及高新技术产业用房等。“纯净现代、机器美学，突出整体、强化空间，注重生态、营造场所”是设计的主旨和理念。设计力图以模块设计为手法，创造具有弹性空间、绿色、生态、人性化的科学研究空间和环境。建筑设计以简洁的外框构架、垂直的线条、型钢和玻璃等造型元素相互穿插、组合，结合金属板外墙处理，力图表现出该项目特有的简洁纯净、素雅内敛的研究型办公试验场所的形象特征。

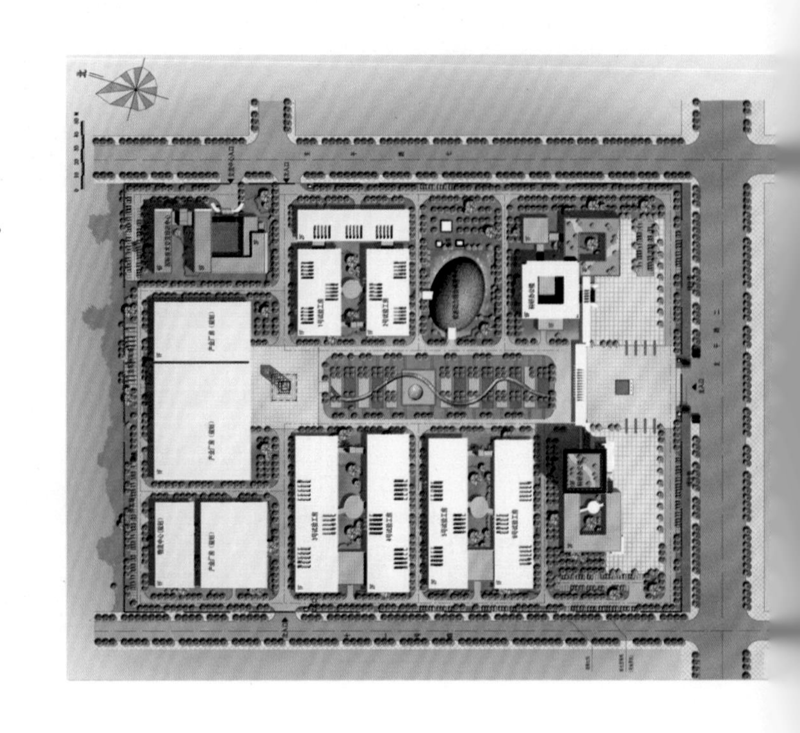

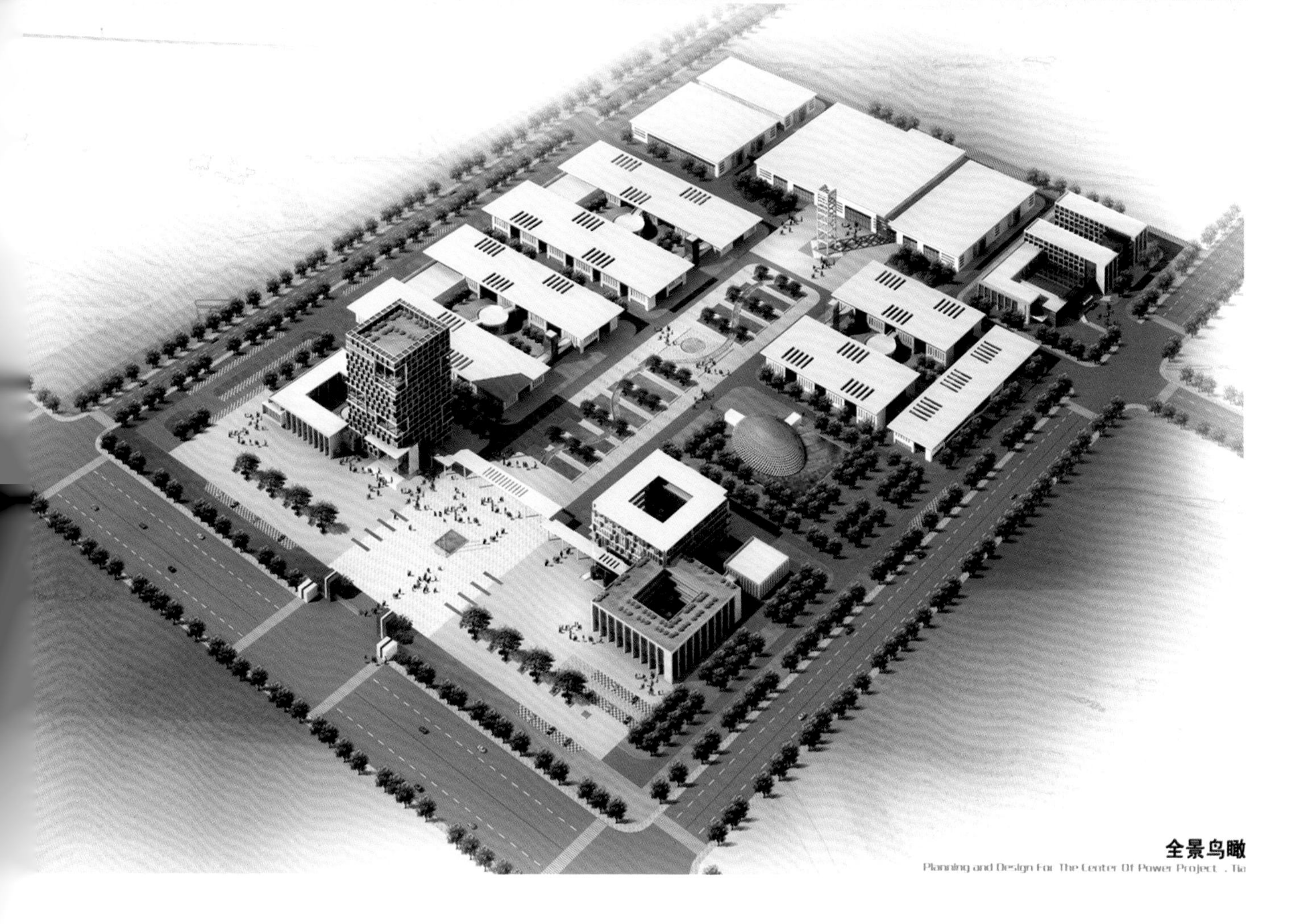

全景鸟瞰

Planning and Design For The Center Of Power Project , Tia

厦门大学翔安校区学术交流中心

项目地点：厦门市翔安区
设计单位：厦门大学建筑设计研究院
　　　　　厦门大学建筑与土木工程学院
设计人员：凌世德 张燕来
设计时间：2015年
建设情况：已建成

项目位于厦门大学翔安校区西南部，东临校园南面次入口及次干道，南邻城市主干道翔安南路，西临自然山体，北临厦大医学院。建筑面积25973㎡，其中地上建筑面积24400㎡，地下建筑面积1573㎡。设有大堂、餐厅、学术研讨室和300人大会议室、客房308间。

设计充分利用基地地形及自然环境，将整体打散并依山势错落摆放在琼林玉树之间。单体以连廊连接，不仅将散落的形体统一成一个整体，又把自然景观引入建筑之中，丰富了人们的自然体验。建筑造型简洁优雅，并力图用现代主义的语言对嘉庚风格进行了独特的诠释，以期与校园嘉庚风格建筑协调中表达出一定的特色。建筑退台式处理可形成多个屋顶平台，同时以坡屋顶艺术处理和较大的出檐使得遮阳与形象有机结合，表达出良好的与山地结合、亲切自然的视觉效果。

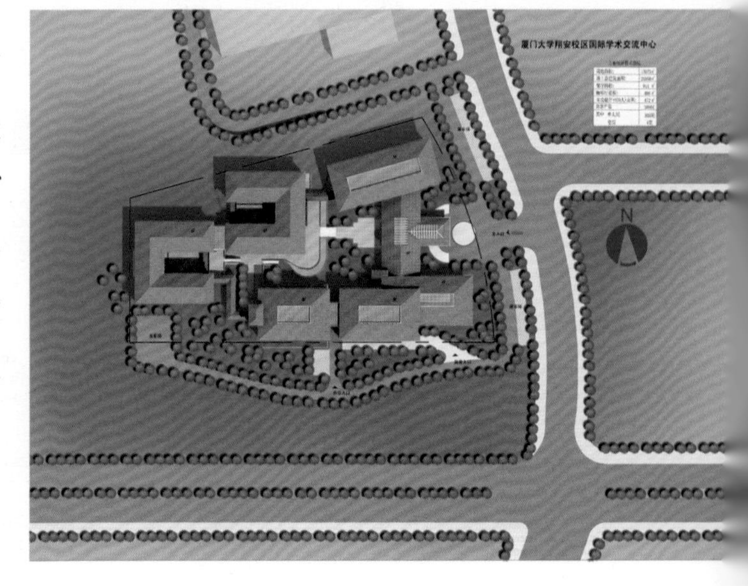

厦门大学能源材料大楼实施方案

项目地点：厦门市翔安区
设计单位：厦门大学建筑设计研究院
　　　　　厦门大学建筑与土木工程学院
设计人员：凌世德 张燕来
设计时间：2017年
建设情况：建设中

项目位于厦门大学翔安校区东部，东临城市次干道，南邻厦门大学继续教育学院，西临厦大能源学院和海洋学院，北面为直通校园东入口的校内干道。建筑占地14200㎡，建筑面积70900㎡，其中地上建筑面积60900㎡，地下建筑面积9950㎡。

该项目重点满足厦门大学能源材料协同创新中心科研、石墨烯材料研发与制备、石墨烯工程与产业化研究、科研成果展示与学术交流、实验与管理办公用房等功能需求。设计整体布局上延续厦门大学嘉庚风格建筑的“一主四从”的空间结构和形式特征。在综合分析周边环境等因素后，基于理性的设计思维，本着厦门大学校园建筑中西合璧的精神采用中式建筑的围合院落和西式建筑布局的自由开放，多变而理性的空间、纯净的标准轴网单元与丰富的建筑形体构建一个具有场所感同时又符合数字时代的研究、教学、办公要求的建筑群。楼群外立面设计在色彩和材料上汲取嘉庚风格建筑之精髓：红白相间，“出砖入石”，同时结合实验所需顶部排气口的设计及屋顶大量设备的置放空间，设计了有别于传统嘉庚屋顶的坡屋顶造型，力图表达功能与形式的结合。

总平面图

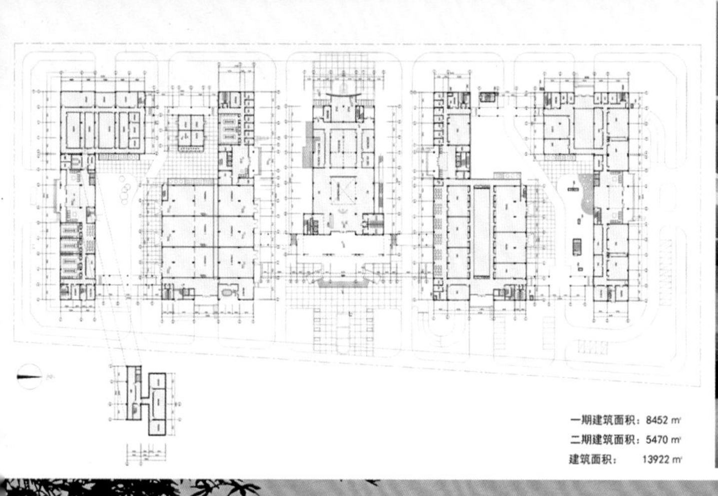

一期建筑面积：8452 ㎡
二期建筑面积：5470 ㎡
建筑面积：13922 ㎡

厦门大学图书馆改扩建工程

设计地点：福建厦门

设计单位：厦门大学建筑与土木工程学院
厦门大学建筑设计研究院

设计人员：王绍森 邱鲤凡 郭露 万军 肖祁林 陈申 陈文雄

设计时间：2001年（第一期），2005年（第二期）

建设情况：已建成

获奖情况：2004年国家优秀工程设计铜奖
2003年建设部优秀勘察设计二等奖
2003年福建省优秀建筑设计二等奖
作品发表于
《新建筑》《城市建筑》《华中建筑》
《当代中国建筑集成Ⅱ》

项目用地面积4000㎡，总建筑面积6800㎡，历经三次改扩建。项目设计充分分析建筑的周边环境，化整为零，使二者建立良好的环境关系；使用厦门大学独特的嘉庚语言，同时结合中国传统书院气质，营造文化场域；强调新旧建筑的和谐统一；关注地域气候，以天井、挑檐等手法处理建筑的自然采光及通风。

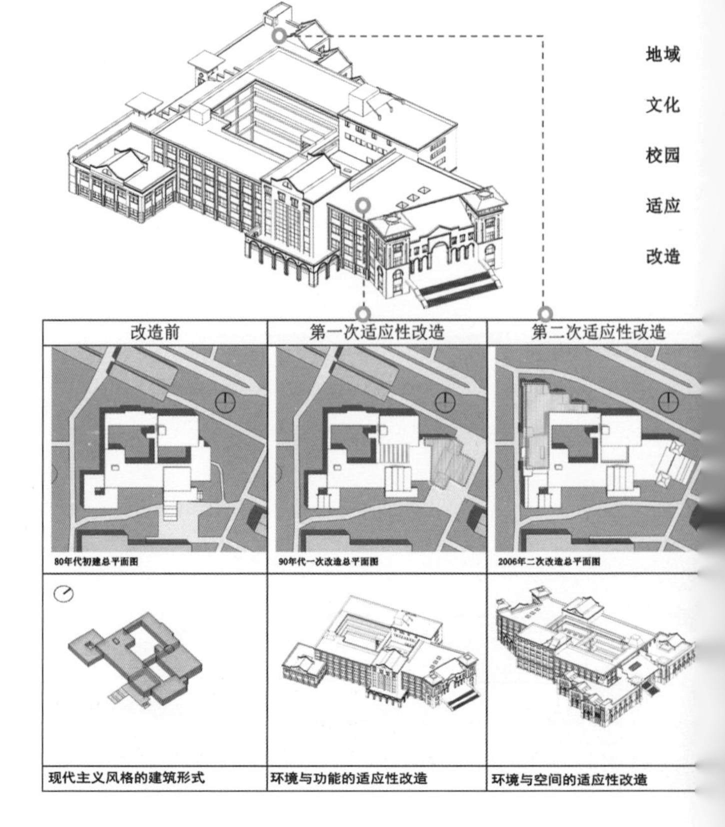

LIBRARY

厦门南洋学院图书馆

项目地点：福建厦门

设计单位：厦门大学建筑与土木工程学院

厦门大学建筑设计研究院

设计人员：王绍森 陈炜 万军

设计时间：2006年

建设情况：已建成

获奖情况：2009年福建省优秀建筑创作三等奖

作品发表于《当代中国建筑集成Ⅰ》

项目用地面积 1500㎡，总建筑面积21000㎡。建筑以穿插的形体呼应校园的总体关系并呈现现代性；以底层架空、双层墙以及方格网遮阳表皮来适应亚热带地域气候；利用开架阅览、中庭空间、小庭院等设计手法体现多层次的人文关怀。整个建筑适当采用了地域材料和工艺，实现了现代性与地域性的结合。

厦门南洋学院学生活动中心

项目地点：福建厦门
设计单位：厦门大学建筑与土木工程学院
　　　　　厦门大学建筑设计研究院
设计人员：王绍森 周飞 万军 王琪 陈文雄 陈申
设计时间：2006年
建设情况：已建成
获奖情况：2008年福建省优秀勘察设计三等奖
　　　　　作品发表于《当代中国建筑集成Ⅰ》

学生活动中心的设计适应了南洋学院方格网、方盒子的整体环境，体量为规整方形，在细节和色彩上做大胆处理，突出大学生的积极与向上。

在空间设计上，一条宽达7米的走廊连接两侧的功能房间，既可适应与调节功能的临时变化，又暗示了空间的公共性和开放性，鼓励每一位学生平等地使用；既可以作为临时的运动场地，又可作为演出排练场地，还可以作为毕业生的校园招聘场地，具备适应行为的时空变化属性。

厦门大学西村教工住宅

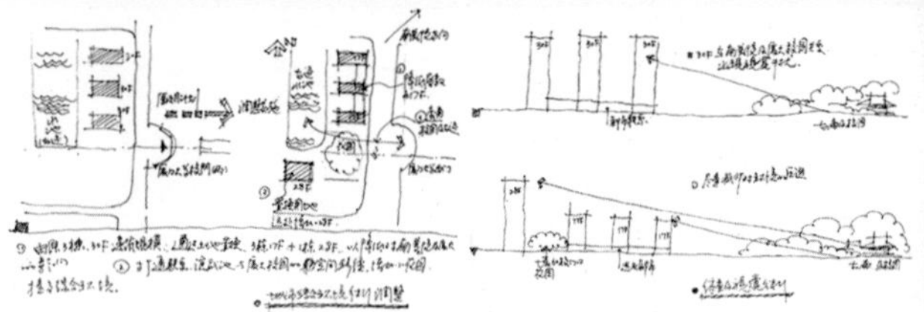

项目地点：福建厦门

设计单位：厦门大学建筑与土木工程学院

　　　　　厦门大学建筑设计研究院

设计人员：王绍森 李苏豫 万军 陈兰英 王琪 陈申 任耀辉 卓靖 陈文雄

设计时间：2007年

建设情况：已建成

获奖情况：2011年教育部优秀城镇住宅及住宅小区设计二等奖

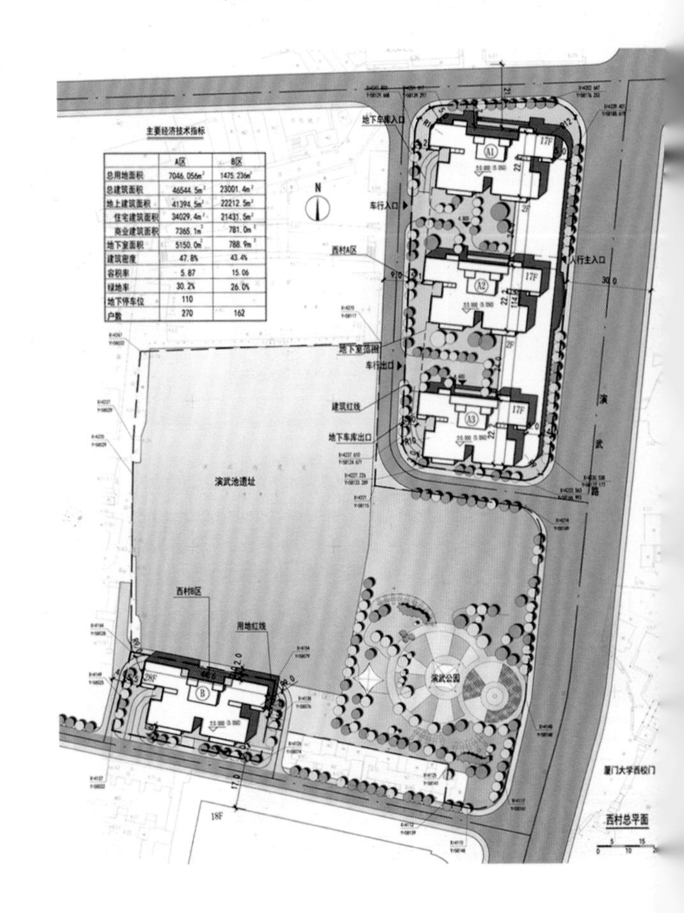

主要经济技术指标

	A区	B区
总用地面积	7046.056m²	1475.236m²
总建筑面积	46544.5m²	23001.4m²
地上建筑面积	41394.5m²	22212.5m²
住宅建筑面积	34029.4m²	21431.5m²
商业建筑面积	7365.1m²	781.0m²
地下室面积	5150.0m²	788.9m²
建筑密度	47.8%	43.4%
容积率	5.87	15.06
绿地率	30.2%	26.0%
地下停车位	110	
户数	270	162

项目位于厦门大学思明校区校园西侧，南普陀景区西南端，总建筑面积6.95万㎡。

项目总体布局利于居住环境所需的条件，充分尊重周边文脉，考虑景观均好共享，建筑与整体环境、地域气候相适应。建筑平面功能紧凑实用，空间尺度适宜，注重细部设计，将功能性、舒适性及审美性融合。流线组织合理有效，交通清晰顺畅。立面及造型设计将时代精神和地域特色相结合，通过恰当的造型元素，构筑简洁大方的建筑形象。特别是在节能、尊重地域文化和创新等方面做出了卓有成效的尝试。

集美双龙潭旅游风景区游客中心

设计地点：福建厦门
设计单位：厦门大学建筑与土木工程学院
厦门大学建筑设计研究院
设计人员：王绍森等
设计时间：2008年
建设情况：已建成
获奖情况：2010年福建省优秀建筑创作三等奖

双龙潭景区位于厦门市集美区，景观优美，气候宜人，交通便利。“森林人家”项目位于景区的接待服务区，在原有的休闲木屋、亲水栈道、汽车营地和青年旅馆的基础上，新增游客接待中心，共同构建贴近自然的“森林人家”。

游客中心体量小巧，尺度宜人，色彩清淡明亮；每逢登高望远，八方来风，俾睨山野，是三五玩伴休闲聚会的好地方。整齐的木遮阳板，架空的入口空间，充分适应厦门炎热的气候。

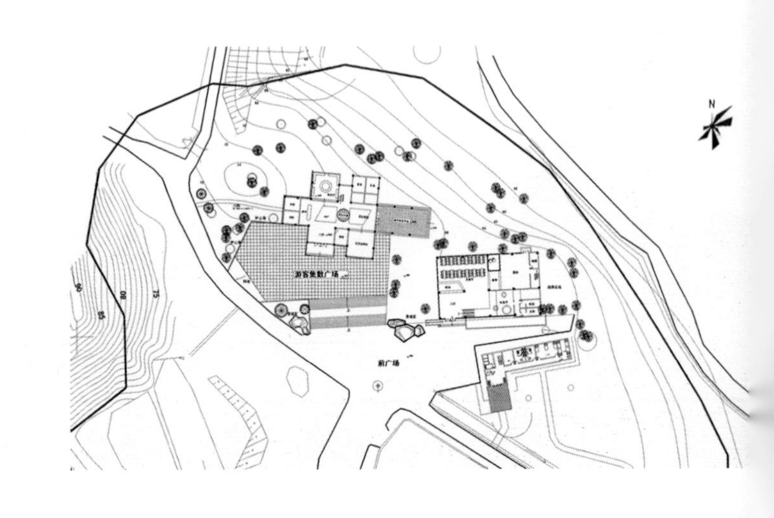

一层平面图 1:300

二层平面图 1:300

厦门海峡古玩城

项目地点：福建厦门
设计单位：厦门大学建筑与土木工程学院
厦门大学建筑设计研究院
厦门奉达建筑设计咨询有限公司
设计人员：王绍森 刘玉玲 赖竞
设计时间：2009年
建设情况：已建成
获奖情况：作品发表于《当代中国建筑集成Ⅱ》

项目用地面积 7000㎡，总建筑面积 15000㎡。建筑调时代性与文化性的有机结合。以中庭空间与回廊形成玩商业内街；将中国传统博古架类型抽象到建筑的形象并与现代色彩相结合；以艺术手法处理地域性的纹理来成现代美学意象，与古玩形成有意味的关联。

厦门大学翔安校区学生活动中心

项目地点：福建厦门
设计单位：厦门大学建筑与土木工程学院
　　　　　厦门大学建筑设计研究院
设计人员：王绍森
设计时间：2012年
建设情况：已建成
获奖情况：2015年教育部优秀建筑工程设计三等奖
　　　　　作品发表于《城市建筑》

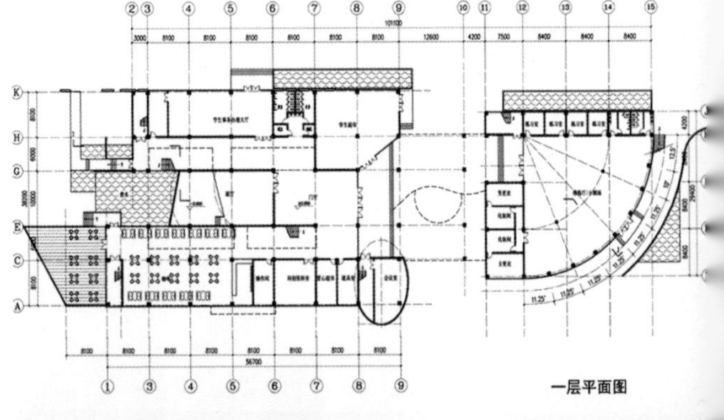

一层平面图

厦门大学翔安校区学生活动中心始建于2013年，位于校园湖西北侧，连接着宿舍与教学楼。建筑设计将建筑体量整体打破分离，两条道路穿行其间，形成两条主要的轴线；同时与周围建筑紧密相连，将周边环境纳入统一系统。

建筑风格承袭“嘉庚建筑”，又有所超越：关注艺术“均衡性”的特点，将场域、基地、行为、空间质量作为前提来考虑；聚焦空间与行为的适应性，使整个活动中心取得“既有厦大传统，又有时代新意”的审美效果。

厦门大学图书馆改扩建工程

项目地点：福建厦门
设计单位：厦门大学建筑与土木工程学院
　　　　　厦门大学建筑设计研究院
设计人员：王绍森 周卫东
设计时间：2015年（第三期）
建设情况：已建成
获奖情况：作品发表于《城市建筑》

随着大学教育的发展，厦门大学图书馆愈发不能满足师生学习、查阅、交流的需求，亟待通过改造扩建加以解决。第三期的改造设计认真分析了图书馆使用者行为的多样性，以激发图书馆活力为设计目标，结合厦门气候，在原有建筑的庭院中，增加几片“浮岛”空间；同时结合原有的树木，形成多元适应的空间。设计通过对图书馆室内外互动空间的贯通，提升整体的环境质量，完善复合的功能需求，形成怡人的阅览交往空间。方案重点处理了空间对行为的适应性，深度发掘已建成空间的利用可能性，使学习空间多样化和趣味化，更好地服务于全校师生。

四川大学锦江学院东坡书院

设计地点：四川成都

设计单位：厦门大学建筑与土木工程学院

　　　　　厦门大学建筑设计研究院

设计人员：王绍森等

设计时间：2009年

建设情况：待建

获奖情况：2010年福建省优秀建筑创作三等奖

本工程位于成都市彭山县锦江大道与省道 103 线交叉口西侧的锦江学院校园内，北面临湖，三面环路，交通便利，地理位置优越。

东坡书院的设计力求创造人文气息浓厚的书院环境，充分利用湖面的自然景观，营造出以人—水—山为中心思想的总体布局。总平面按照功能分成中心区、办公区、教学区与科研接待区四块，每个功能区域围合成传统的院落格局，力求创造自然、和谐、舒适、清雅的书院气质。

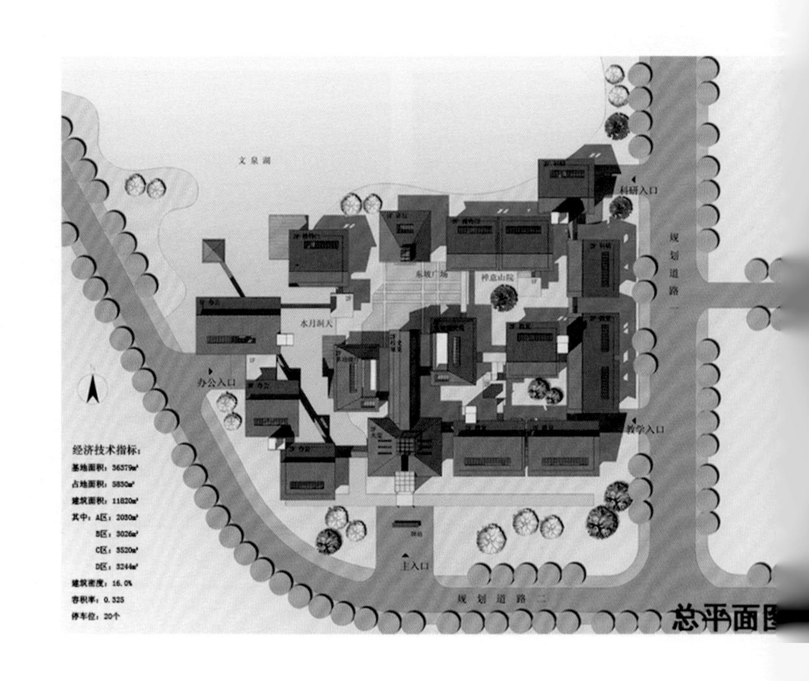

总平面图

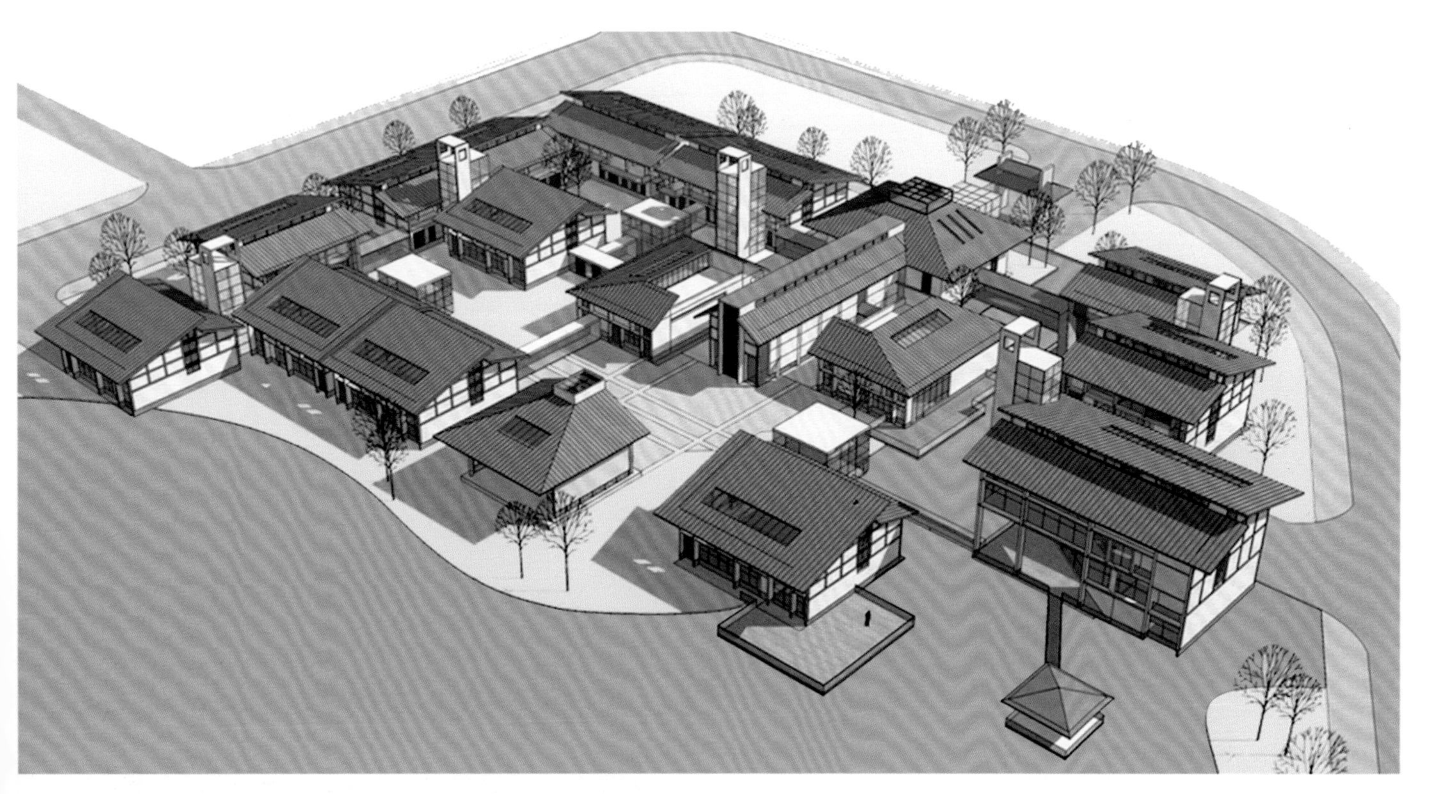

西北面小透视

西南面小透视

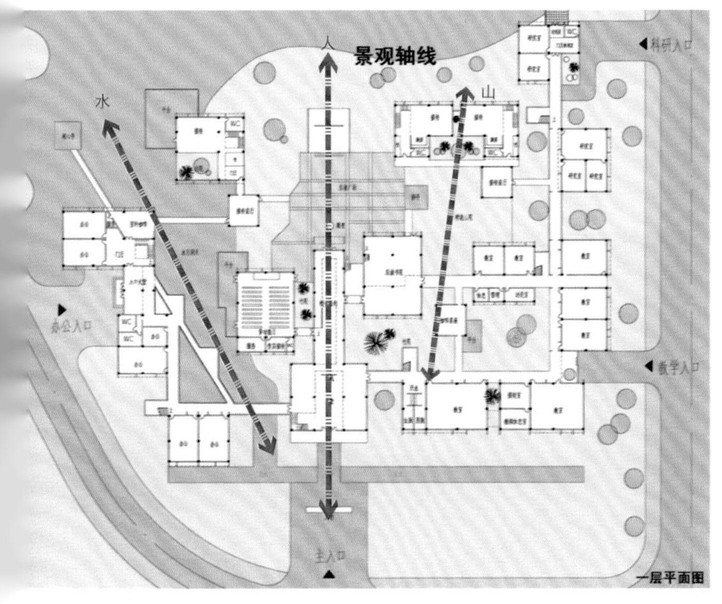

一层平面图

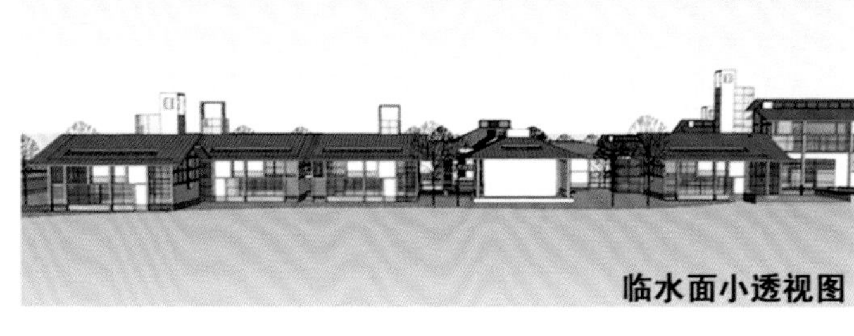

临水面小透视图

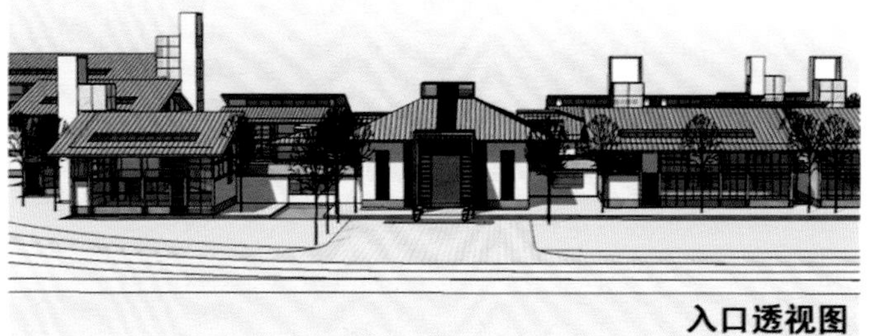

入口透视图

泉州植物园滨水餐厅&科普馆

设计地点：福建泉州
设计单位：厦门大学建筑与土木工程学院
　　　　　厦门大学建筑设计研究院
设计人员：王绍森等
设计时间：2015年
建设情况：待建
获奖情况：2015年福建省优秀建筑创作三等奖

滨水餐厅建筑空间收放有序，变化丰富，与场地景观紧密结合，将景观最大限度地引入餐厅，形成“一院一河一中庭，两餐两台两风景”的整体景观空间格局。同时注重对闽南传统建筑的元素、色彩进行抽象提炼，以现代的方式表达，创造出轻盈、舒适的新闽南形象。

科普馆结合泉州市树——红花刺桐的花瓣形式，将刺桐花的形象以屋顶绿化的形式展现出来，以“一花一城一世界”体现刺桐花的包容精神。山水之间，就像一艘帆船向前行驶，乘风破万浪，体现泉州人的开拓精神，传递泉州的海丝文化。

泉州植物园游客服务中心

设计地点：福建泉州
设计单位：厦门大学建筑与土木工程学院
　　　　　厦门大学建筑设计研究院
设计人员：王绍森等
设计时间：2015年
建设情况：待建
获奖情况：2015年福建省优秀建筑创作二等奖

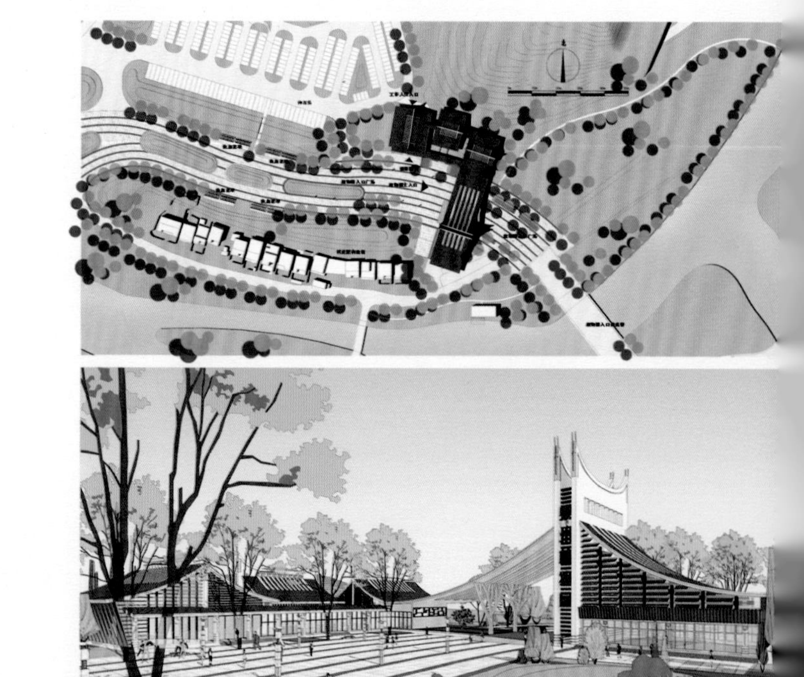

建筑布局依地形成“L”形，呈院落式，两组建筑通过大屋顶形成统一整体。大门垂直游客服务中心位于入口广场东侧，对闽南传统建筑坡屋顶进行抽象、变异，并融入植物园山地特征，与游客服务中心、标志塔形成错落有致的山峦形象。

建筑设计利用化整为零的设计手法，使其亲切怡人，主次分明；汲取闽南传统建筑元素，将燕尾脊、坡屋顶等元素抽象提炼，结合现代材料与工艺，以新的方式表达，借此传递“闽南韵、泉州情”，打造泉州新形象。

▲透视图

深圳市梅沙海滨步道墩洲岛节点设计

设计地点：广东深圳

设计单位：厦门大学建筑与土木工程学院
　　　　　厦门大学建筑设计研究院

设计人员：王绍森等

设计时间：2005年

建设情况：深圳集约设计邀请赛方案

获奖情况：2007年中国建筑学会威海国际建筑设计大奖赛优秀奖
　　　　　作品发表于《城市建筑》

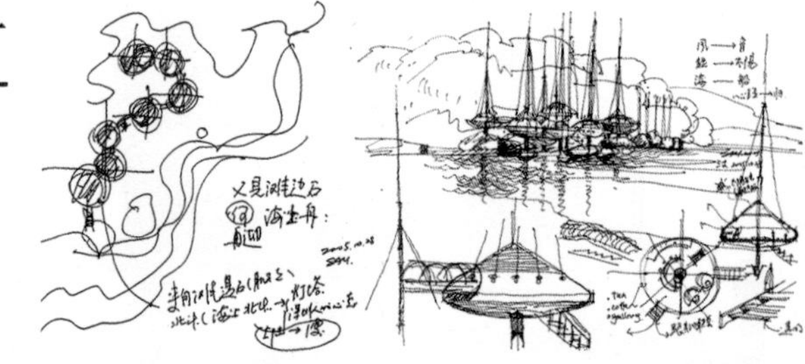

▲构思草图

建筑设计从整个海滨景观关系出发，依据场所的具体自然特征，分别考量环境观、形象观、心理观、建造方式等多个维度，力求诠释深圳人都市生活心态与自然观照的意境。

为最大限度减少对自然的破坏，设计排除了一切在地面建造的可能，转而向天空发展，采用见缝插针的方法，以求最大限度保持原始地貌。同时， 提取渔船、渔网、桅杆、贝壳、遮阳伞等和大海有关的一切元素，通过进一步的抽象、变形、重组来形成极具海洋特色的建筑形式；来自同一母题，但大小不同的七个单体按照北斗七星的秩序罗列，给人以心理上的依托。整个建筑仅采用玻璃和钢两种材料，以便于所有构件的预制和现场组装。

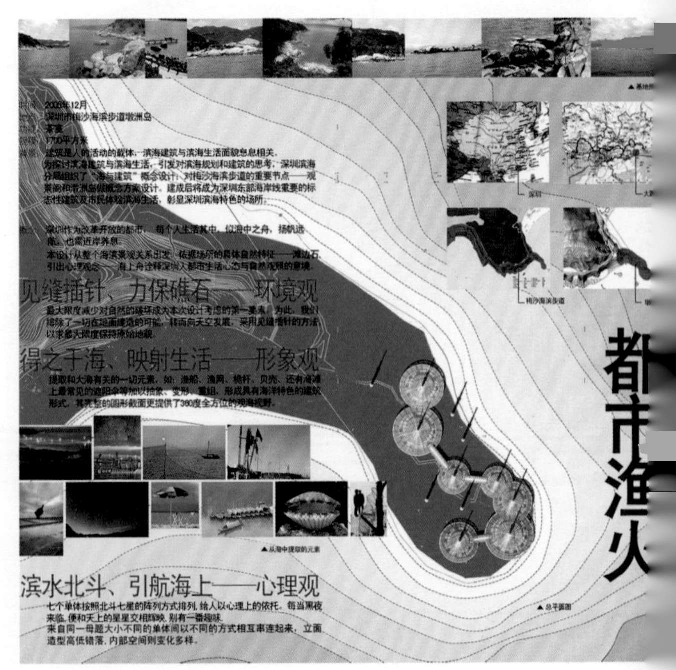

都市渔火
r=8m
r=10m
r=7m
r=8m
r=8m
r=8m
r=10m
60000
7000
2300
16000
5000
20000
◀剖面尺度分析
▲室内透视
360度观景
管井
吧台
储藏间
卫生间
咖啡座
连接体
平面分析▶
▼单体构造分解
可设风力发电装置
太阳能集热板
中空钢管
屋盖：点式玻璃+钢龙骨
钢索
钢楼板
底板：穿孔钢板

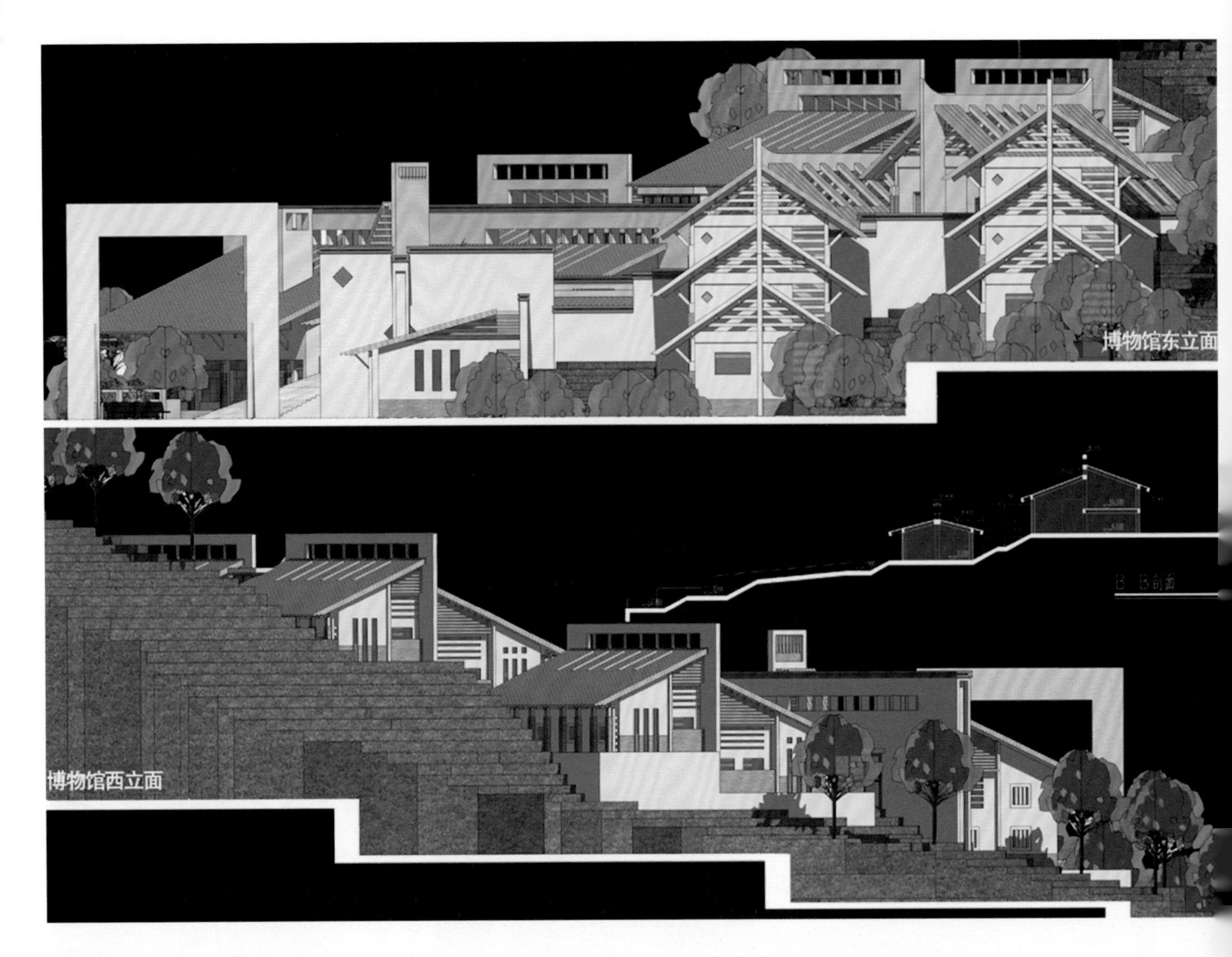

德化生态博物馆

设计地点：福建泉州德化

设计单位：厦门大学建筑与土木工程学院

厦门大学建筑设计研究院

设计人员：王绍森等

设计时间：2007年

建设情况：方案

获奖情况：2010年福建省优秀建筑创作二等奖

德化县生态博物馆拟建于中国瓷都德化县城郊的森林公园内，周边环境优美。方案尽可能保存原有地形地貌，保护基地原有生态，适应地形与基地融合，削弱建筑自身的体量感。采用化整为零的设计手法，结合院落和台地空间，组织建筑的各个功能区块。

建筑设计以现代建筑语汇表达闽南传统的建筑形式，抽象传统建筑的屋面形式；承袭传统建筑的院落围合、红砖文化，运用适宜当地自然气候的结构形式；突出生态主题，采取适应生态的技术和建筑处理手法，如山涧跌水的循环利用。

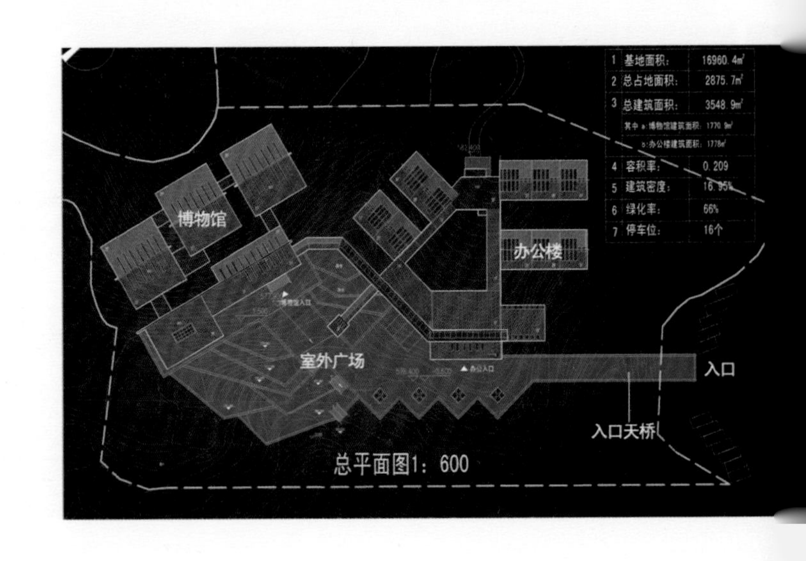

从空中俯视博物馆

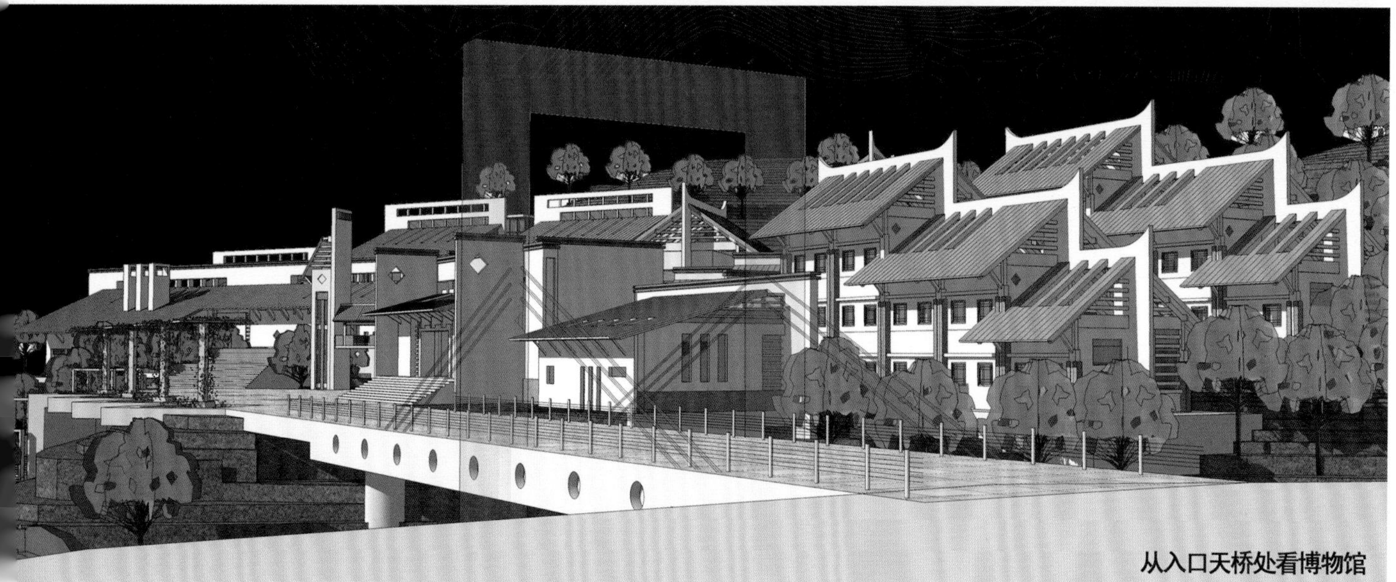
从入口天桥处看博物馆

物馆细部草图

物馆细部草图

从山顶看博物馆

海峡两岸少数民族文化交流中心

项目地点：福建漳州
设计单位：厦门大学建筑与土木工程学院
　　　　　厦门大学建筑设计研究院
设计人员：王绍森
设计时间：2010年
建设情况：竞赛方案
获奖情况：2011年中国建筑学会威海国际建筑设计大奖赛优秀奖
　　　　　作品发表于《当代中国建筑集成Ⅱ》

项目选址于漳州市龙文区云洞岩风景区内，基地面积20538㎡，其中绿化面积4603㎡，可用基地面积15935㎡。

基地内拟设置高山族博物馆、畲族祖居地展览馆和“蓝氏三杰”对台历史贡献展览馆三个场馆和一个服务中心、一个文化广场等五个区域及其他配套设施。项目设计在满足使用功能需求的前提下强调前瞻性、创新性、独特性以及绿色环保和可持续发展的理念。设计结合地形，并以“形色分离”的手法，探讨建筑地域性的表达。

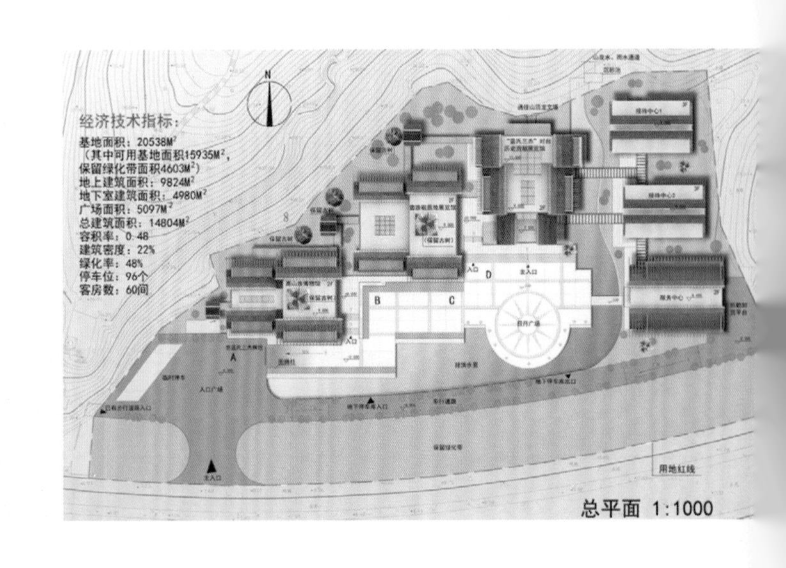

总平面 1:1000

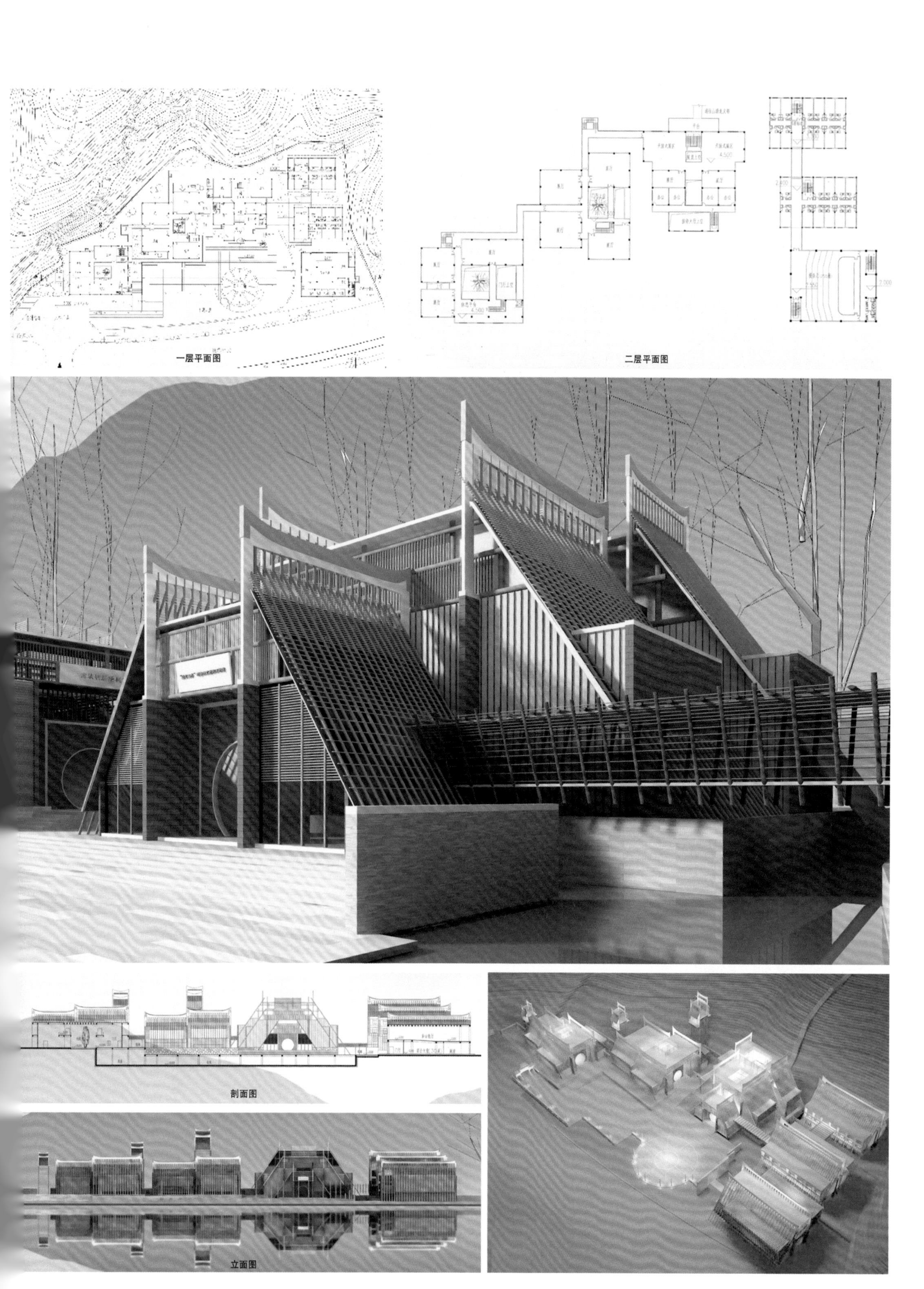
一层平面图
二层平面图
剖面图
立面图

日景鸟瞰

厦门市档案馆

项目地点：福建厦门
设计单位：厦门大学建筑与土木工程学院
　　　　　厦门大学建筑设计研究院
设计人员：王绍森 严何 周卫东
设计时间：2012年
建设情况：方案
获奖情况：2013年福建省优秀建筑创作三等奖

本方案根据档案馆的共同特征，以“千古江山记忆源流”为主题，结合中国的印章文化，希望打造出一方承载中国印迹与记忆的盒子。设计通过对远古“档案记录”到厦门改革开放三十余年间重大历史事件的回顾，总结出“海纳百川的包容”“敢于创新的精神”等地域的文化特征，进一步提炼、归纳为“开放、现代、大气、创新、速度、动感、时尚”等品质，融入设计之中，呈现出独特、真实、雅致且有丰富内涵的建筑形象，彰显厦门气质。同时，建筑融于环境，外部严谨，内部活跃，成为一个重要的市民公共空间。

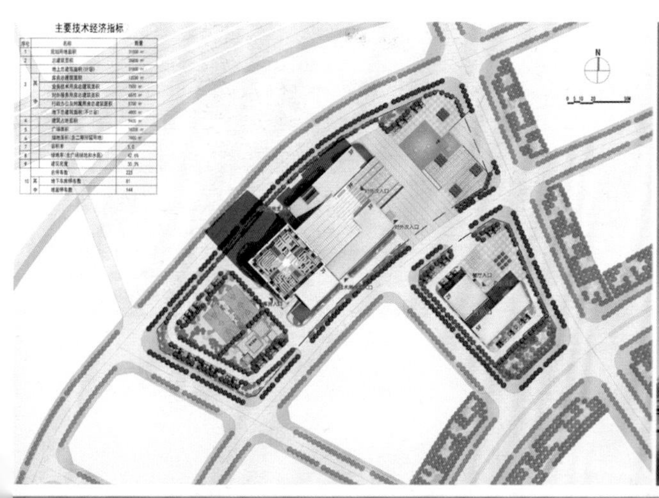

主要技术经济指标

序号	名称		数量
1	规划用地面积		[illegible] ㎡
2	总建筑面积		[illegible] ㎡
3	地上总建筑面积(计容)		[illegible] ㎡
	其中	[illegible]	[illegible] ㎡
		业务技术用房总建筑面积	[illegible] ㎡
		对外服务用房总建筑面积	[illegible] ㎡
		行政办公及附属用房总建筑面积	[illegible] ㎡
	地下总建筑面积(不计容)		[illegible] ㎡
4	建筑占地面积		[illegible] ㎡
5	广场面积		[illegible] ㎡
6	绿地面积(含二期预留用地)		[illegible] ㎡
7	容积率		[illegible]
8	绿地率(含广场绿地和水面)		42.6%
9	建筑密度		30.3%
10	总停车数		225
	其中	地下车库停车数	81
		地面停车数	144

黄昏透视

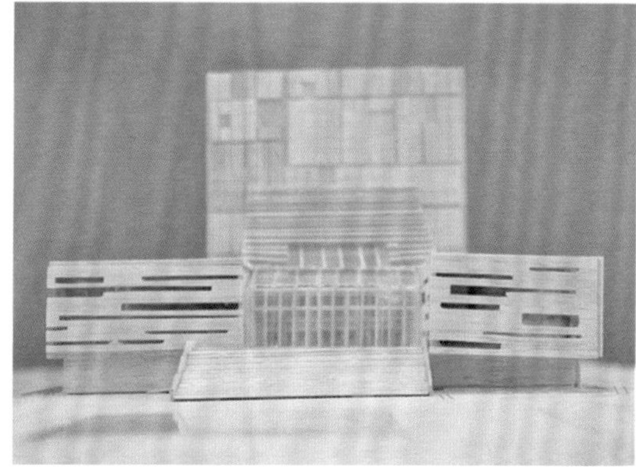

厦门大学海韵校区管理学院大楼

设计地点：福建厦门
设计单位：厦门大学建筑与土木工程学院
厦门大学建筑设计研究院
设计人员：王绍森等
设计时间：2016年
建设情况：竞标方案
获奖情况：2016年福建省优秀建筑创作二等奖

管理学院通过院落开展布局，采用现代形式对传统坡屋顶“原型”进行提取，建筑东侧通过“一主四从”的体量组合对本部嘉庚主楼群形成记忆的延续，大台阶处理又形成对上弦场记忆的延续；建筑立面采用木色竖向线条进行遮阳处理，屋顶绿化平台形成活动空间；建筑内部案例教室、图书资料室、活动室、健身房等设施齐全，作为一座高规格现代化教学办公楼满足管理学院师生日常需求。

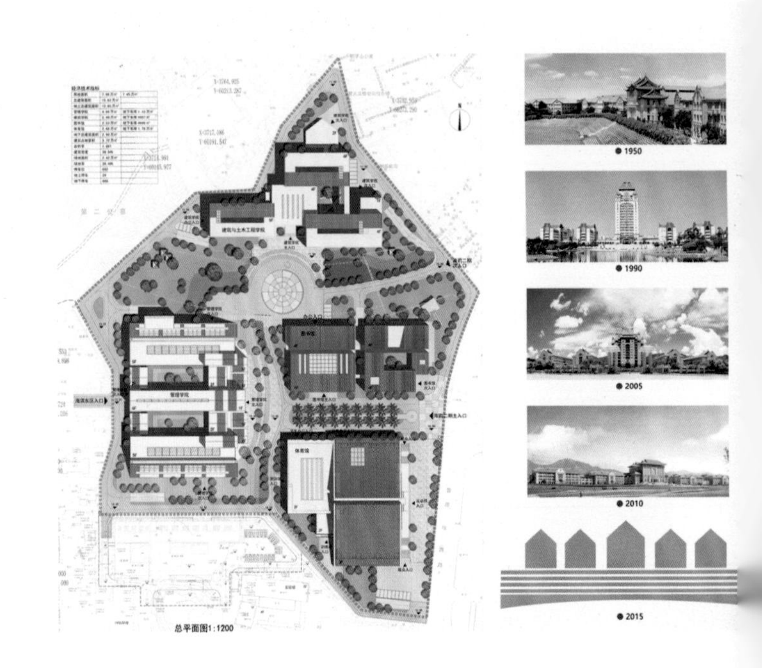

总平面图1:1200

忆之绎

厦大海韵校区二期工程 管理学院大楼

厦门大学海韵校区二期工程中的管理学院大楼处于基地西侧，其东侧正对校园主入口，通过院落展开布局，采用现代形式对传统坡屋顶"原型"进行提取。建筑东侧通过"一主四从"的体量组合对本部嘉庚主楼群形成记忆的延续；大台阶处理又形成对上弦场的记忆延续；建筑立面采用木色竖向线条进行遮阳处理，屋顶绿化平台形成活动空间；建筑内部案例教室，图书资料室，活动室，健身房等设施齐全，作为一座高规格现代化教学办公楼满足管理学院师生日常需求。

平潭市北港村游客服务中心

设计地点：福建平潭

设计单位：厦门大学建筑与土木工程学院

　　　　　厦门奉达建筑设计咨询有限公司

设计人员：王绍森等

设计时间：2016年

建设情况：方案

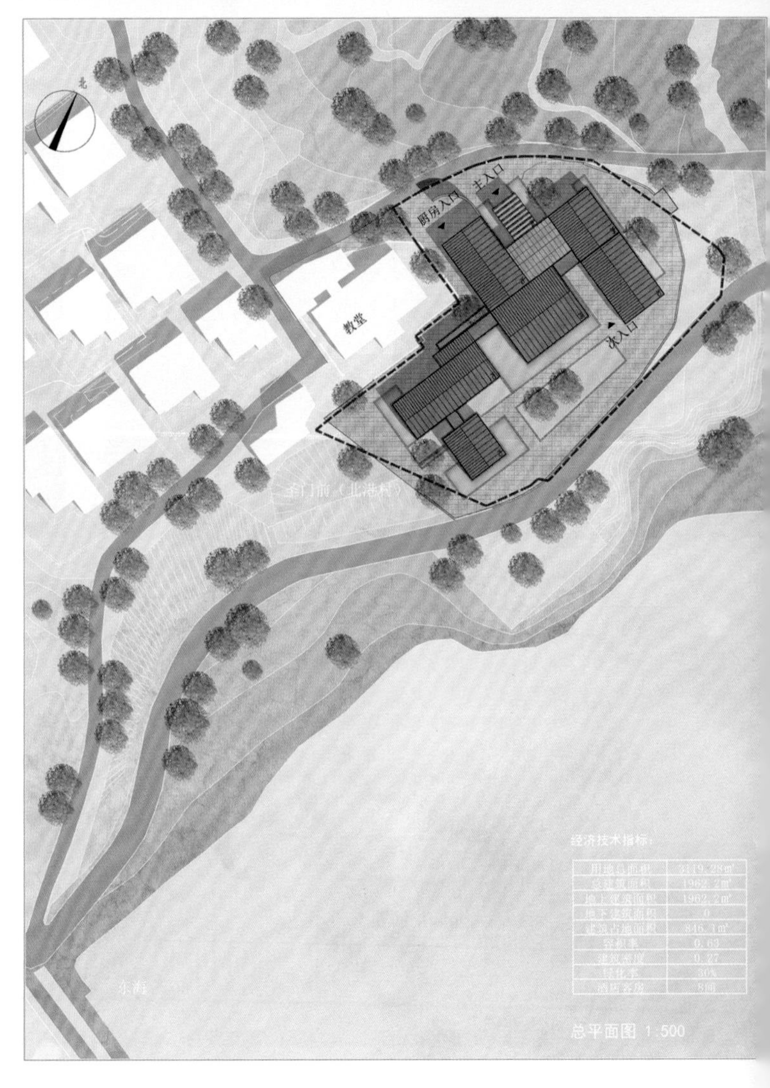

总平面图 1:500

项目定位为平潭市北港村游客服务中心，基地位于福建省平潭县北港村，背山面海，自然环境优美。周边村落风貌独特，建筑材料以石材为主。基地内部地势平坦，南侧和东南侧海景极佳，东侧可俯瞰村落风貌。西北侧紧邻教堂，地势较高。北侧为既有道路。

方案设计理念为“弱建筑”，即以自然环境为原则导向，参照当地建筑风貌进行设计，让建筑消隐于周边环境：形式上，对当地聚落的空间关系，单体建筑造型和开窗方式进行提取、演绎；景观上，立面选材以当地石材为主，视觉上与环境氛围取得一致，同时结合临海界面布置主要功能区块，使内外之景贯通绵延。

山·海·嵐·厝

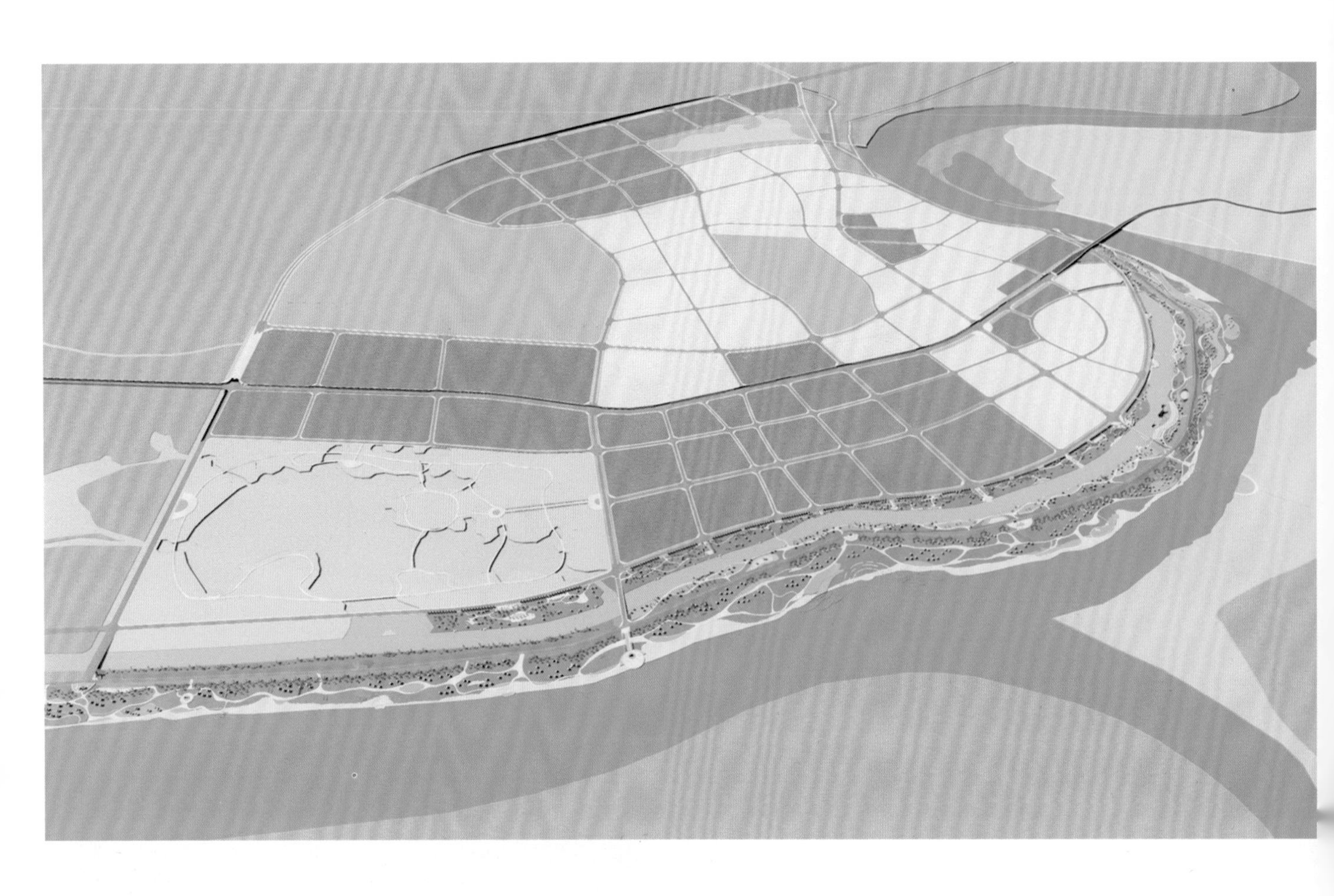

安徽凤台经济开发区滨水景观设计

设计地点：安徽凤台
设计单位：厦门大学建筑与土木工程学院
　　　　　厦门大学建筑设计研究院
设计人员：王绍森 张其帮 许旺土 等
设计时间：2012—2015年
建设情况：在建

规划区起于凤淮路与凤寿路交汇处，环绕凤台经济开发区，南至姚家湖防洪排涝站，西、北紧邻淮河，地理位置得天独厚，是经济开发区绿地系统的重要组成部分。规划用地规模约376公顷，其中湿地公园占地约140公顷。规划滨淮景观带岸线总长度达8.2公里，最窄处约42米，最宽处约273米。内河全长约5.3公里，宽度约为10~25米。

规划设计坚持以人为本、生态优先、突显地域、专注精品的四大原则，整体架构为“一带双轴多节点”，具体涵盖 “一环、三园、二十八点”；统筹滨河的主体景观空间，注重河岸景观的观览性与亲水性；最终改善河岸的生态环境、消除河堤的安全隐患、满足市民的休闲生活需求，使该项目成为凤台——淮河历史文化传承的重要展示窗口，带动开发区的经济发展。

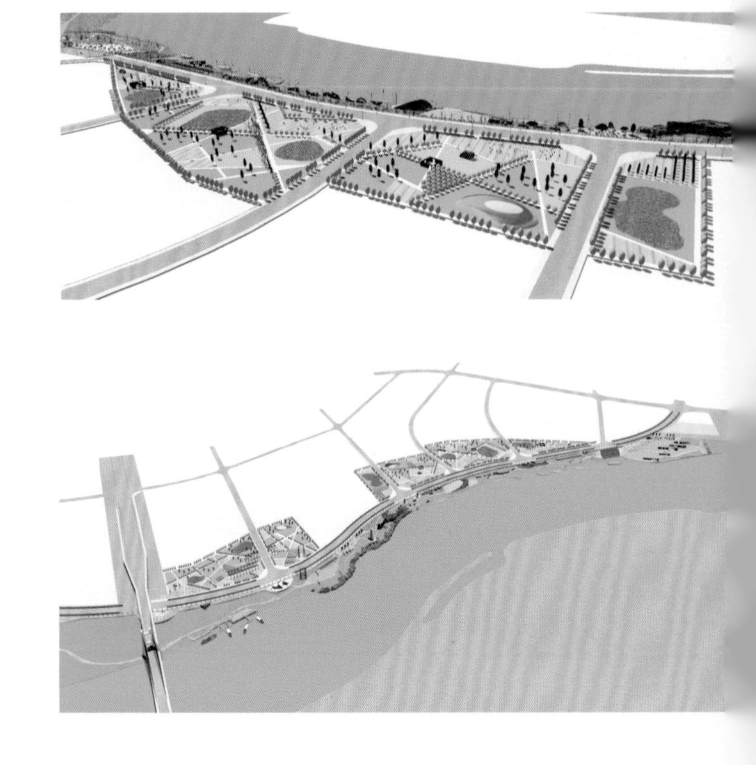

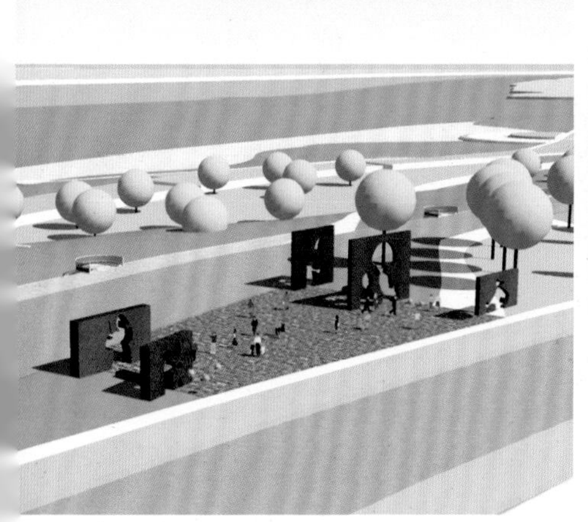

厦门大学漳州校区运动中心风雨球场

项目地点：漳州市
设计单位：厦门大学建筑与土木工程学院
　　　　　厦门大学建筑设计研究院
设计人员：李立新 唐洪流等
设计时间：2004年
建设情况：2005年已建成
获奖情况：2008年教育部优秀建筑工程勘察设计三等奖

本项目位于厦门大学漳州校区，设计包括风雨球场、游泳馆、体育馆等运动设施。

技术经济指标：

风雨球场总用地12695㎡

总建筑面积8577㎡

建筑占地面积4385㎡

道路广场总面积4310㎡

绿地总面积3999㎡

建筑密度34.5%　绿地率31.5%　容积率0.675

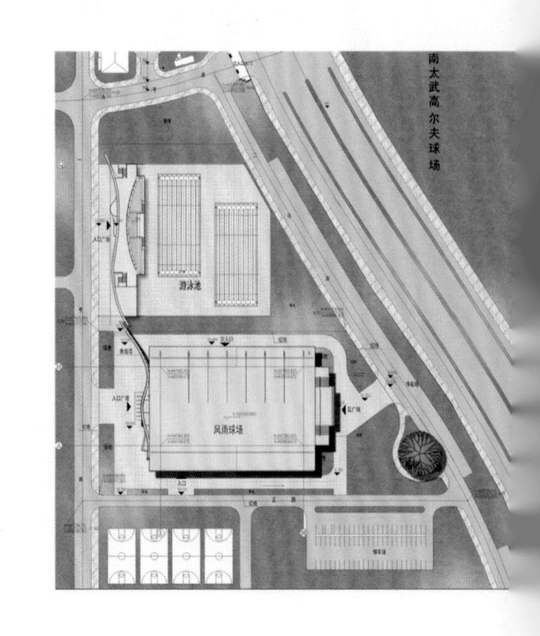

厦门园博苑厦门园——嘉园

项目地点：厦门市集美区园博苑

设计单位：厦门大学建筑与土木工程学院

　　　　　厦门大学建筑设计研究院

设计人员：李立新　唐洪流

设计时间：2006年

建设情况：2007年已建成

获奖情况：2008年福建省优秀市政公用工程设计一等奖

项目位于园博苑闽台岛东南角，西临金门园，北枕水溪。厦门园在规划布局上汲取闽南地区大厝“三间张”及闽南庭院的特点，以主辅展厅、门厅（茶厅）为主体，形成以水院为中心的半围合开放式合院布局。

主辅展厅及门厅（茶厅）间穿插若干围合、半围合小庭院，以灵活的步道穿行其间，“步移景异”，既增加空间层次，又丰富空间内涵，创造了“小中见大”的中国古典园林的空间意境。

建筑面积：584㎡，占地面积：9680㎡。

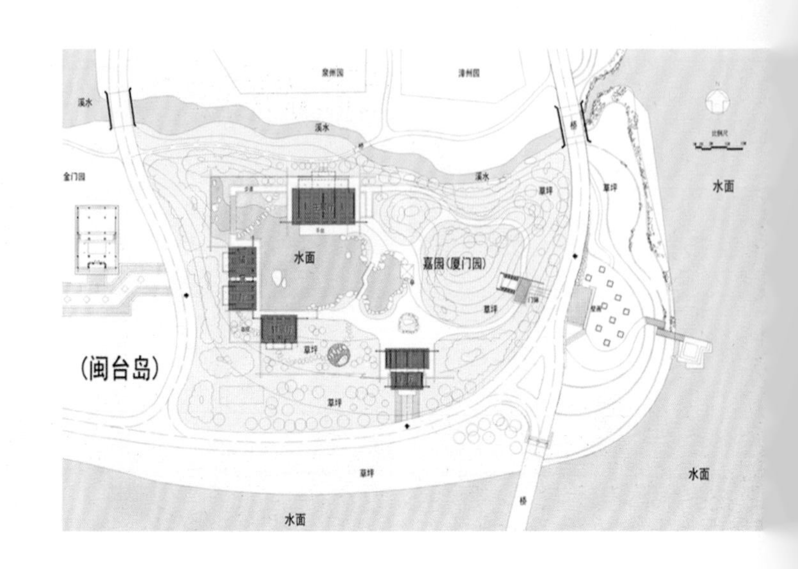

厦门白鹭洲公园——筼筜书院

项目地点：厦门市白鹭洲公园
设计单位：厦门大学建筑与土木工程学院
　　　　　厦门大学建筑设计研究院
设计人员：李立新　唐洪流
设计时间：2006年
建设情况：2010年已建成
获奖情况：2013年全国优秀工程勘察设计行业奖三等奖
　　　　　教育部优秀建筑工程勘察设计二等奖

筼筜书院是厦门第一座现代书院，致力于中国传统文化的传承与发展。书院位于厦门“城市原点”——白鹭洲公园东部，院区占地3.8万㎡，建筑面积为869㎡，绿竹环绕，三面环水。书院位于院区中部核心区，坐西朝东，背靠环形山坡，面向开阔筼筜湖面，带有经典的中国书院格局和闽南传统民居建筑风格，由讲堂、学堂、展廊三个部分组成。

书院结合传统闽南的特有建筑材质和现代新型建材，既传达强烈的时代气息，又散发浓浓的闽南地方韵味，体现“清、静、素、雅”的书院艺术氛围。

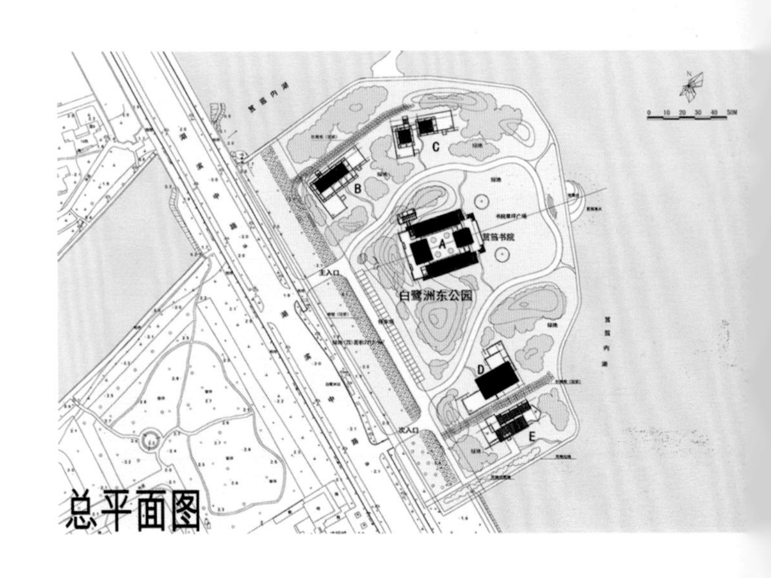

总平面图

厦门曾厝垵海鲜工坊

项目地点：厦门市思明区曾厝垵
设计单位：厦门大学建筑与土木工程学院
　　　　　厦门大学建筑设计研究院
设计人员：李立新　唐洪流
设计时间：2010年
建设情况：已建成

项目位于厦门市环岛南路北侧紧靠曾厝垵村，南临环岛路，面朝大海，交通便捷，风景优美。厦门市为了进一步促进厦门旅游业发展，决定将曾厝垵鱼市场改造成为闽南特色海鲜一条街，旨在利用良好的区位优势，营造具有浓郁滨海氛围的餐饮场所，进一步提升该地段品质。

用地面积6935㎡，建筑面积5650㎡，该地块由于过于狭长，构思上将地块先分为三个使用区域，四栋建筑一字型排开，既相对独立，又通过连廊紧密联系，建筑层数均为二层，设有地下架空层。

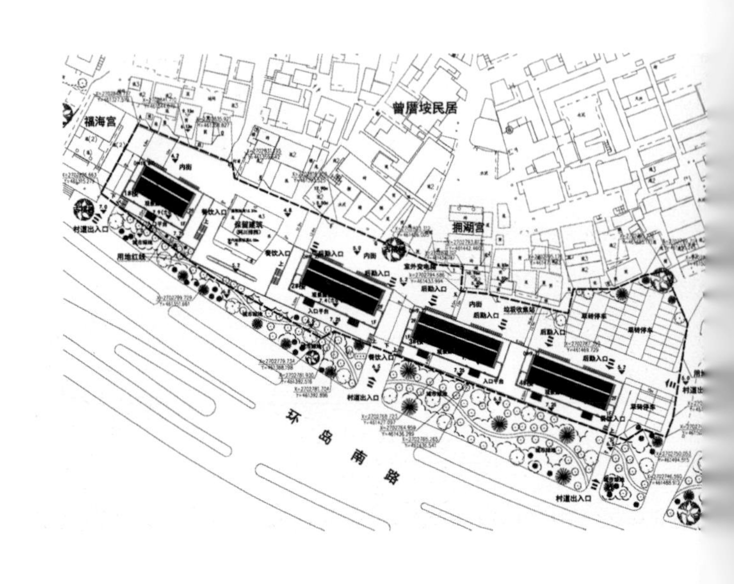

永记深海鱼

厦门华厦职业学院体育馆建筑设计

项目地点：厦门市

设计单位：厦门大学建筑与土木工程学院

厦门大学建筑设计研究院

设计人员：李立新　唐洪流　张乐敏

设计时间：2010年

建设情况：2012年已建成

本项目为厦门华厦职业学院新校区建设的重要内容，位于校区的北部，靠近教学区，东临足球场、西临篮球场。该项目对于改善办学条件，丰富师生文化体育活动，促进学校文化体育事业的发展具有重要的意义。

厦门华厦职业学院体育馆的主要内容有：2个篮球场、运动器材室、乒乓球室、健身房、更衣室及办公室。建设总用地面积约为5526.0m²，总建筑面积2688.7m²，建筑占地面积2986.6m²，建筑密度27.9%，建筑容积率0.39，绿地率40%。

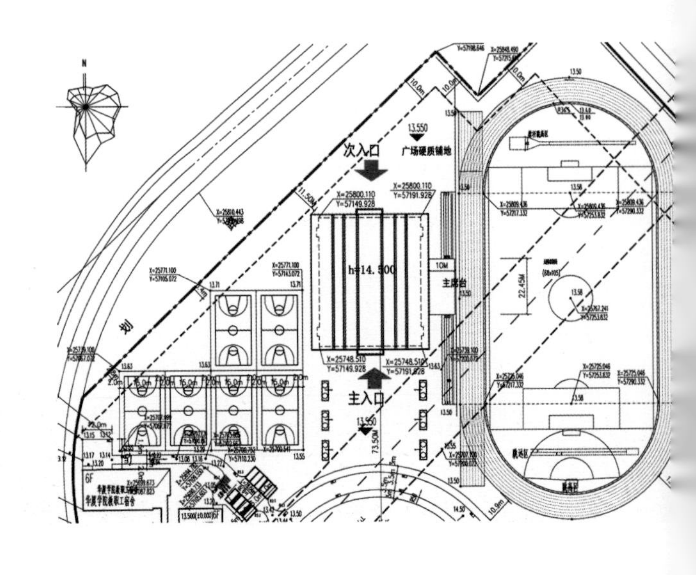

洪海体育馆
14.500
12.084
8.400
4.200
±0.000
一层平面图
二层平面图
屋面层平面图

厦门大学幼儿园改扩建工程

项目地点：厦门市思明区厦门大学
设计单位：厦门大学建筑与土木工程学院
　　　　　厦门大学建筑设计研究院
设计人员：李立新　唐洪流　张乐敏
设计时间：2012年
建设情况：2014年已建成
获奖情况：2017年教育部优秀建筑工程勘察设计二等奖

厦门大学幼儿园始建于20世纪90年代初，因环岛干道隧道的修建致使幼儿园部分结构损坏，局部变成危房，本项目在保留局部结构较好的建筑的基础上，拟对幼儿园进行改扩建。本项目为15班幼儿园，建筑面积为7982m²，用地面积为4363m²，功能配套完善，项目充分利用场地高差变化，提供了多样的室内外幼儿活动场地。

该项目经济投资合理，建筑面积比原来扩大一倍多，班级数也增加了，独立设置教学用房、生活用房和音体美功能用房，各功能空间布局合理，流线简洁、清晰，很好地满足了幼儿的活动需求，让幼儿可充分沐浴阳光并享受美丽海景。推窗可看海景，在岛内幼儿园中确实“独树一帜”，成为该地段的一道独特风景。

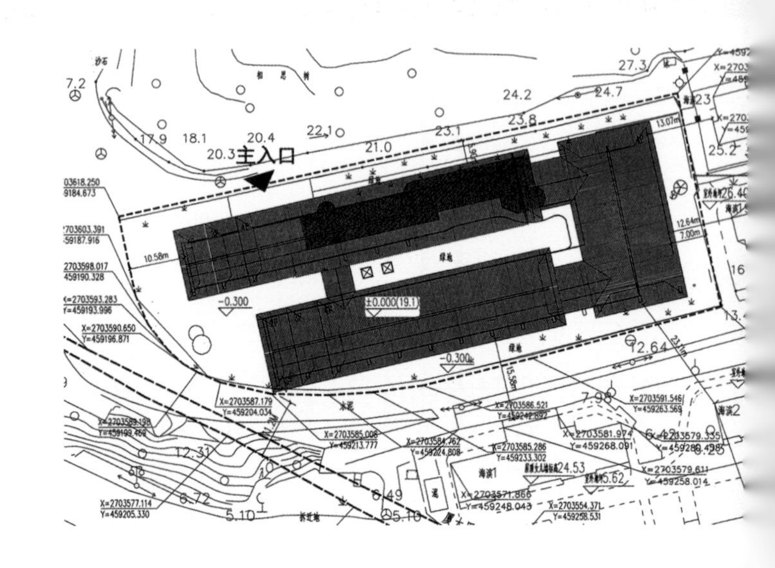

自强不息·止于至善

厦门市水上运动中心二期工程

项目地点：厦门市集美区水上运动中心
设计单位：厦门大学建筑与土木工程学院
厦门大学建筑设计研究院
设计人员：李立新 唐洪流
设计时间：2012年
建设情况：已建成

规划设计的范围为集美湖东南部的区域，具体范围为水晶湖郡以西、闽台岛和园博岛以东的水域和部分陆域，规划设计总面积约 310公顷。

基地现有水域为原杏林湾水库，东北部有区域外流入基地的水口一处，东南部有原水库排水的闸口。水域南北长约3200米，东西长约1200米，水域面积共422.19公顷。水质由于周边片区雨污水流入其中，水质较差。

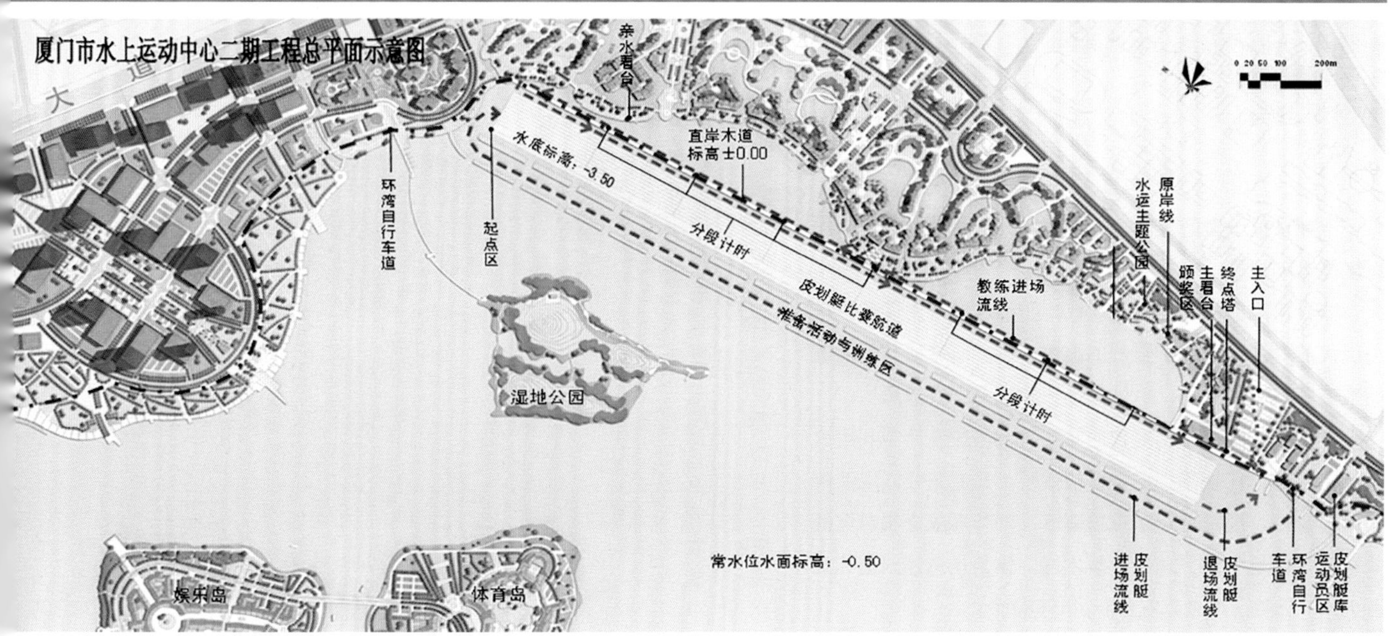
厦门市水上运动中心二期工程总平面示意图
0 20 50 100 200m
大
亲水看台
直岸木道
标高±0.00
水底标高：-3.50
环湾自行车道
起点区
分段计时
皮划艇比赛航道
准备活动与训练区
分段计时
教练进场流线
湿地公园
水运主题公园
原岸线
颁奖区
主看台
终点塔
主入口
常水位水面标高：-0.50
皮划艇进场流线
皮划艇退场流线
环湾自行车道
皮划艇库运动员区
娱乐岛
体育岛

厦门大学翔安校区体育馆、游泳馆设计

项目地点：厦门市
设计单位：厦门大学建筑与土木工程学院
　　　　　厦门大学建筑设计研究院
设计人员：李立新 唐洪流 李温俊 林智超
设计时间：2012年
建设情况：在建

本项目位于厦门大学翔安校区，设计包括游泳馆、体育馆等运动设施。

体育馆：形体既传统又现代，在设计中努力促使传统与现代的对话。形成了强烈的虚实对比，而穿插其间的玻璃幕墙则具有现代感，总体体现一种庄重大方的风格。

游泳馆：既传统又现代的嘉庚风格，在设计中利用大量红色砖墙，在颜色上显得轻快活跃，又能充分体现闽南建筑的情境，同时运用了玻璃幕墙、百叶形成虚实对比的效果。在构筑“轻、透”建筑主题。体育场总建筑面积为39499㎡，游泳馆总建筑面积为10580㎡。

集美小学敬贤堂复原工程

项目地点：集美小学
设计单位：厦门大学建筑与土木工程学院
　　　　　厦门大学建筑设计研究院
设计人员：李立新 唐洪流 刘建元
设计时间：2012年
建设情况：已建成

项目位于集美小学原敬贤堂旧址。在现代背景下，建筑在折射出陈嘉庚时期敬贤堂原型特征的同时，又闪现出现代建筑的风采。

建筑功能上力求打造符合现代教学需求的多功能纪念型大礼堂。屋面采用双坡屋顶，结构统一，屋面开有老虎窗，侧面设有高窗，便于采光通风。墙面为现代石材，缀有百叶窗，木与石的结合，对比与变化，提升了建筑韵味。

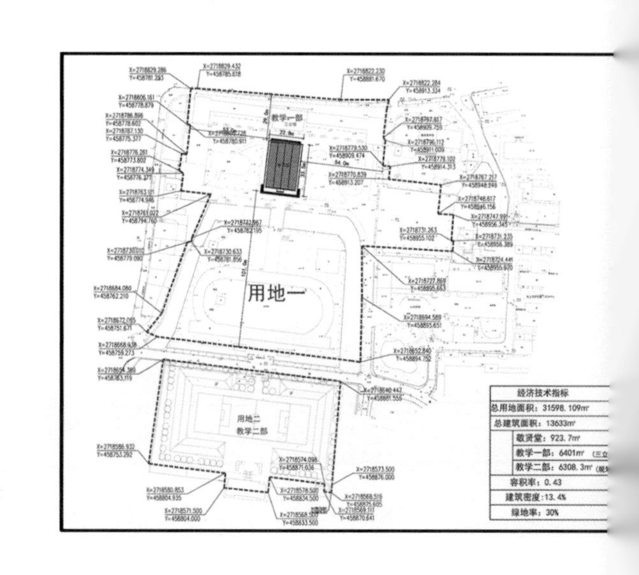

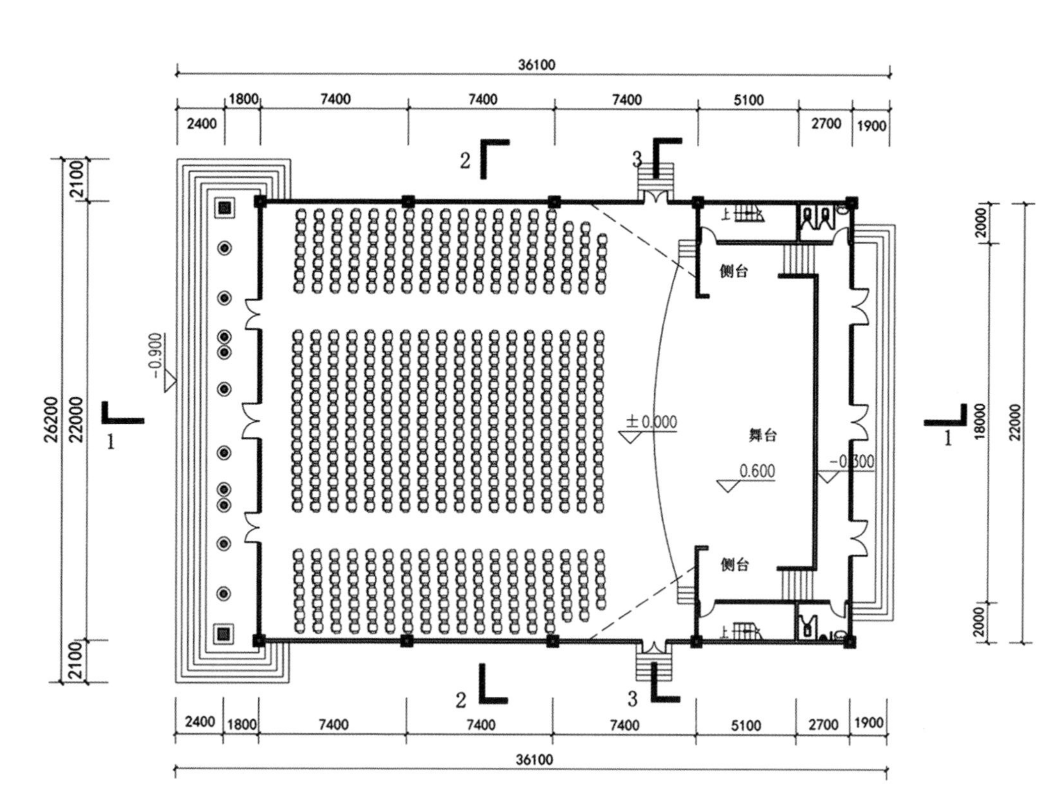

36100
1800
7400
7400
7400
5100
2400
2700
1900
26200
2100
22000
2100
2000
18000
2000
22000
-0.900
±0.000
0.600
-0.300
侧台
舞台
侧台
上
上
1
1
2
2
3
3

厦门海峡两岸中医药博物馆

项目地点：厦门海沧台商投资区
设计单位：厦门大学建筑与土木工程学院
厦门大学建筑设计研究院
设计人员：李立新 唐洪流
设计时间：2012年
建设情况：已建成

项目位于全国最大的台商投资区——厦门海沧区台商投资区西南部、岐山东鸣岭的青礁慈济宫景区内，是目前我国规划面积最大的两岸中医药文化博物馆，占地面积共158.58公顷，其中博物馆用地面积62165㎡。

博物馆总体由两岸交流馆、中华医药史展馆、中医药综合体验区三部分组成，由海峡两岸交流展馆、海峡两岸交流成果展、游客服务中心、演艺中心、交流中心、办公区等具体功能构成。项目以“生态保护”“规模适配”“因地制宜”“统一布局”为原则，意将该项目定位为海峡两岸中医药文化展览和交流基地；中医药产业及养生基地；青少年中医药科普教育基地；保生大帝文化旅游基地。

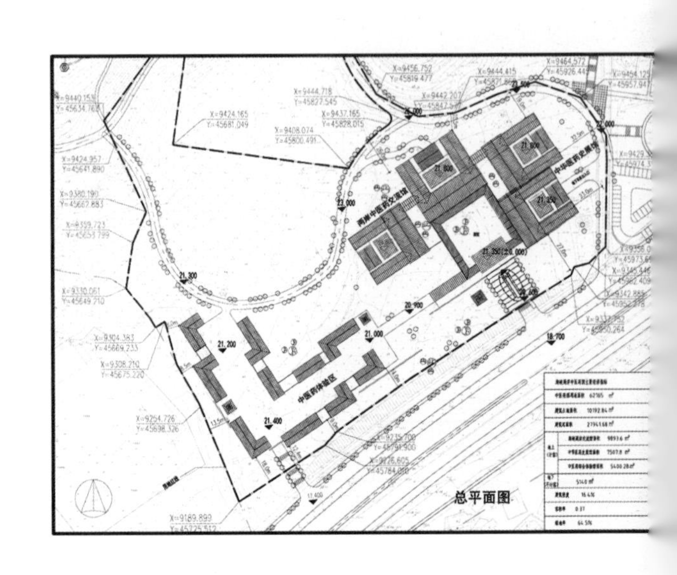

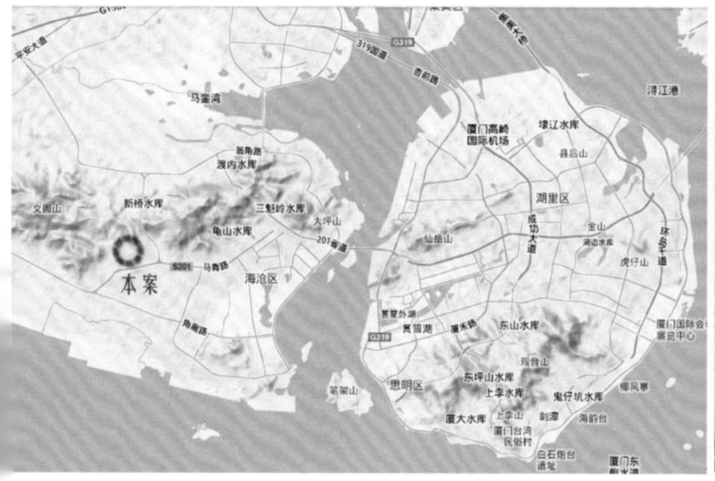

平安大道
319国道
G319
马銮湾
浔江港
厦门高崎
国际机场
埭辽水库
县后山
渡内水库
文圃山
新桥水库
三魁岭水库
湖里区
大坪山
龟山水库
201省道
仙岳山
成功大道
金山
湖边水库
环岛干道
虎仔山
S201
马青路
本案
海沧区
筼筜湖
东山水库
厦门国际会
展览中心
G319
观音山
东坪山水库
思明区
椰风寨
上李水库
鬼仔坑水库
厦大水库
上李山
剑潭
海韵台
厦门台湾
民俗村
白石炮台
遗址
厦门东

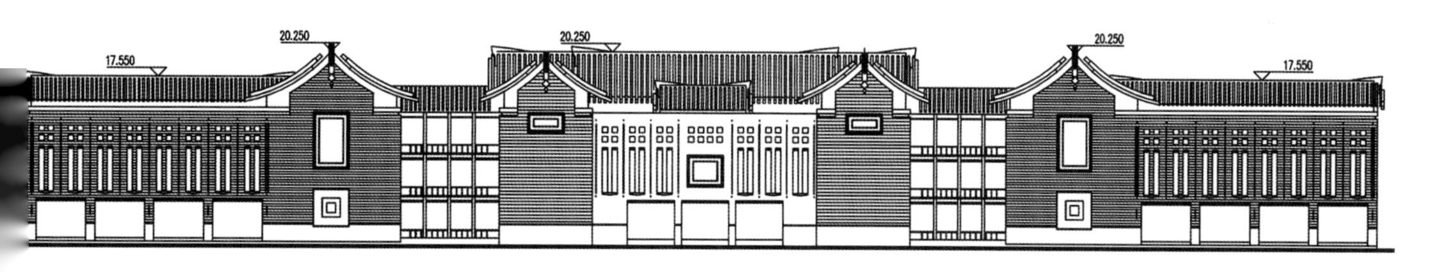

17.550
20.250
20.250
20.250
17.550

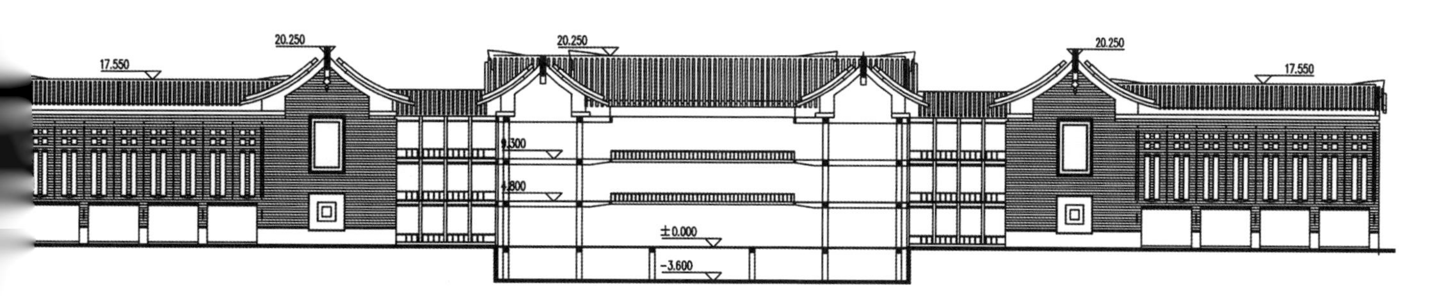

17.550
20.250
20.250
20.250
17.550
9.300
4.800
±0.000
-3.600

漳浦白金五星国宾馆

项目地点：漳浦县县城东区文体中心地块北侧
设计单位：厦门大学建筑与土木工程学院
厦门大学建筑设计研究院
设计人员：李立新 唐洪流 张乐敏
设计时间：2012年
建设情况：方案

本项目是集迎宾、接待、住宿、餐饮、会议、休闲、培训、娱乐、健身等为一体的高标准宾馆。本案将打造成为白金五星宾馆，成为漳浦当地最绚丽的城市风景线。设计构思主要从设计结合自然、因地制宜以及闽南传统文化的现代演绎，旨于体现地域性、文化性、时代性、经济性。

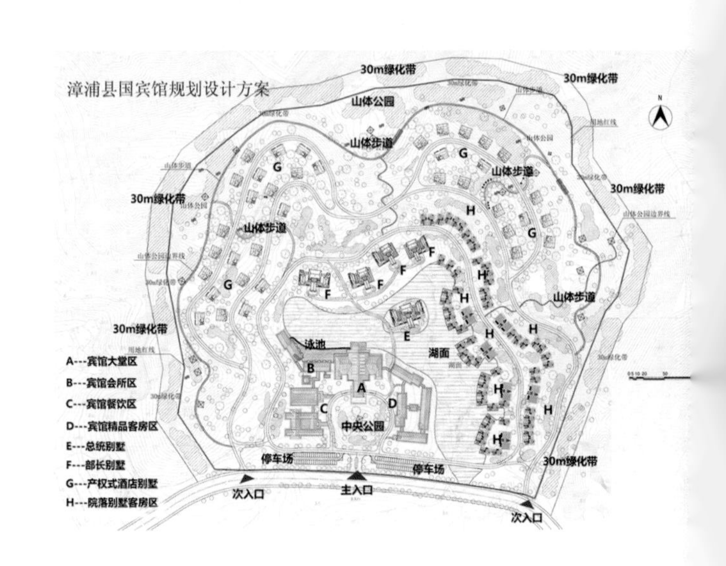

总统别墅

院落别墅

总统别墅

圣诺有色金属研究院建筑设计

项目地点：厦门市
设计单位：厦门大学建筑与土木工程学院
厦门大学建筑设计研究院
设计人员：李立新 唐洪流 于滨彬
设计时间：2013年
建设情况：2015年已建成
获奖情况：2017年教育部优秀建筑工程勘察设计二等奖

厦门大学专家招待所因年久失修，各种设施无法满足现功能需求，因此在原基地上，学校重新规划设计了有色金属研究院及附属用房——招待所。本项目临近厦门大学南门和南普陀寺，拥有非常好的景观条件，环境安静。

用地面积为 7926m²，建筑面积为 13135m²，有色金属研究院一层扩大门厅及加宽走廊设计，给材料博物馆提供了观赏路线，墙身充分利用当地的石材与闽南传统的烟炙砖，以现代干挂手法精工制作，来致敬传统的“出砖入石”，白色山墙两侧利用闽南传统烟炙砖组砌“万字锦”，极富装饰色彩，带有美好的象征。

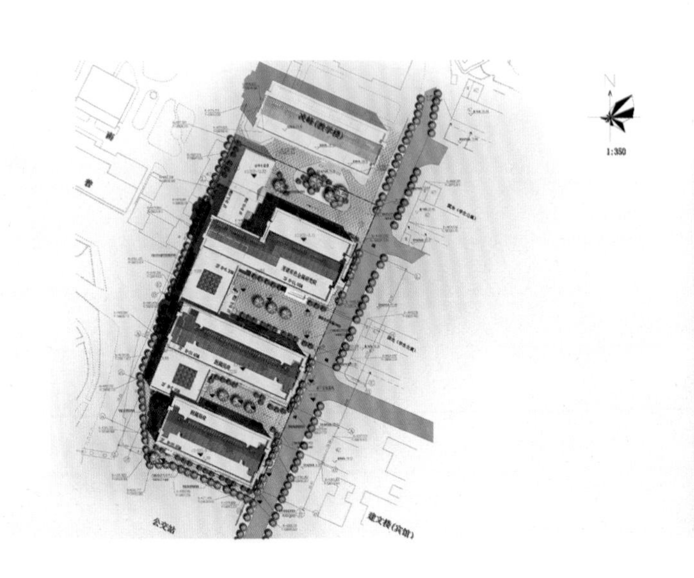

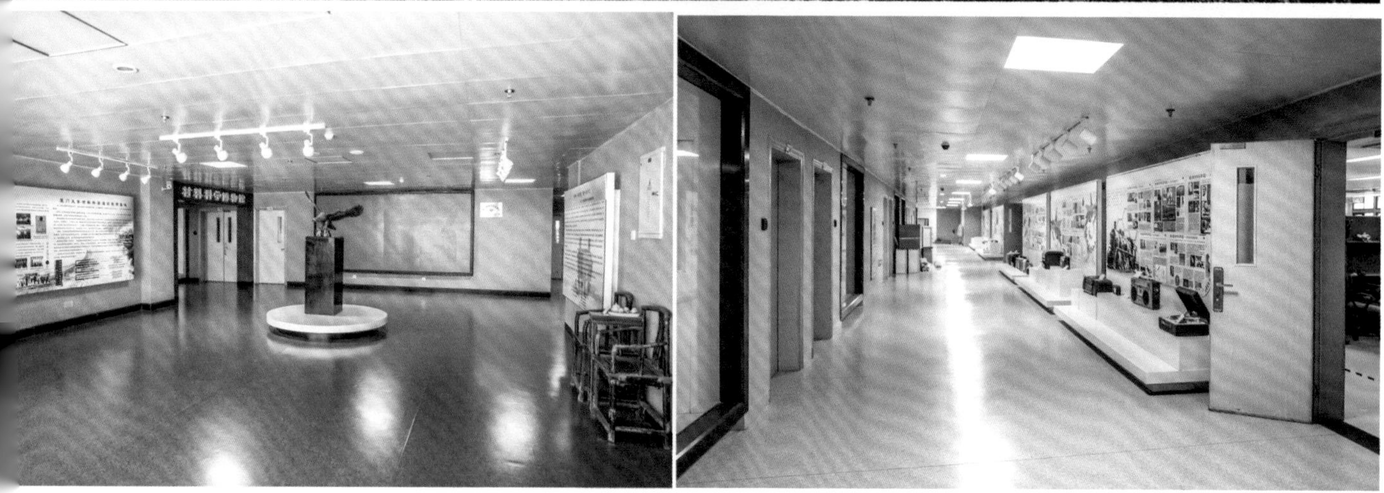

厦门大学海韵园物理机电航空大楼

项目地点：厦门市

设计单位：厦门大学建筑与土木工程学院

　　　　　厦门大学建筑设计研究院

设计人员：李立新 唐洪流 李温俊 林智超

设计时间：2013年

建设情况：2015年已建成

获奖情况：2017年福建省优秀建筑工程勘察设计三等奖

厦门大学海韵校区位于厦门环岛路珍珠湾路段北侧，东临厦门软件园。项目用地位于校园西北侧。

规划用地面积为9426㎡。总建筑面积为19640㎡。占地面积为3722㎡。建筑总高度为24米。

功能布局上一二层为实验室、阶梯教室、设备用房，三至六层为实验室、教室、教师办公室、会议室、设备层，屋顶层为设备用房。建筑结构类型为框架结构，合理使用年限为50年，建筑物抗震设防烈度为七度。建筑防火设计分类为多层建筑，耐火等级为二级。地上停车位19辆。非机动车停车数为56辆。

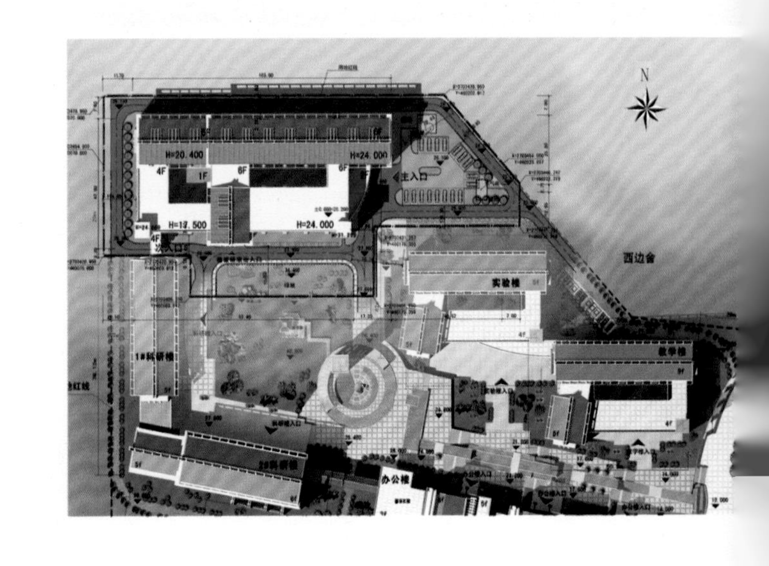

厦门大明寺

项目地点：厦门市集美区大明寺
设计单位：厦门大学建筑与土木工程学院
　　　　　厦门大学建筑设计研究院
设计人员：李立新　　唐洪流
设计时间：2014年
建设情况：已完成施工图

本项目位于福建省厦门市集美区杏林湾集美新城中心区西侧。基地南临杏林湾，北接九天湖北路，东西侧连通杏林湾路与新洲路。总用地面积约为6321.25㎡。

大明寺屋顶层层叠落，形成高低起伏、错落有致的轮廓线，既与周边环境协调，又突出主体建筑的气势。建筑外观设计采用传统结合现代的新闽南风格，立面造型上运用多种闽南传统建筑语言符号，营造出简约又清新的新闽南寺庙建筑意境。

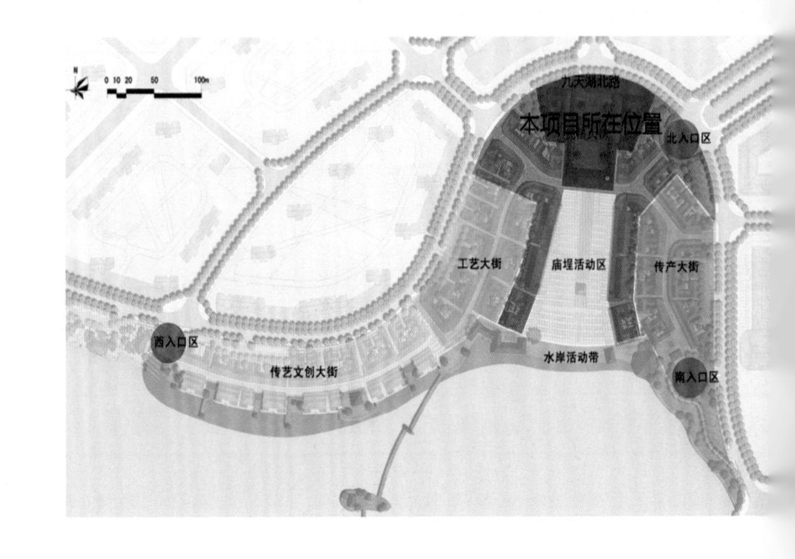

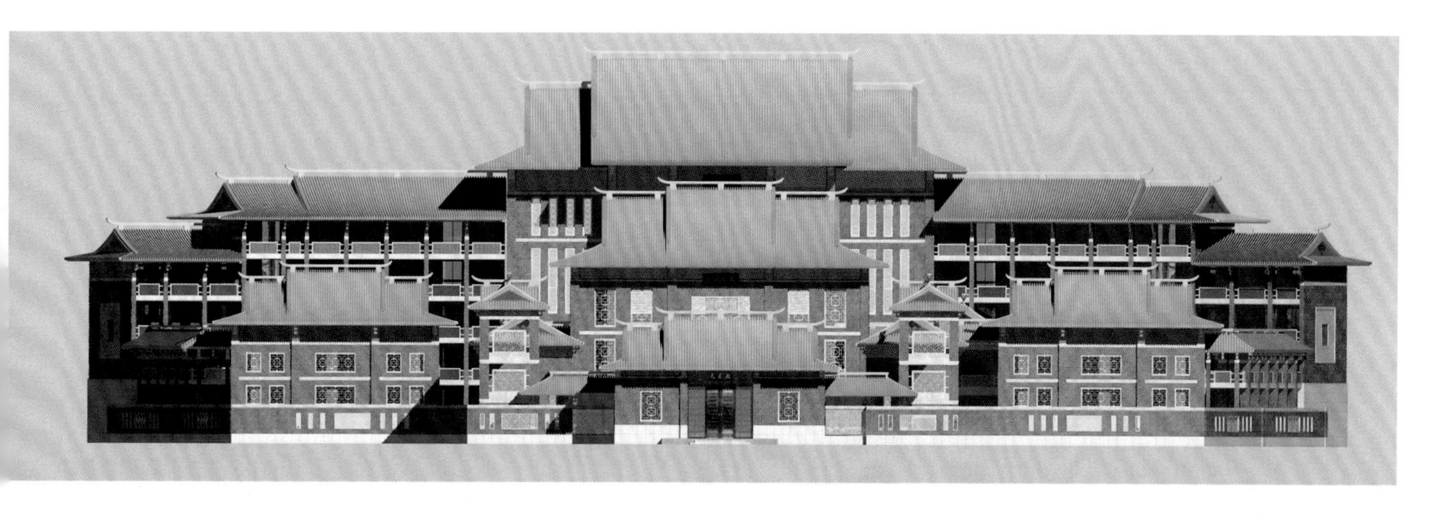

同安汀溪小镇别墅

项目地点：同安汀溪小镇
设计单位：厦门大学建筑与土木工程学院
　　　　　厦门大学建筑设计研究院
设计人员：唐洪流 李立新
设计时间：2010年
建设情况：方案设计

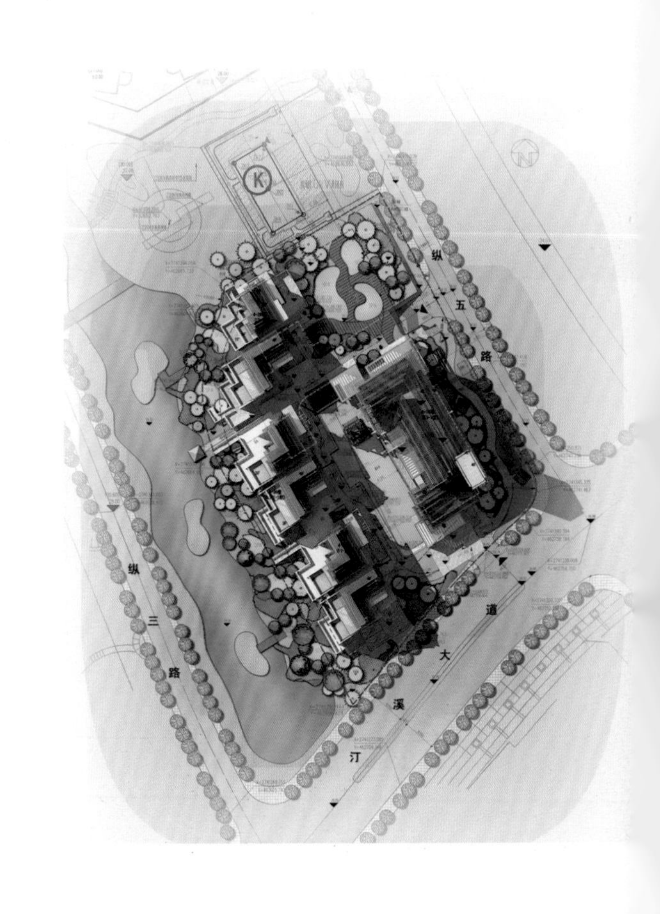

项目位于汀溪镇同南公路与汀溪大道交汇处，基地东临汀溪，西临西源溪，自然环境优美。方案设计构想充分利用汀溪、西源溪的水利资源和洋麻山的山景资源，打造具有休闲度假功能的现代闽南风情小镇。将流水、绿树、红墙、曲顶、石基、花瓶栏杆、大玻璃窗有机地进行结合，构造出具有传统韵味的现代闽南小筑，散落在汀溪的山水之间。

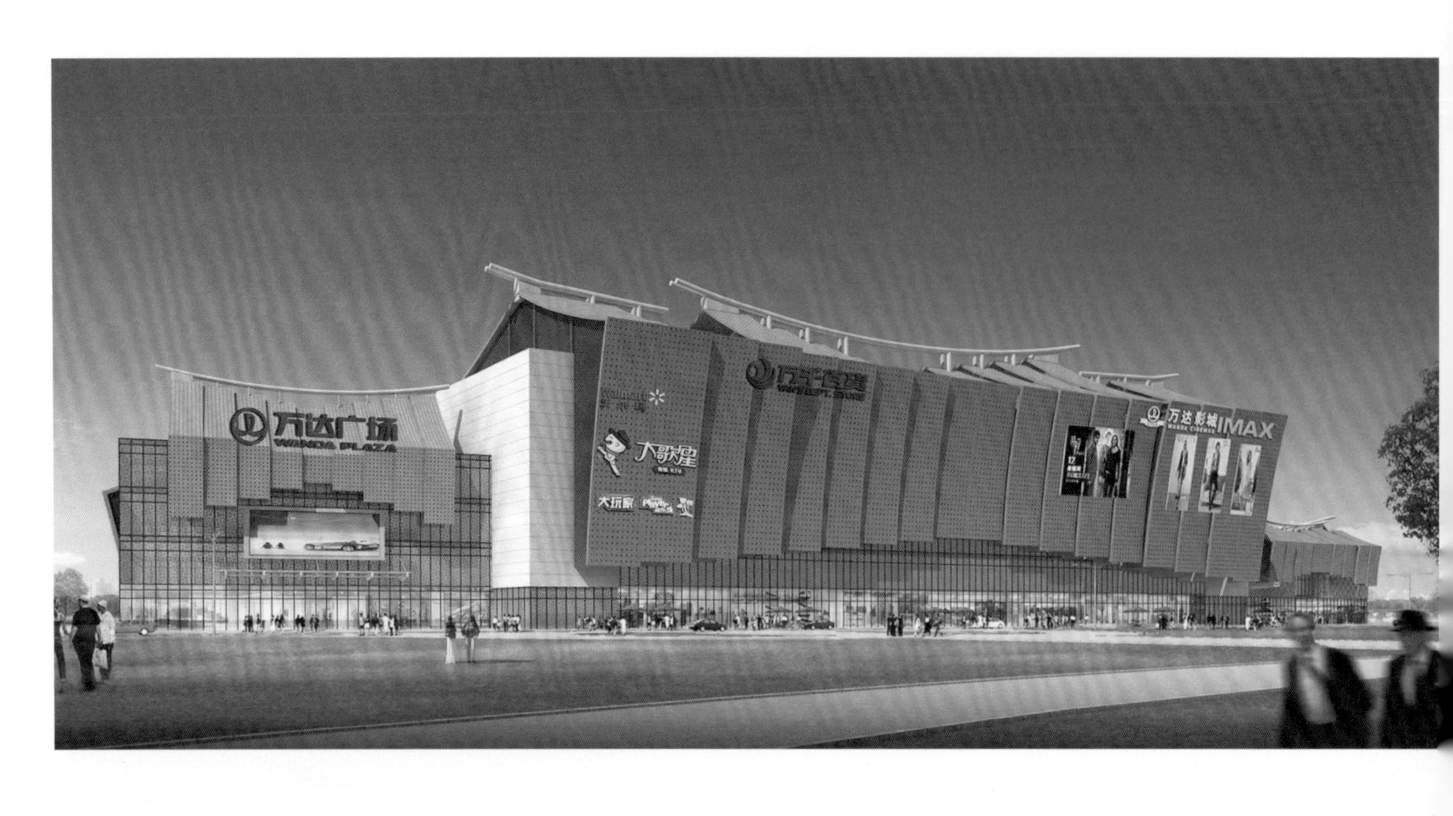

厦门集美万达广场&中交一公司办公楼建筑设计

项目地点：厦门市集美区万达广场

设计单位：厦门大学建筑与土木工程学院

　　　　　厦门大学建筑设计研究院

设计人员：唐洪流　李立新

设计时间：2011年

建设情况：2012年已建成

项目位于集美区泉厦高速与银江路之间，集美大学南侧，南临集美水池。

设计理念：

1. 具有闽南地域建筑韵味的现代商业综合体；
2. 具有闽南民居聚落意象的现代购物休闲风情街；
3. 帆影渔火的滨水景象。

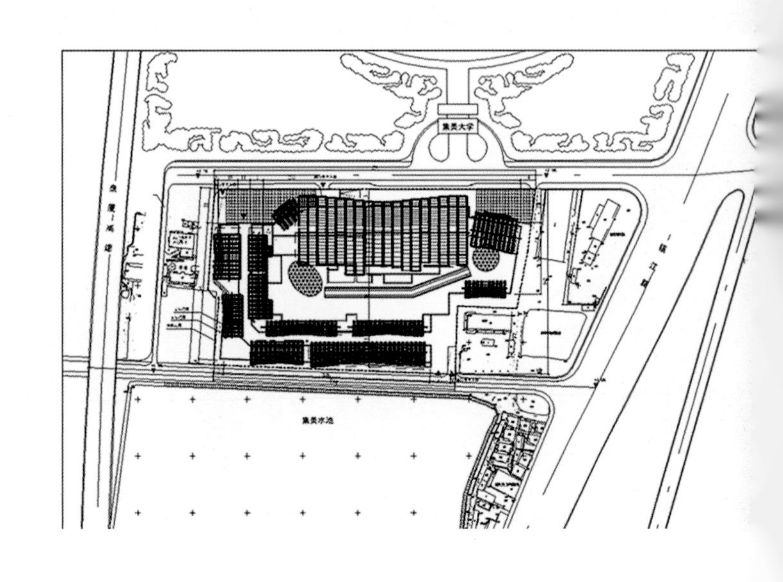

厦门云顶山公园服务中心

项目地点：厦门云顶山公园
设计单位：厦门大学建筑与土木工程学院
　　　　　厦门大学建筑设计研究院
设计人员：唐洪流 李立新
设计时间：2012年
建设情况：已建成

项目位于文兴路与环岛中路交叉口的西南面云顶公园内的东北角。建筑总面积为2176㎡，采用院落式布局，大小不同的四个院子，组成丰富的院落空间。院落空间既围合又通透，西南角相对通透的处理，可以借景云顶山树石的景观。建筑造型采用红瓦坡顶，水平白墙，砖木石装饰，营造一座静谧宜人的小院。

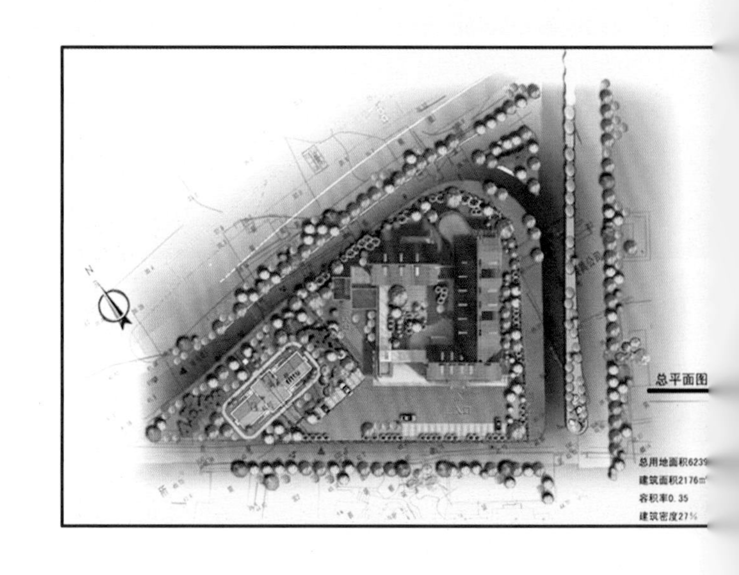

总平面图

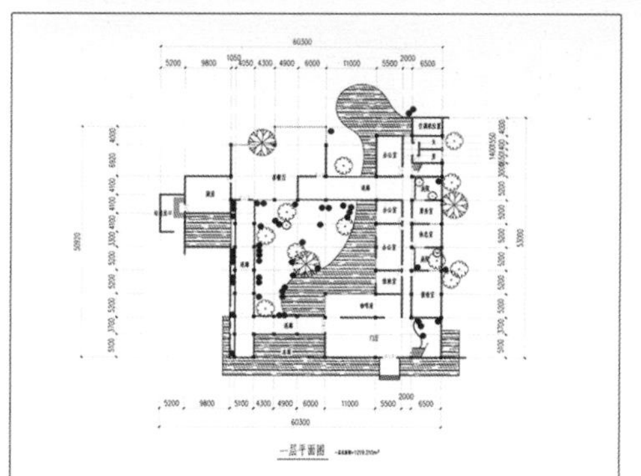
60300
5200 9800 5100 4300 4900 6000 11000 5500 2000 6500
60300
一层平面图

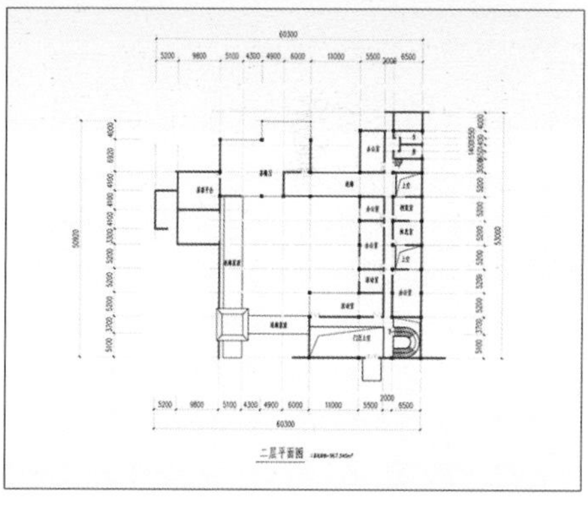
60300
5200 9800 5100 4300 4900 6000 11000 5500 2000 6500
60300
二层平面图

厦门仙岳公园福地洞天

项目地点：厦门仙岳山公园

设计单位：厦门大学建筑与土木工程学院

厦门大学建筑设计研究院

设计人员：唐洪流 李立新

设计时间：2013年

建设情况：在建

整体项目以仙岳书院为主体呈现院落式布局，因地制宜，依山就势，营造出书院的内向和宁静的空间氛围。绿树、红墙、白石、曲顶交相辉映，生动活泼，错落有致。造型简约、小巧、精致，体现出闽南韵味。

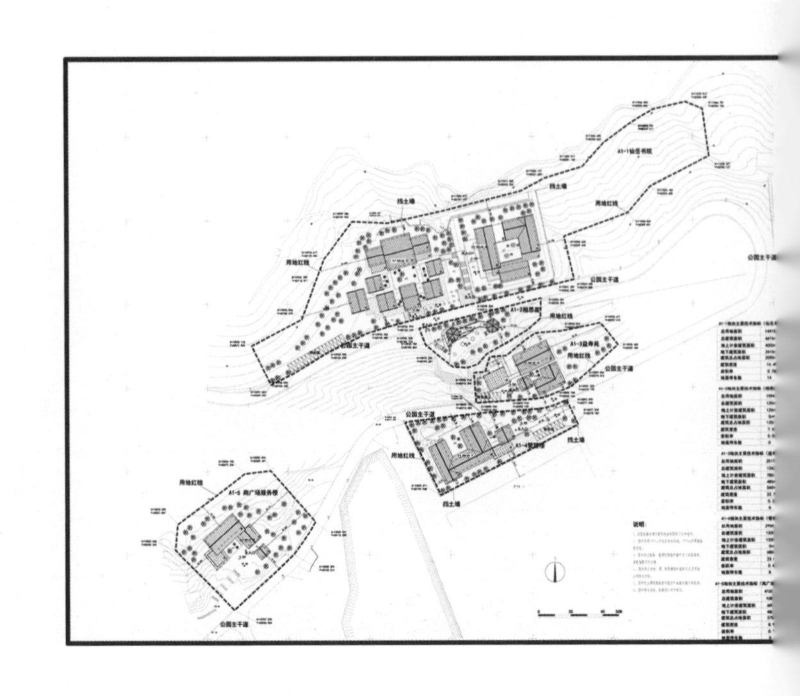

厦门翔安新圩镇文化艺术中心

项目地点：厦门翔安新圩镇
设计单位：厦门大学建筑与土木工程学院
厦门大学建筑设计研究院
设计人员：唐洪流 李立新
设计时间：2013年
建设情况：已建成

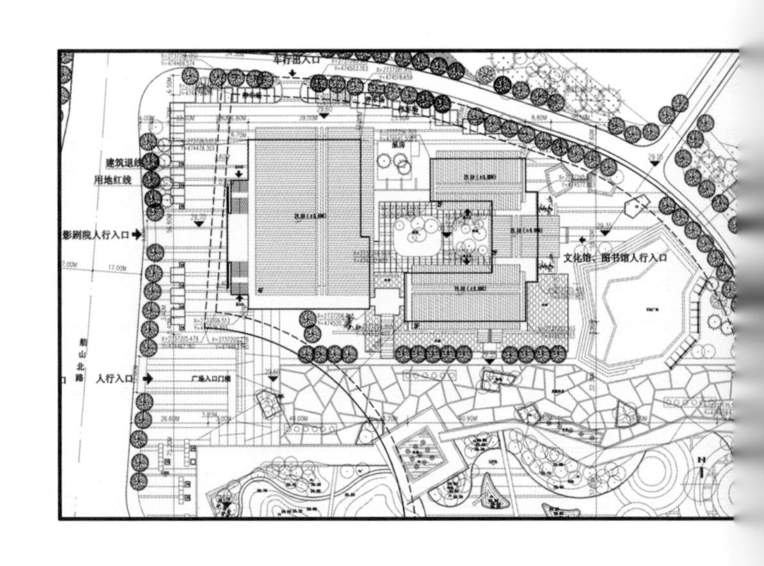

建筑由影剧院、图书馆、文化馆三部分功能组成，采用院落式空间组合，增加功能联系的同时，又提升空间的层次性与景观性。建筑采用新闽南建筑形式进行设计，简化的燕尾脊与曲线屋顶体现出现代感。燕尾脊式的景墙增加了空间层次也提升了空间的韵味。厚重的屋顶之下的大面积玻璃幕墙，化解了建筑的笨重感，而体现出一种均衡的体量感，相得益彰。

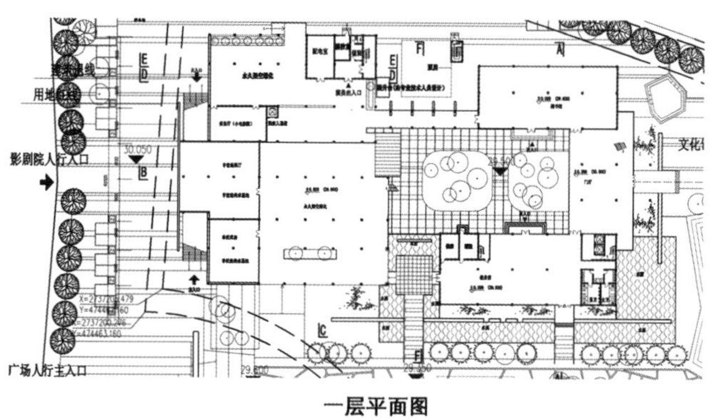

一层平面图

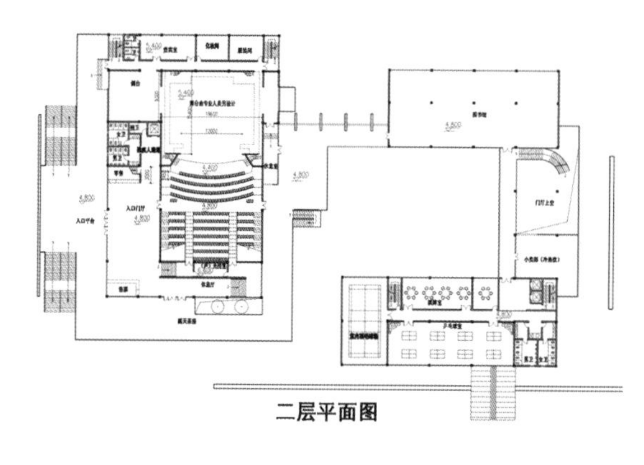

二层平面图

厦门南普陀寺改扩建方案设计

项目地点：厦门市思明区南普陀寺
设计单位：厦门大学建筑与土木工程学院
　　　　　厦门大学建筑设计研究院
设计人员：唐洪流　李立新　张乐敏
设计时间：2014年
建设情况：已完成方案设计

本设计秉承“一轴四区，三进院落，强化中轴，规整廊院”的寺院整体格局，保留原有的中轴线建筑，并通过在中轴线两侧形成两条廊式绿化带，限制东西两侧建筑高度，控制单体建筑体量等方式来烘托主轴线建筑，强化轴线感。新建建筑主要分为四块，即教育区、生活区、后勤服务区和对外服务区，每一个区块都以廊院结合的空间模式进行布局，力求简洁规整，最大限度的利用有限的空间。

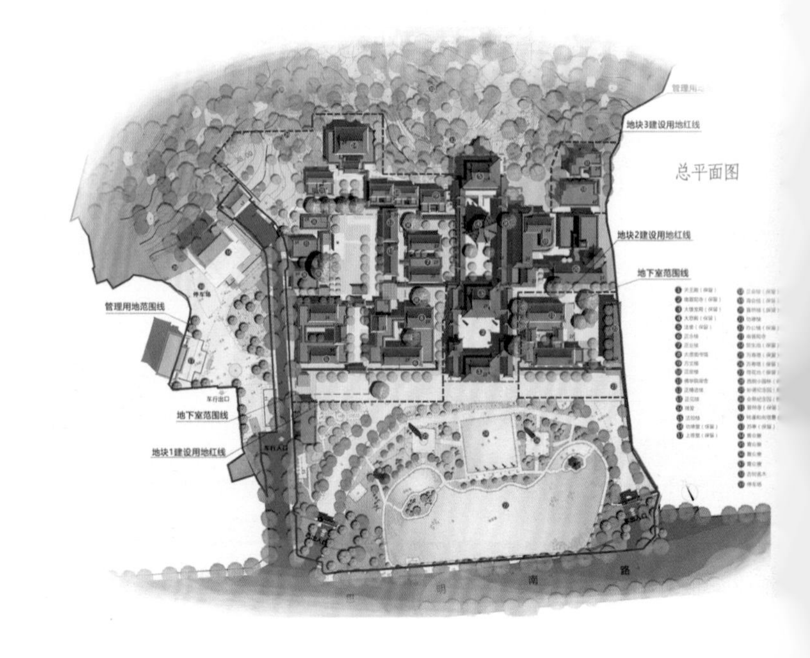

总平面图

厦门市老年活动中心

项目地点：厦门市原老年活动中心
设计单位：厦门大学建筑与土木工程学院
　　　　　厦门大学建筑设计研究院
设计人员：唐洪流　李立新
设计时间：2014年
建设情况：在建

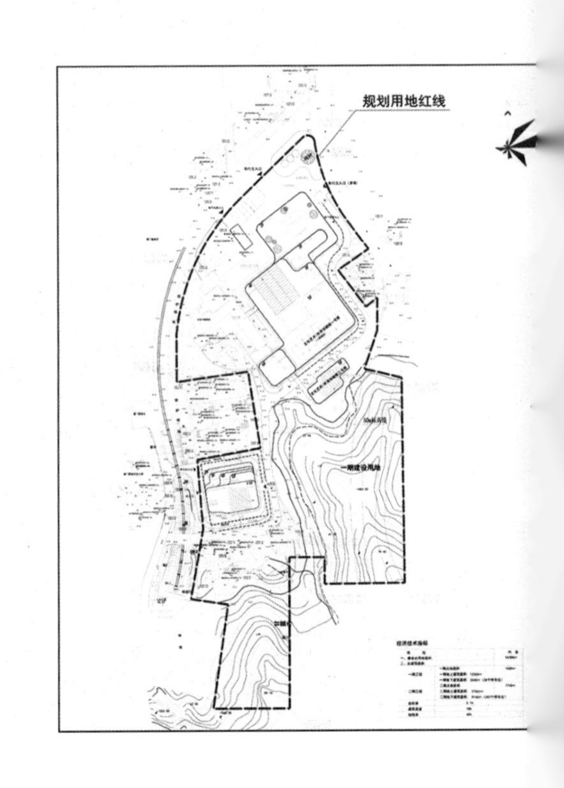

项目位于厦门市植物园东对面，东临虎园路，交通复杂。基地内部环境优美，山势地形复杂，但不乏特征。

基地包括项目一期和二期工程，一期为文体综合楼，主要功能为体育活动和文娱活动。二期为文体艺术、体育保健楼，主要功能包括剧场、舞厅、排练厅、茶室、书画室、图书馆、羽毛球室、网球室、排球场、台球室、拳操房等功能。建筑整体逐层退台，顺应山体。退台成为户外的活动空间，种植绿化，休闲观景，为老年人提供更好的室外活动场所。致力于打造成为厦门老年朋友最理想的文化活动场所、老年朋友的“温馨家园”，厦门精神文明建设的标志性建筑。

厦门市

长泰天成山普明寺文化园(一期)

项目地点：长泰县天成山

设计单位：厦门大学建筑与土木工程学院

厦门大学建筑设计研究院

设计人员：唐洪流 李立新

设计时间：2016年

建设情况：方案设计

天成山普明文化园位于马洋溪生态旅游区十里中心区，一期工程位于核心位置，主要由普明禅寺、游客服务中心、觉心源禅茶区三大功能区块组成。三个区块地形高差不等，建筑顺势营造，大雄宝殿位置最高，起着控制全局的核心作用。禅茶院位于丛林之中，环境十分优美，主茶室与附属茶室围合安排，向外发散观景，向内自成中心。最终达到功能现代化、建筑地域化的现代寺庙文化园区。

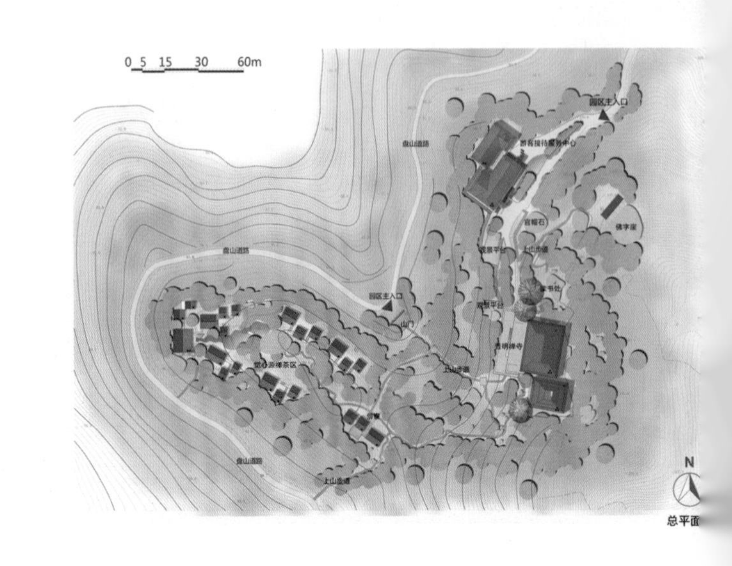

普明禅寺
游客接待服务中心
觉心源禅茶区

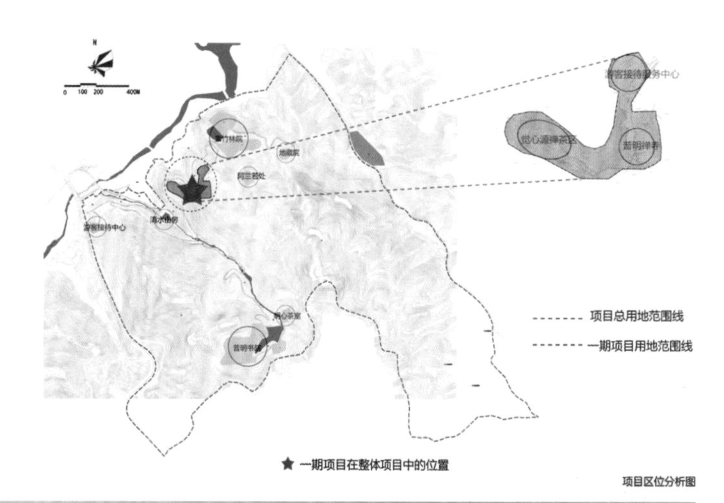
N
0 100 200 400M
觉心源禅茶区
普明禅寺
地藏院
阿兰若处
游客接待中心
项目总用地范围线
一期项目用地范围线
★ 一期项目在整体项目中的位置

项目区位分析图

厦门大学漳州校区学生食堂—商场

项目地点：厦门大学漳州校区
设计单位：厦门大学建筑与土木工程学院
　　　　　厦门大学建筑设计研究院
设计人员：邵红 凌世德 林育欣
设计时间：2006年
建设情况：已建成
获奖情况：2005年度教育部优秀建筑设计三等奖
　　　　　2006年度教育部优秀勘察设计三等奖

项目位于漳州市中银开发区厦门大学漳州校区北部，与学生宿舍相邻，南面正对校区体育场，与教学区相望，东面临近学校次入口。基地西北高东南低，高差约 6米。基地面积为15660㎡，建筑面积为18377㎡，其中食堂为11910㎡，商场为6467㎡。

设计顺应地形地势坐北朝南，顺坡而下呈折线形布局，建筑采用南低北高、西南高东南低并顺应山势的建筑形态。建筑东西体量地下和一层利用高差相连，且结合中间北部学生宿舍区主入口构建大台阶式不同标高的建筑入口，形成丰富的空间序列。建筑的折线型平面，高低起伏的体量，向两翼伸展的弧形坡顶，力求既与校园“嘉庚风格”相呼应，又体现富有动感的现代感特征。

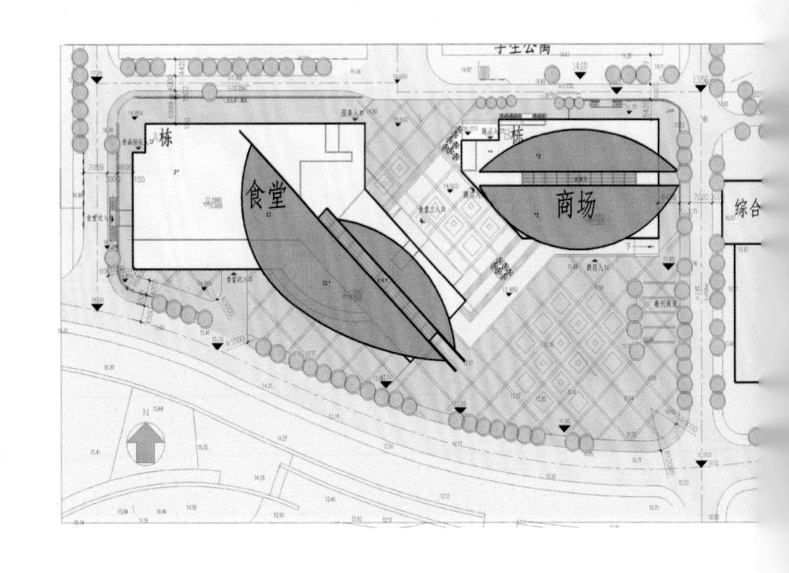

SUPERMARKET

厦门大学翔安校区教工活动中心

项目地点：厦门大学翔安校区
设计单位：厦门大学建筑与土木工程学院
　　　　　厦门大学建筑设计研究院
设计人员：邵红
设计时间：2012年
建设情况：已建成

项目位于厦门大学翔安校区内，东侧为芙蓉湖，南侧为翔安校区嘉庚楼群。场地入口位于场地西侧，与药学院相对。场地地形起伏较大，北高南低、西高东低，高差约4米，建筑面积为2552㎡。

用户从西侧直接进入建筑物二层的门厅，经庭院内的直跑楼梯下至一层餐厅，向东抵达湖边的木质平台。外部造型舒展，以水平线条为主，配以立柱围合出的外廊，塑造水边泊船的意向。

厦门市思明区社区服务中心

项目地点：厦门市思明区民族路

设计单位：厦门大学建筑与土木工程学院

　　　　　厦门大学建筑设计研究院

设计人员：王明非

设计时间：2004年

建设情况：已建成

基地位于民族路33号，西北面与寿山路相接，场地呈不规则形，东北高西南低。地面15层，地下1层，总建筑面积为18223㎡。建筑功能为行政办公、会议以及配套服务空间。建筑布局结合地形特点采用曲面形体，使立面更为舒展大方。

厦门大学学生公寓新楼

目地点：厦门大学海韵学生公寓园区
计单位：厦门大学建筑与土木工程学院
　　　　厦门大学建筑设计研究院
计人员：王明非
计时间：2014年
设情况：已建成

基地位于厦大海韵园区内，靠近南大门，]周有道路相邻，场地南低北高。总用地面积]7584㎡，总建筑面积为16796㎡。

建筑功能为学生公寓，采用围合式组团布，平面紧凑。建筑立面利用阳台栏板的凹凸理产生节奏与光影变化，同时在建筑侧面采挑空平台提供交往活动空间。

厦门市翔安区莲塘幼儿园

项目地点：厦门市翔安区莲塘镇

设计单位：厦门大学建筑与土木工程学院

　　　　　厦门大学建筑设计研究院

设计人员：王明非

设计时间：2015年

建设情况：已建成

基地位于厦门市翔安区莲塘镇，周边现状为农地。设计规模为9班幼儿园，总用地面积为3199㎡，总建筑面积2739㎡。

由于场地较局促，因此建筑结合环境采用集中式布局，以提供更多的室外游戏活动空间。建筑底层利用架空退让处理使建筑量体显得轻巧，立面利用阳台的虚实交替变化，营造出整体而丰富的光影效果。

山东泰安大汶口古镇更新

目地点：山东泰安
计单位：厦门大学建筑与土木工程学院
　　　　厦门大学建筑设计研究院
计人员：王明非
计时间：2016年
设情况：方案

基地概况：汶口古镇1-2地块位于古镇北侧，是进古镇的主要入口。地块西面临主要街道，其余三面与规划中的小溪毗邻。基地面积为4811㎡，总建筑面积为3304㎡。

基地内共设置了6个合院，分别设置了接待、工坊及居住等功能。建筑及街巷均尽量保持原有村落的尺度与肌理，立面材料采用当地石材及青瓦，要尊重地方传统文化与生态环境的前提下，打造满足当代生活舒适度需求并具有个性特色的院落式居住空间。

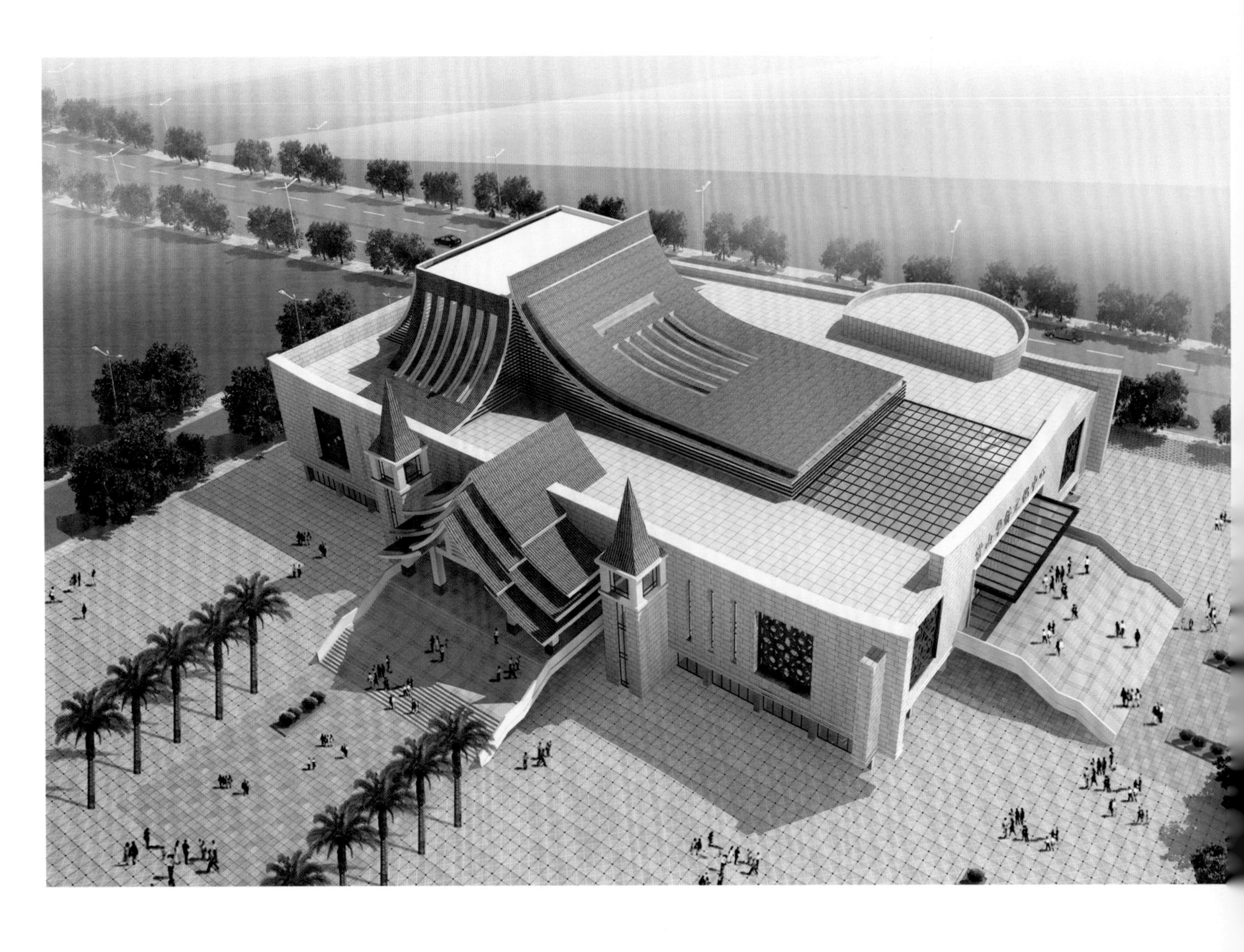

常山文化中心

项目地点：福建省漳州市
设计单位：厦门大学建筑与土木工程学院
　　　　　厦门大学建筑设计研究院
设计人员：张燕来　王伟
设计时间：2011年
建设情况：已建成

项目选址于福建省漳州市云霄县。

方案一吸取东南亚建筑风格的精髓，广场入口门廊采用三重坡屋顶叠加，简洁大方，体现了东南亚建筑风情。采用干阑式建筑风格，加上红色坡屋顶，使得建筑具有强烈的现代感。

方案二采用剧院设计写意钢琴造型，条形的表皮肌理暗含钢琴黑白按键的穿插，同时以极强的韵律感营造强烈的艺术氛围。舞台升起的高度处理成实体，闽南红砖的表皮与墙面竖向杆件形成虚实对比。

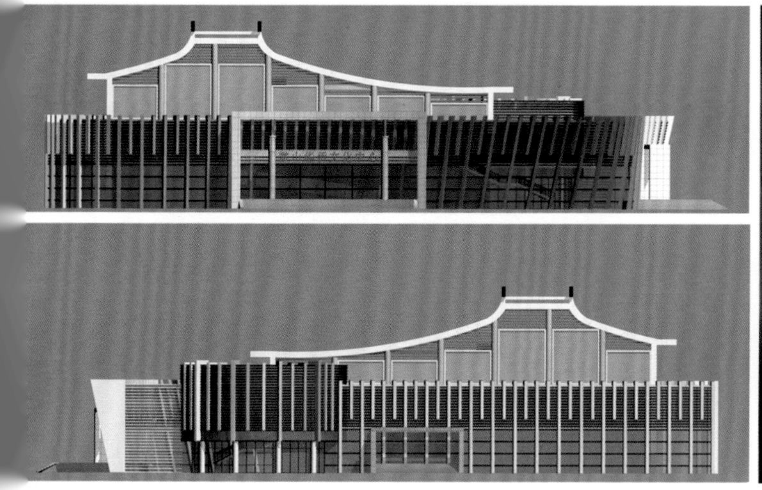

惠州平海新城

项目地点：广东省惠东县平海镇
设计单位：厦门大学建筑与土木工程学院
　　　　　厦门大学建筑设计研究院
设计人员：王伟 张燕来
设计时间：2013年
建设情况：报批通过

项目选址于广东省惠州市平海镇，距离海边约500米，依山傍海，环境优美，旅游资源独特。本项目主要包括两大部分：第一部分是商业综合体，总建筑面积约3.5万㎡，包括商铺、生活超市、海鲜市场、餐饮、娱乐等；第二部分为高档海景公寓及相应配套设施，总建筑面积约7.5万㎡。

“山海景观、品质生活，突出整体、强化空间，注重生态，营造场所”是本方案设计的主旨和理念。

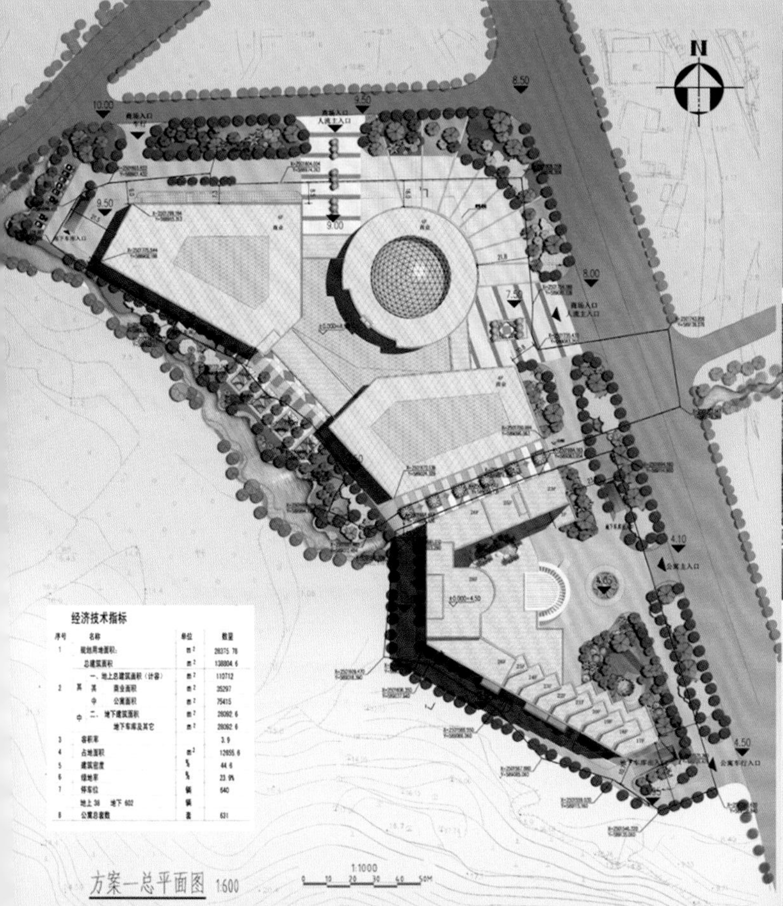

经济技术指标

序号	名称	单位	数量
1	规划用地面积:	m²	28375.78
	总建筑面积	m²	138804.6
2	其中 一、地上总建筑面积(计容)	m²	110712
	其中 商业面积	m²	35297
	公寓面积	m²	75415
	二、地下建筑面积	m²	28092.6
	地下车库及其它	m²	28092.6
3	容积率		3.9
4	占地面积	m²	12655.6
5	建筑密度	%	44.6
6	绿地率	%	23.9%
7	停车位	辆	640
	地上38 地下602	辆	
8	公寓总套数	套	631

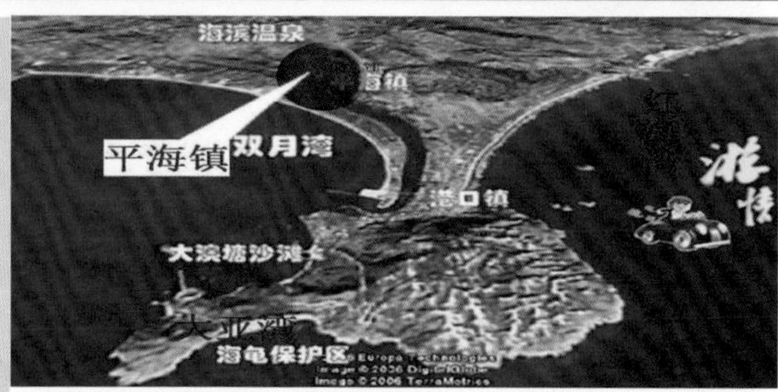

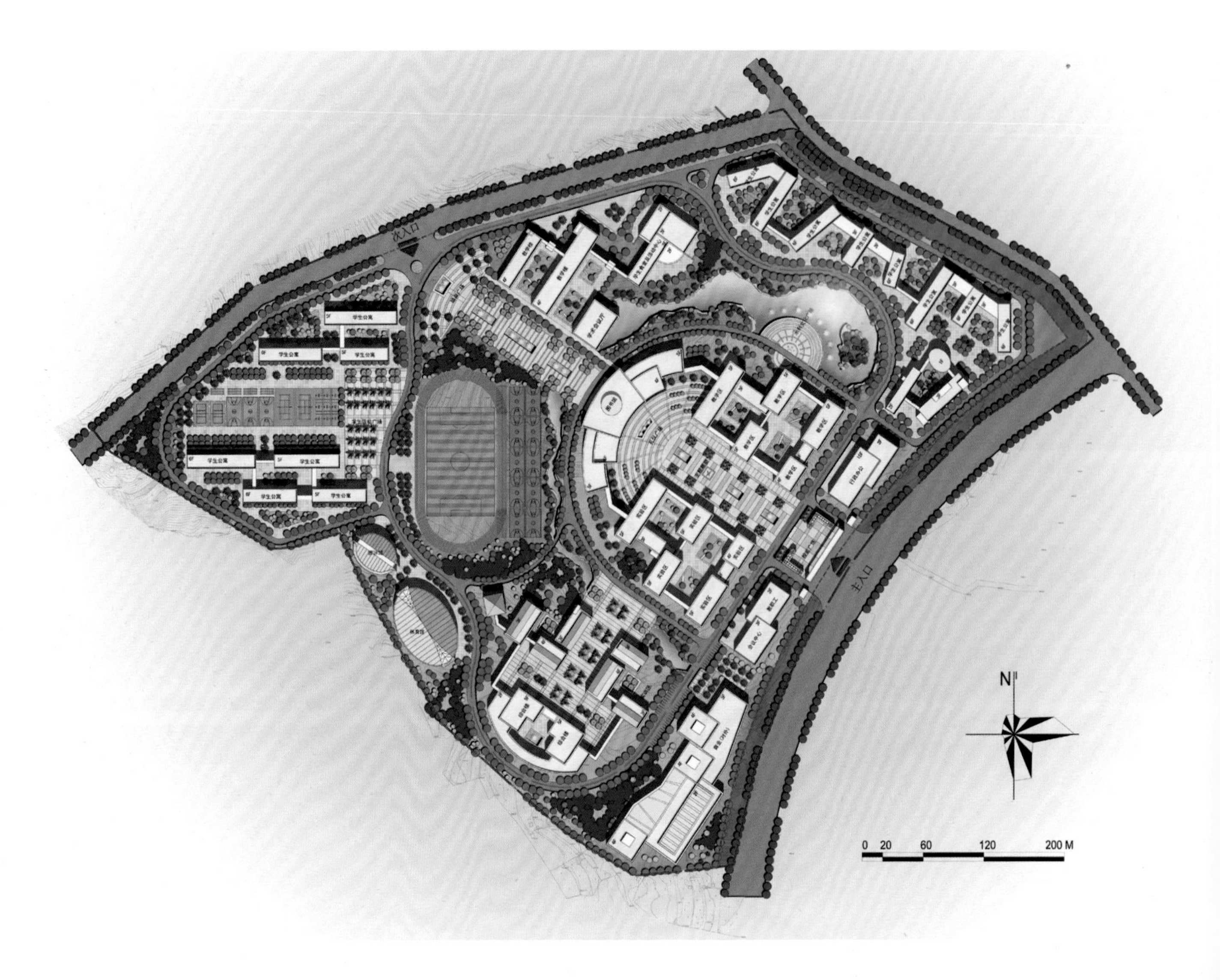

云南水利水电学院校区规划设计

项目地点：云南富民

设计单位：厦门大学建筑与土木工程学院

厦门大学建筑设计研究院

设计人员：周卫东

设计时间：2014年

建设情况：方案设计

项目简介：规划设计以高起点、高标准、高水平为目标，按照国内一流、国际先进的标准规划、设计、建设和管理；望造与现代新型校园相适应的整体环境和氛围，体现二十一世纪高等职业教育的时代特点，具有现代感与时代性。

美奂广场南边开发用地规划设计

项目地点：云南富民

设计单位：厦门大学建筑与土木工程学院

　　　　　厦门大学建筑设计研究院

设计人员：周卫东

设计时间：2015年

建设情况：方案设计

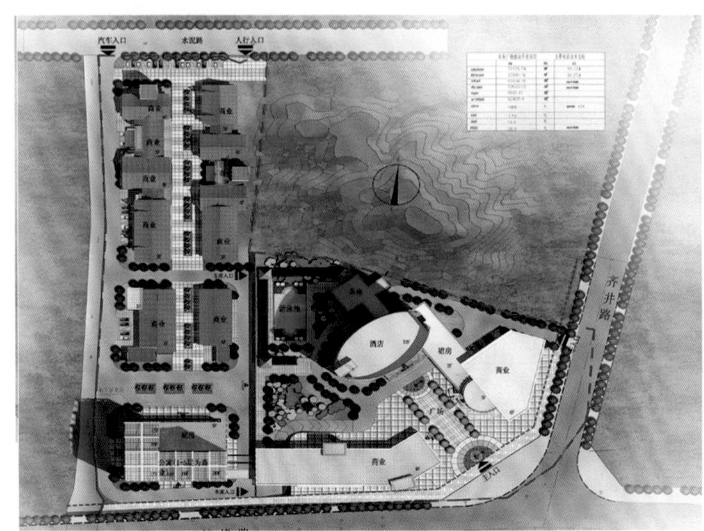

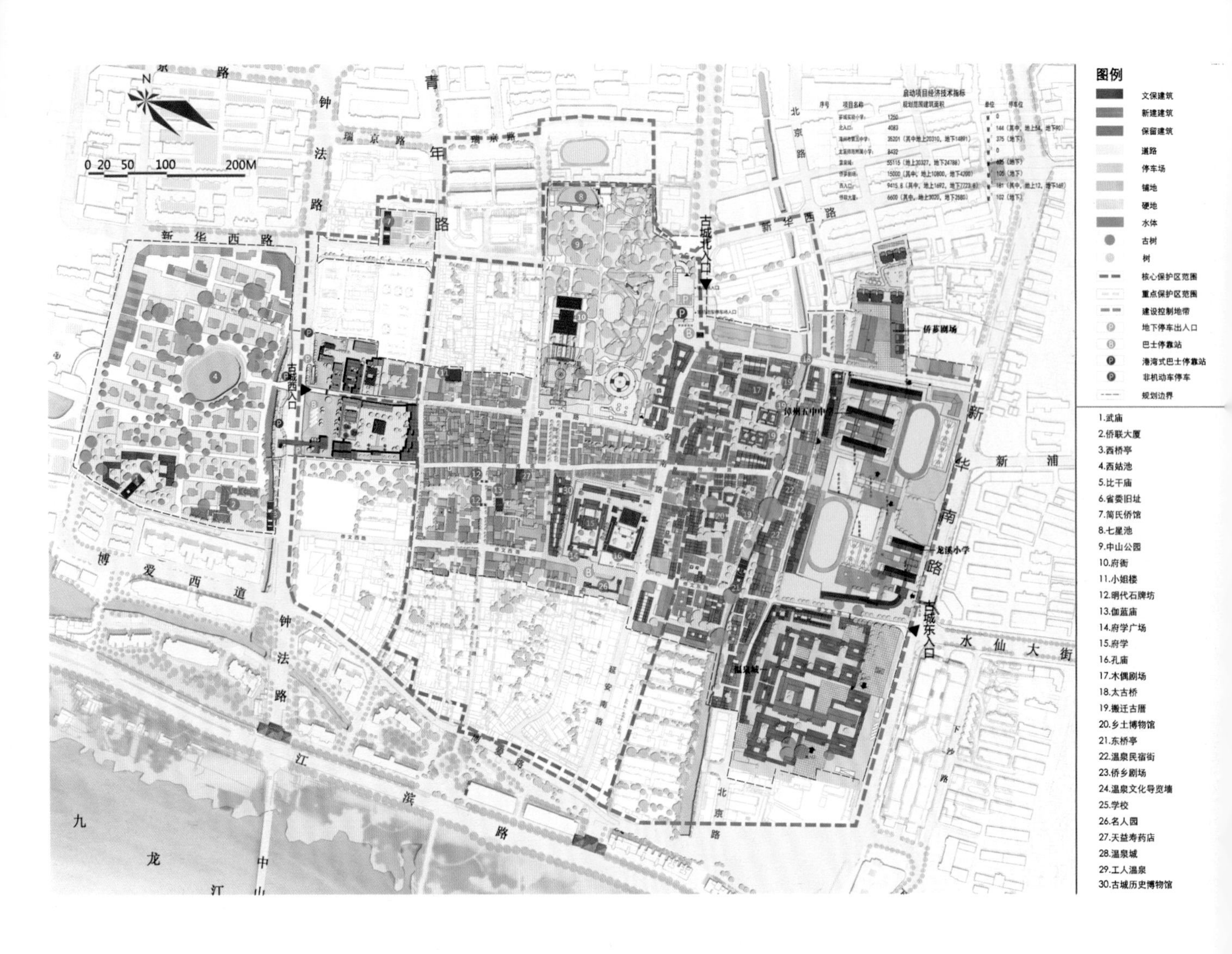

漳州古城保护开发（一期）修规及单体方案设计01

项目地点：漳州市

设计单位：厦门大学建筑与土木工程学院

厦门大学建筑设计研究院

设计人员：王绍森 李立新 唐洪流 杨哲 张乐敏 张若曦等

设计时间：2014年

建设情况：在建

漳州市古城拥有一千三百余年的悠久历史，其街巷肌理、建筑风貌别具特色，具有十分重要的价值。漳州市委市政府要求立足高标准规划设计，广泛邀请精通闽南文化的专家学者参与规划设计，不断深化古城保护性开发规划的研究，确保古城规划和单体设计充分体现闽南文化内涵和历史风貌。

建设控制地带界线：北至瑞京路、太古桥和新华西路北100米，西至规划县前直街和南台路，南至规划滨江路和滨江路南80米，东至北京路。建设控制地带面积为40.33公顷。

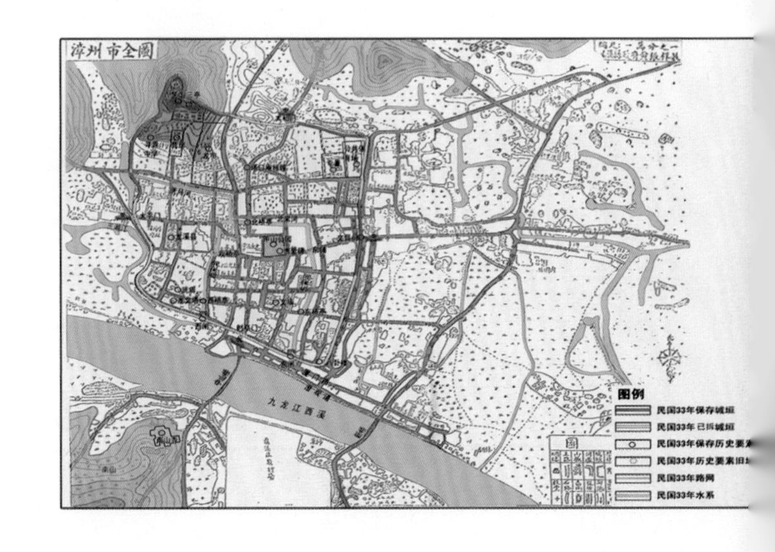

漳州古城保护开发（一期）修规及单体方案设计02

项目地点：漳州市
设计单位：厦门大学建筑与土木工程学院
厦门大学建筑设计研究院
设计人员：王绍森 李立新 唐洪流 杨哲 张乐敏 张若曦等
设计时间：2014年
建设情况：在建

漳州市古城拥有一千三百余年的悠久历史，其街巷肌理、建筑风貌别具特色，具有十分重要的价值。漳州市委市政府要求立足高标准规划设计，广泛邀请精通闽南文化的专家学者参与规划设计，不断深化古城保护性开发规划的研究，确保古城规划和单体设计充分体现闽南文化内涵和历史风貌。

建设控制地带界线：北至瑞京路、太古桥和新华西路北100米，西至规划县前直街和南台路，南至规划滨江路和滨江路南80米，东至北京路。建设控制地带面积为40.33公顷。

岚城岛韵 麒麟天下

平潭综合实验区建筑风貌控制导则

社区活动中心——微缩聚落

科技文教区位于中北部，包括幸福洋、平洋两个组团。文化建筑注重空间肌理与细部构造，是城市文化的重要标识。风貌控制导则归纳为“时代唤醒岚城记忆”，体现为：1.地域特征，抽象再现平潭建筑的地域性特征，有机连接人工与自然，历史与未来。

灵感来源

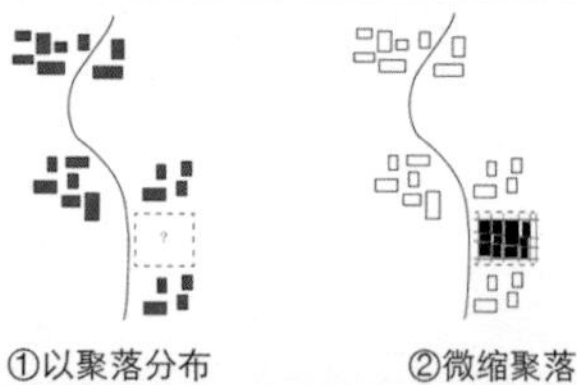

形成街巷空间

天窗带来多样体验

现代与传统的对比

民俗博物馆——磐石临水

2.文化特征

发挥建筑形象的文化表征作用，体现社会经济、科学技术与人文思想的新成就，优先选用素雅大方的灰色或彩色系列。

灵感来源

①磐石 ②流水渗入 ③磐石变形 ④形成裂缝

底层架空，面向城市，面向市民，体现公共性

将水庭院引入建筑当中，既是对地域风貌的提取，也达到了转意的空间效果

庭院环绕，别有洞天，创造一种室外化的全新空间体验

平潭综合实验区建筑风貌导则研究

设计地点：福建福州平潭

设计单位：厦门大学建筑与土木工程学院
　　　　　厦门大学建筑设计研究院

设计人员：王绍森 杨哲等

设计时间：2015年

建设情况：竞赛方案

获奖情况：全国公开招标第二名

平潭村庄与建筑群落依山避风，布局合理而灵活。文化建筑注重空间肌理与细部构造，是城市文化的重要标识之一。风貌控制导则归纳为“时代唤醒岚城记忆”，体现为：1. 地域特征，抽象再现平潭建筑的地域性特征，有机连接人工与自然，历史与未来。2. 文化特征，发挥建筑形象的文化表征作用，体现社会经济、科学技术与人文思想的新成就。3. 以“抽象继承”为主要途径，新旧结合，表达新时代的审美观。

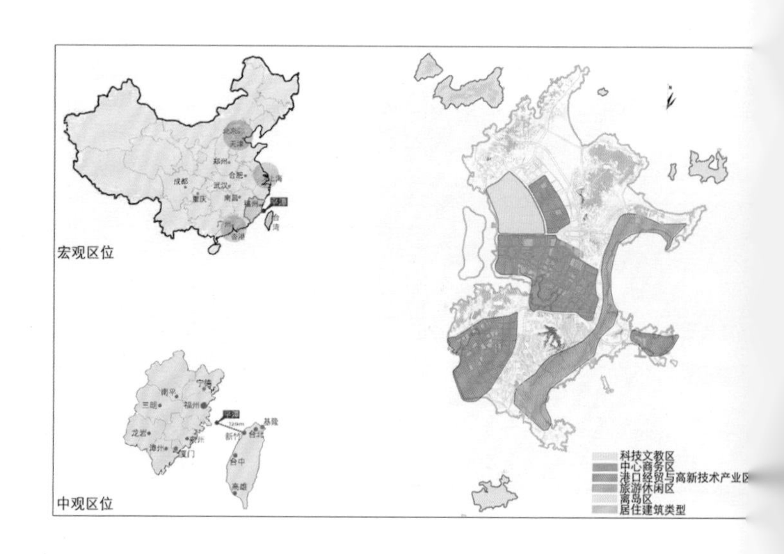

海洋博物馆——海上群岛

3. 时代特征

以"抽象继承"为主要途径，新旧结合，表达时代审美观。

注重新旧建筑之间的呼应关系与意象传承，鼓励应用新材料、新结构、新工艺、新设备，避免简单套用历史建筑形式，并注意与周边建筑相协调。

灵感来源

基地内部的水面面向市民，体现了公共性

引入海洋元素，建筑形成飘浮感

将水引入建筑内部，创造宜人的内部环境

蓝眼泪 → 提取海浪元素 → 形成蓝色带有流动性玻璃

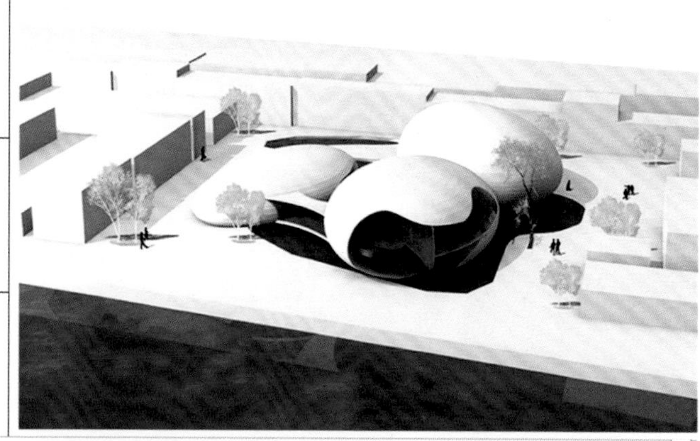

旅游度假小旅馆

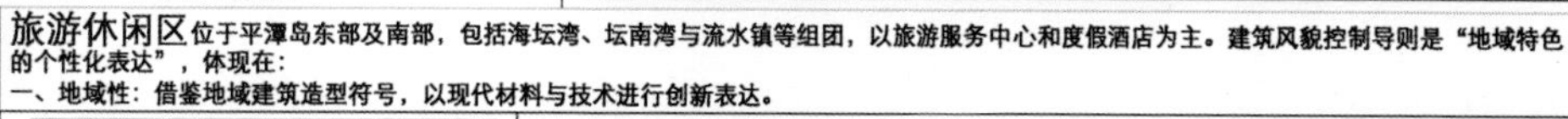

旅游休闲区位于平潭岛东部及南部，包括海坛湾、坛南湾与流水镇等组团，以旅游服务中心和度假酒店为主。建筑风貌控制导则是"地域特色的个性化表达"，体现在：

一、地域性：借鉴地域建筑造型符号，以现代材料与技术进行创新表达。

村落轮廓

方案轮廓

小型旅游服务中心

二、文化性：直接利用当地传统聚落与民居进行更新和改造。

三、时代性：采用现代建筑材料，体现通透、明净、清爽的海滨文化和建筑风貌。旅游服务中心，以自然叶片为创意点，绽放出轻盈的个性。这些门户建筑，给游客带来独特的平潭印象。

绿叶意向

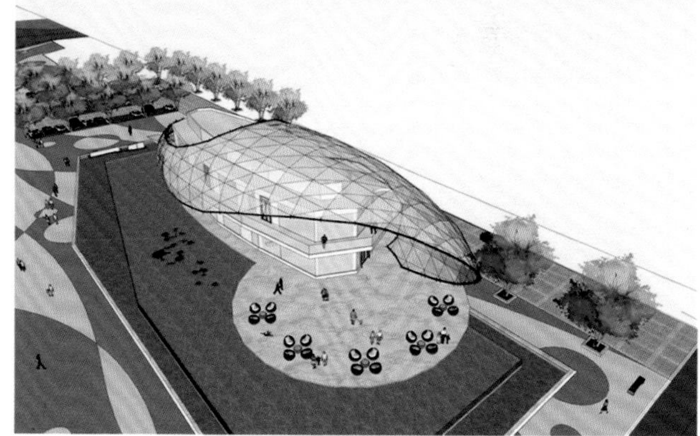

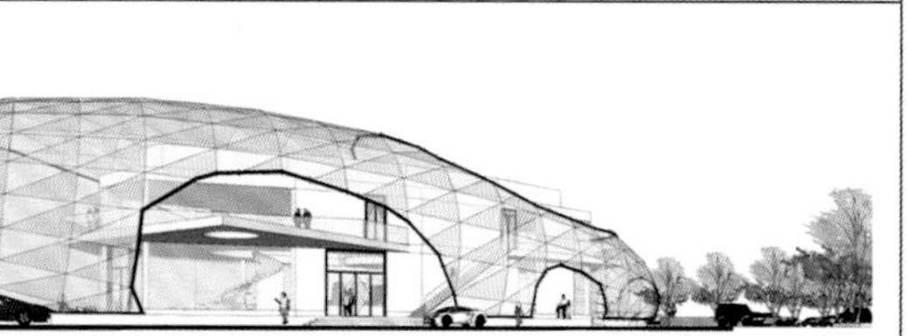

别墅——彩虹落地

离岛区主要包括屿头、大练、东痒、南海四部分。以高端旅游度假与海洋牧场为主，建筑风貌控制为"岛•艺术•自然"。彩虹落地创意别墅群，建筑性格触目难忘，直击内心。

彩虹意向

平潭彩虹雕塑

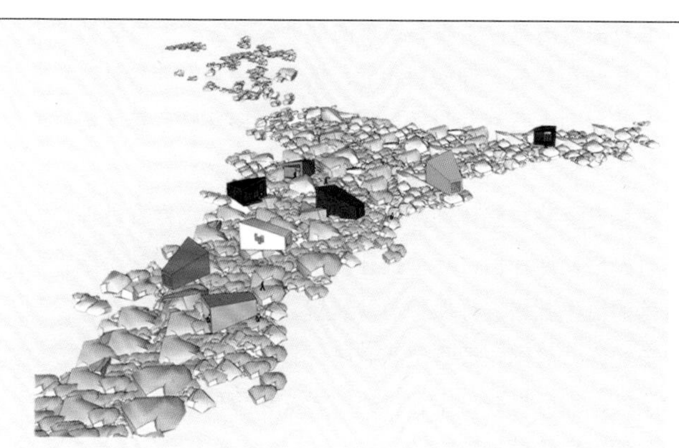

龙岩市雁石镇云山村保护与发展规划研究

设计地点：福建龙岩

设计单位：厦门大学建筑与土木工程学院

厦门大学建筑设计研究院

设计人员：王绍森 杨哲等

设计时间：2016年

建设情况：委托研究

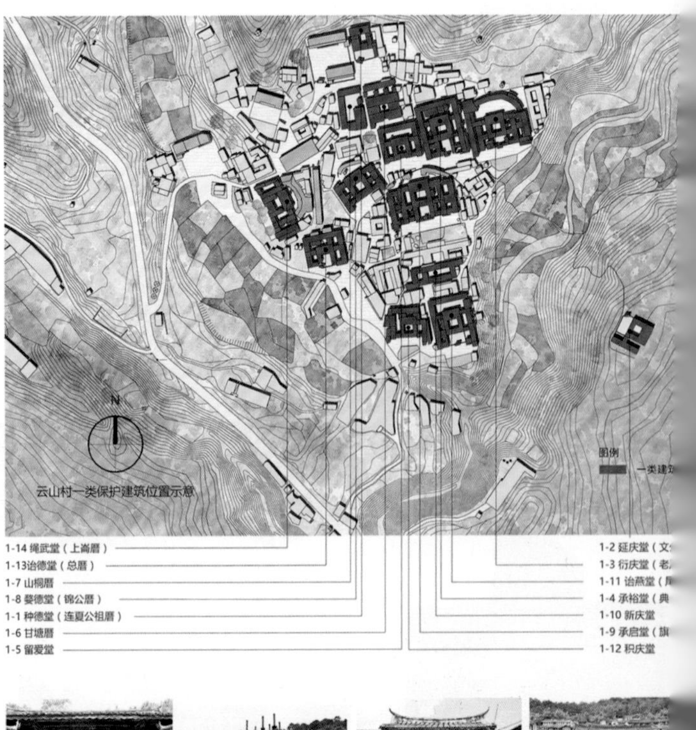

雁石镇云山村位于雁石镇东南部6公里处，东与陈村交界，北与礼邦村、洋城村相邻，南靠岩山乡，西接社尾村、九斗村和上营村，村庄依山傍水、梯田环绕、草木蔚然、风水上乘。

规划设计整合整体性保护、可持续性保护、原真性保护、居民自发性保护、环境提升保护等五大原则纲领，围绕村落的衍生脉络进行保护与发展规划。通过建筑分级保护、疏通整合河网、改善交通流线、置入现代旅游产业等具体手段，充分发掘云山古村的旅游文化价值，守护并传承珍贵的物质和精神遗产。

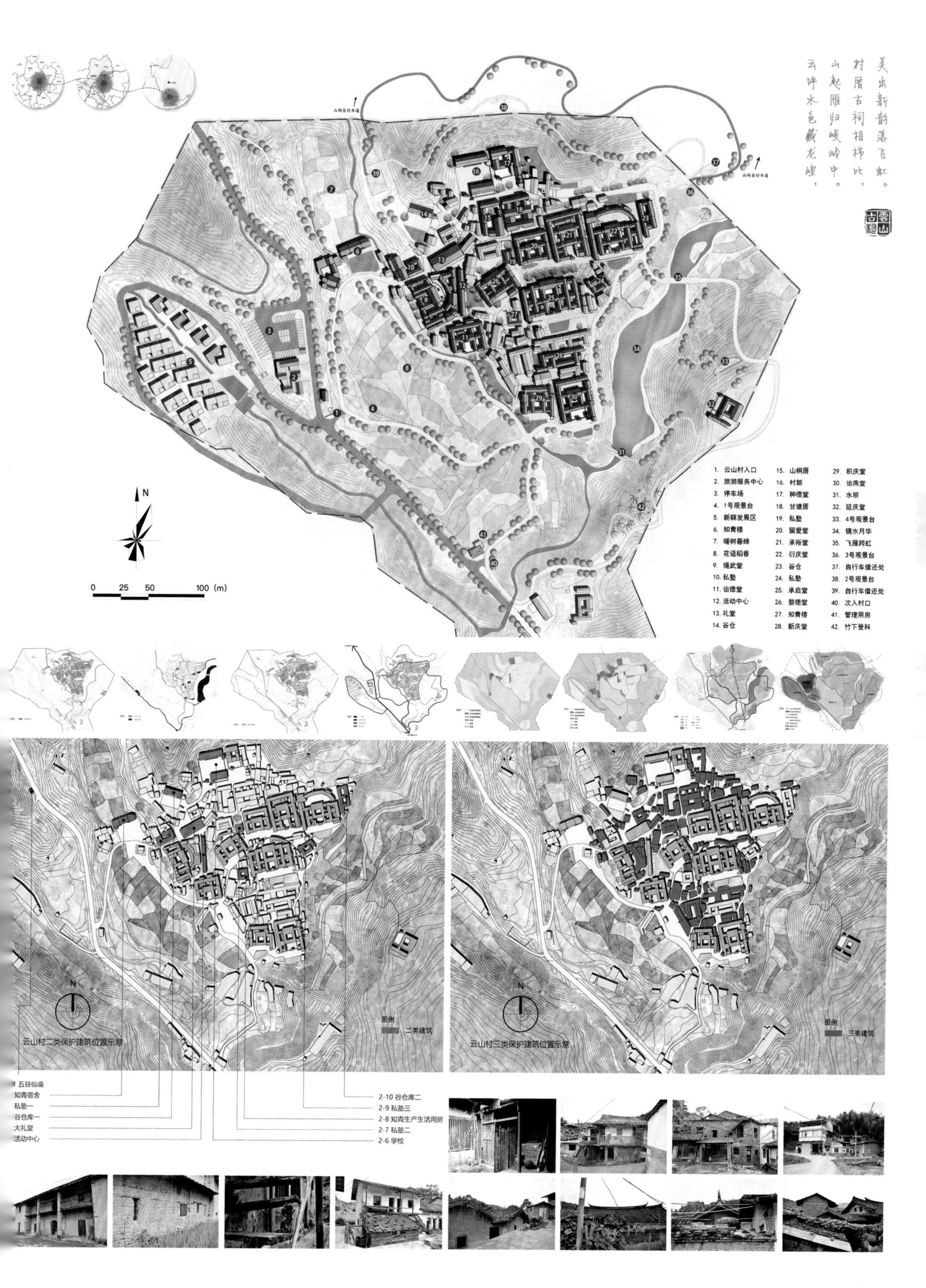
美出新韵落飞虹。
村屠古祠相栉比，
山起雁归峡岭中。
云坪水色藏龙崆，
云山古村
山间自行车道
山间自行车道
N
0 25 50 100 (m)
1. 云山村入口
2. 旅游服务中心
3. 停车场
4. 1号观景台
5. 新辟发展区
6. 知青楼
7. 暖树暮蝉
8. 花语稻香
9. 绳武堂
10. 私塾
11. 诒德堂
12. 活动中心
13. 礼堂
14. 谷仓
15. 山桐厝
16. 村部
17. 种德堂
18. 甘塘厝
19. 私塾
20. 留爱堂
21. 承裕堂
22. 衍庆堂
23. 谷仓
24. 私塾
25. 承启堂
26. 婺德堂
27. 知青楼
28. 新庆堂
29. 积庆堂
30. 诒燕堂
31. 水坝
32. 延庆堂
33. 4号观景台
34. 镜水月华
35. 飞雁跨虹
36. 3号观景台
37. 自行车借还处
38. 2号观景台
39. 自行车借还处
40. 次入村口
41. 管理用房
42. 竹下登科
N
图例
二类建筑
云山村二类保护建筑位置示意
N
图例
三类建筑
云山村三类保护建筑位置示意
五谷仙庙
知青宿舍
私塾一
谷仓库一
大礼堂
活动中心
2-10 谷仓库二
2-9 私塾三
2-8 知青生产生活用房
2-7 私塾二
2-6 学校

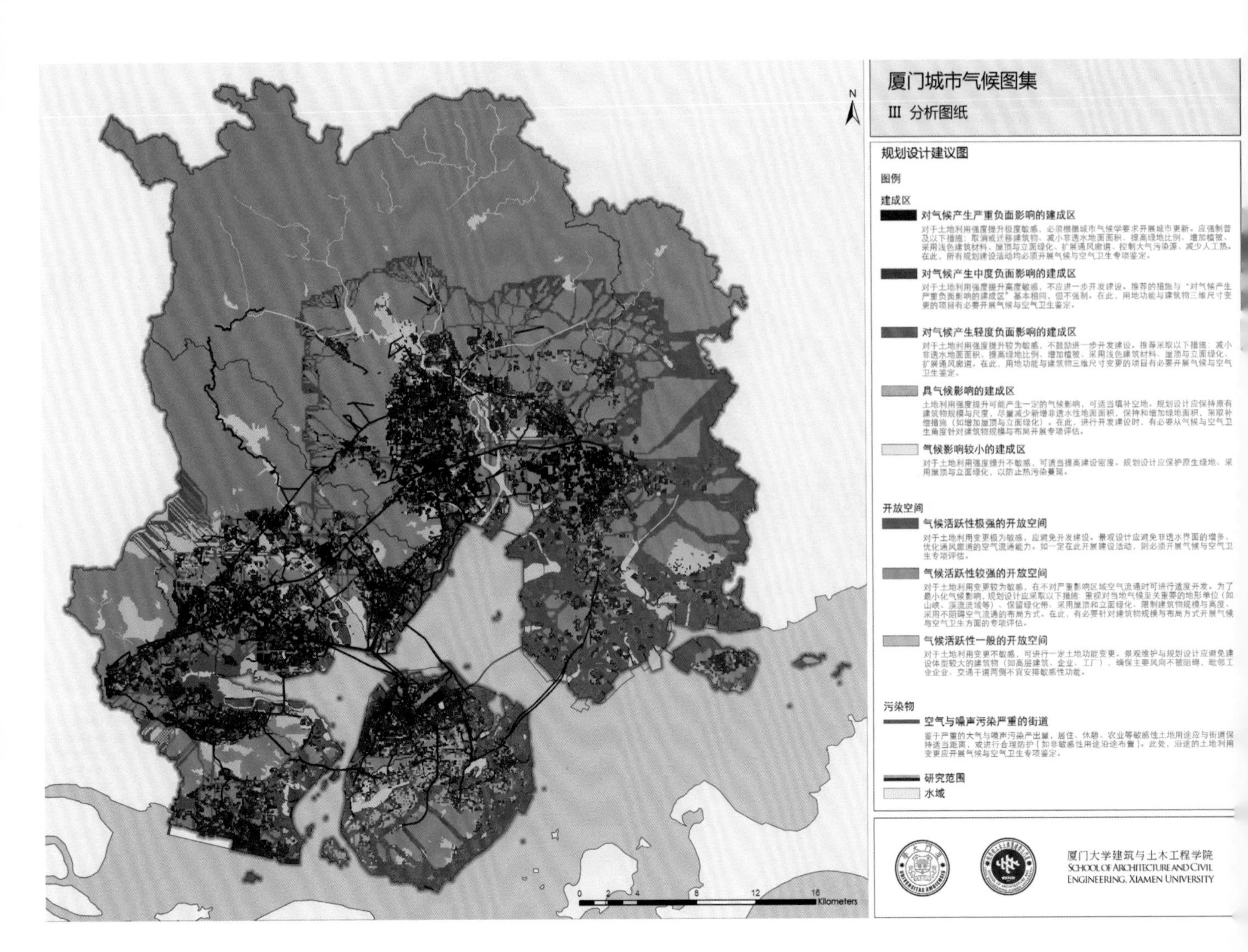

厦门市城市气候图集（第一版）

编制地点：厦门市

编制单位：厦门大学建筑与土木工程学院

合作单位：福建省气候中心

编制人员：刘姝宇 宋代风 王绍森 吴滨 等

编制时间：2016年

《厦门市城市气候图集》（第一版）从城市气候角度对厦门市域内土地展开气候功能评估与区划，并为各类区划用地提出城市设计建议，从城市气候角度为城市建设提供了技术支撑与决策依据，编制过程进行了跨学科联合研究方法上的探索。

《厦门市城市气候图集》（第一版）提出的厦门市地域性城市用地气候功能评估体系能验证UCMap在我国城市规划与设计领域应用的可行性，丰富了UCMap的理论研究内容，探索了适用于我国闽东南地区现阶段经济与技术条件的多学科协作型气候分析工作方法。

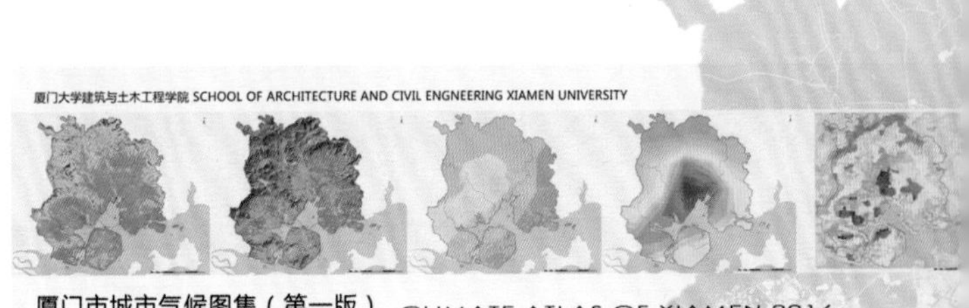

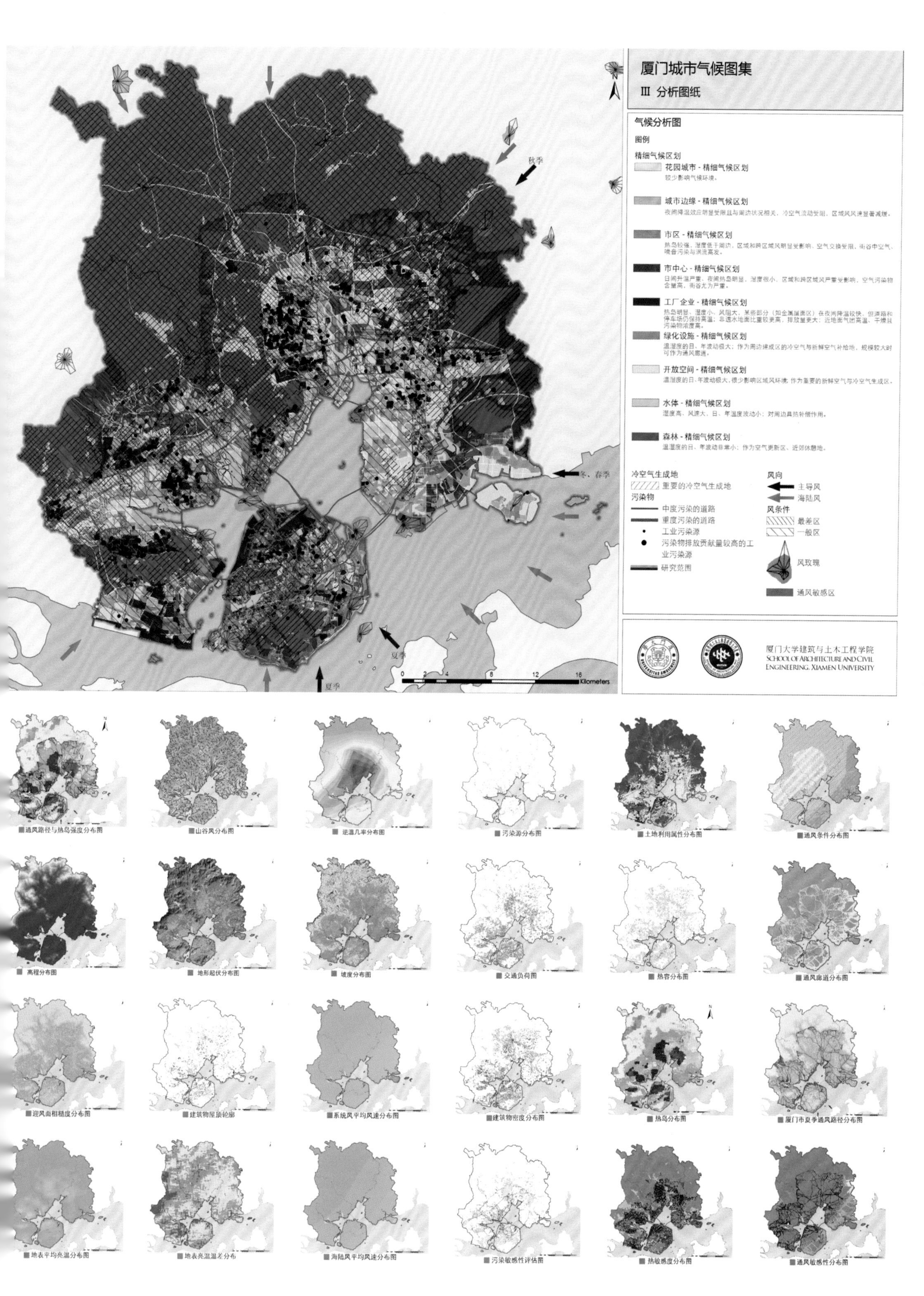

厦门城市气候图集
III 分析图纸
气候分析图
图例
精细气候区划
花园城市 - 精细气候区划
较少影响气候环境。
城市边缘 - 精细气候区划
夜间降温效应明显受限且与周边状况相关，冷空气流动受阻，区域风风速显著减缓。
市区 - 精细气候区划
热岛较强，湿度低于周边，区域和跨区域风明显受影响，空气交换受限，街谷中空气、噪音污染与涡流高发。
市中心 - 精细气候区划
日间升温严重、夜间热岛明显，湿度很小，区域和跨区域风严重受影响，空气污染物含量高，街谷尤为严重。
工厂企业 - 精细气候区划
热岛明显、湿度小、风阻大，某些部分（如金属屋面区）在夜间降温较快，但道路和停车场仍保持高温；非透水地面比重较更高，排放量更大；近地面气团高温、干燥且污染物浓度高。
绿化设施 - 精细气候区划
温湿度的日、年波动极大；作为周边建成区的冷空气与新鲜空气补给地，规模较大时可作为通风廊道。
开放空间 - 精细气候区划
温湿度的日、年波动极大，很少影响区域风环境 作为重要的新鲜空气与冷空气生成区。
水体 - 精细气候区划
湿度高、风速大，日、年温度波动小；对周边具热补偿作用。
森林 - 精细气候区划
温湿度的日、年波动非常小；作为空气更新区、近郊休憩地。
冷空气生成地
重要的冷空气生成地
污染物
中度污染的道路
重度污染的道路
工业污染源
污染物排放贡献量较高的工业污染源
研究范围
风向
主导风
海陆风
风条件
最差区
一般区
风玫瑰
通风敏感区
秋季
冬、春季
夏季
0 2 4 8 12 16 Kilometers
厦门大学建筑与土木工程学院
SCHOOL OF ARCHITECTURE AND CIVIL ENGINEERING, XIAMEN UNIVERSITY
■通风路径与热岛强度分布图
■山谷风分布图
■逆温几率分布图
■污染源分布图
■土地利用属性分布图
■通风条件分布图
■高程分布图
■地形起伏分布图
■坡度分布图
■交通负荷图
■热容分布图
■通风廊道分布图
■迎风面粗糙度分布图
■建筑物屋顶轮廓
■系统风平均风速分布图
■建筑物密度分布图
■热岛分布图
■厦门市夏季通风路径分布图
■地表平均亮温分布图
■地表亮温温差分布
■海陆风平均风速分布图
■污染敏感性评估图
■热敏感度分布图
■通风敏感性分布图

“Sunny Inside”零能耗阳光屋

项目地点：山西大同

设计单位：厦门大学建筑与土木工程学院

厦门大学建筑设计研究院

设计人员：石峰 林育欣 王绍森 邓显渝 吴晓雯

张鹏程 王波等

设计时间：2013年

建设情况：已建成

“Sunny Inside”是厦门大学竞赛团队参加2013年中国国际太阳能十项全能竞赛的作品，最终获得总分第六、“热水”和“能量平衡”两项并列第一、“工程技术”第四、“建筑设计”第五的优秀成绩。

“Sunny Inside”意在让生活充满阳光，让建筑亲近自然，体现对生活品质的追求。此外，其能对阳光进行调节和过滤：一方面能让阳光为建筑提供足够的能源和生活所需的自然光线，营造良好的光影氛围，另一方面可以根据建筑舒适性的要求，对阳光进行调节，过滤多余的热量和光照，让建筑成为调节微气候的肺，自由呼吸阳光。

在设计方面，“Sunny Inside”的T形缓冲空间不仅增添了空间的趣味性，同时还具有节能减排的作用。在节能技术方面，采用了相变材料，以适应大同昼夜温差大的气候特点。

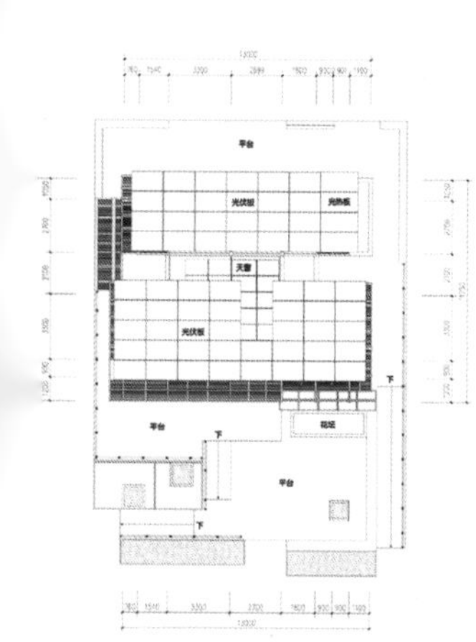

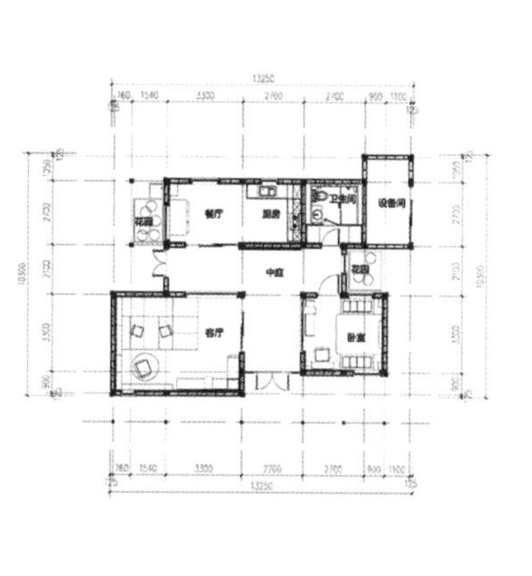
13250
760
1540
3300
2700
2700
900
1100
餐厅
厨房
卫生间
设备间
花园
中庭
花园
客厅
卧室
13250

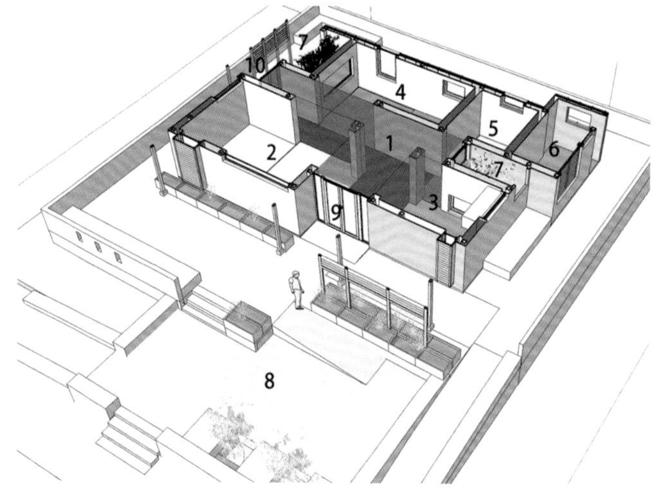
7
10
4
2
1
5
6
7
9
3
8

一、建筑基本情况

1.1《鼓浪屿历史风貌建筑保护规划修编》（2016）

建筑编号	E6-01	建筑外貌
保护类别	重点保护	
地址	晃岩路38号	
建筑建成时间	1921年	
建筑面积	1404平方米	
建筑层数	3层	
平面布局	柱廊式	
屋顶形式	平坡结合	
建筑风格	厦门装饰风格	
建筑结构形式	砖木	
建筑现用途	住宅	
建筑原用途	住宅	
建筑质量	基本完好	

建筑历史风貌特色评价		保护控制要求
建筑历史风貌特色评价	该建筑具有南洋建筑特征，外观由红砖、白石紫瓷瓶组成，精炼、稳重、气派。采用了当地传统的红砖和优良石材砌筑，至今仍完好无损。建筑立面设计别致典雅，线角丰富细腻，正立面每层连续5个拱券，檐口、角柱、柱顶盖板、拱心石均为白色石材，与大面积的赭红色面砖形成色彩对比；背立面中部3个拱券镶嵌在白色条石景框之中，比例适当，韵律感很强。第四层伸出屋面，是楼梯间和一个过厅，除南立面通向外露台以外，其余三面均在屋面围合之中，建筑样式采用闽南风格，四角加装饰柱，给人以"亭"的印象（兼作楼梯间采光井）。室内设计很有特色，通往各层的"回"字形楼梯位于中轴线中心位置，既实用又气派，全部用高级进口柚木精心打造，称得上精品。屋宇图案色彩鲜艳，形象生动。 本建筑具有建筑艺术特色、科研价值，符合"1、代表某种独特建筑类型或建筑风格范例的建筑；3、由其所处地理位置而历史形成鼓浪屿某种特征景观的建筑"的认定标准。	1）不得变动外貌、基本格局和有特色的室内装修内容。因建筑安全需要进行内部结构改造的，允许适当变动，但具体改造方案须经市规划部门批准。 2）附属于历史风貌建筑的围墙、门楼、庭院、小品、绿化、树木等均视为历史风貌建筑同等级别保护对象。 3）建筑保护以突出建筑景观地位和保护观赏视线及整体环境为主。 4）符合《厦门经济特区鼓浪屿历史风貌建筑保护条例》及其实施细则的其他相关规定。
建筑总平面和保护范围		

■ 历史风貌建筑　---- 保护范围界线		

1.2区域环境

晃岩路38号位鼓浪屿中部偏南的日光岩东面山下，晃岩路和永春路的交叉口，正面朝向晃岩路。

晃岩路在日光岩山下。由于"日光"两字上下连写则成"晃"字，日光岩又称为晃岩，故得名。是鼓浪屿主要的历史道路。该路东起洋墓口，与福建路接口，西南至港后路，北至鸡母山路口，全长1037.3米。岩仔脚、洋墓口、石船顶、大宫口等为其路段的俗称。该路沿途原有洋人墓葬群，称为"番子墓"（已拆除改建为音乐厅）、祀奉吴真人的兴贤宫（已拆除改建为青年宫，青年宫亦于近年拆除作街头文艺点）、洋人球埔（已改建为人民体育场）、中国银行、中央银行和交通银行（解放后均停业。其中中国银行作为中国人民银行，后改为工商银行，现作市厦门货币文化馆）、黄家花园、基督教会福音堂、名医林巧稚大夫故居、梯山小筑等一系列单位和名人故居。

晃岩路38号对面是鼓浪屿重要的申遗要素黄家花园和洋人球埔旧址。建筑西面隔着永春路的是基督教福音堂，东边相邻的晃岩路36号也是历史风貌建筑，目前空置。

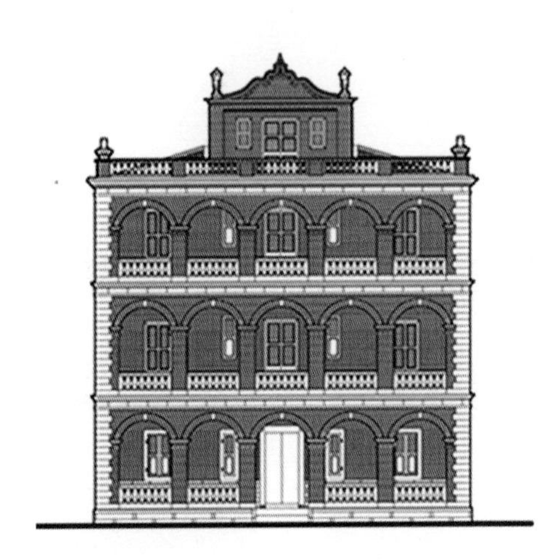

鼓浪屿历史风貌建筑保护方案

项目地点：鼓浪屿

设计单位：厦门大学建筑与土木工程学院

厦门大学建筑设计研究院

设计人员：吴晓雯、严何、石峰

设计时间：2017年

2016年起鼓浪屿管委会分批委托我院为二十余栋鼓浪屿历史风貌建筑制定保护方案。保护方案包含：一、建筑基本概况；二、不得改动的内容；三、可以改动的内容；四、修缮、结构更新 、拆除重建工程的材质、工艺内容 ； 五、历史风貌建筑利用功能引导等方面的内容 。 依据《 厦门经济特区鼓浪屿历史风貌建筑保护条例》和《厦门经济特区鼓浪屿历史风貌建筑保护条例实施细则》的要求，保护方案以保护图则的形式制定并公布，经公示的保护方案将作为历史风貌建筑修缮、结构更新、拆除重建、管理利用的设计方案编制与审批的依据，设计单位应按保护方案要求进行设计，审批部门应按保护方案进行审批。

作为第一批参与制定保护方案工作的单位，我院还主要负责了保护方案文本格式的制定工作。我院完成的《晃岩路38号历史风貌建筑保护方案》被作为范本供其他参与保护方案制定的设计单位进行参考。

二、不得改动的内容

不得改动的内容	立面-主楼正立面
保护要求	2.1.1 不得改动历史风貌建筑包括外廊墙面在内的原有外立面，不得增减门窗，不得在建筑外部及外廊处改、扩、搭建室内外构筑物、辅助用房等，最大限度保持建筑物历史原貌。
图示照片	① ② ③ ④ ⑤ ⑥
重要细部	①

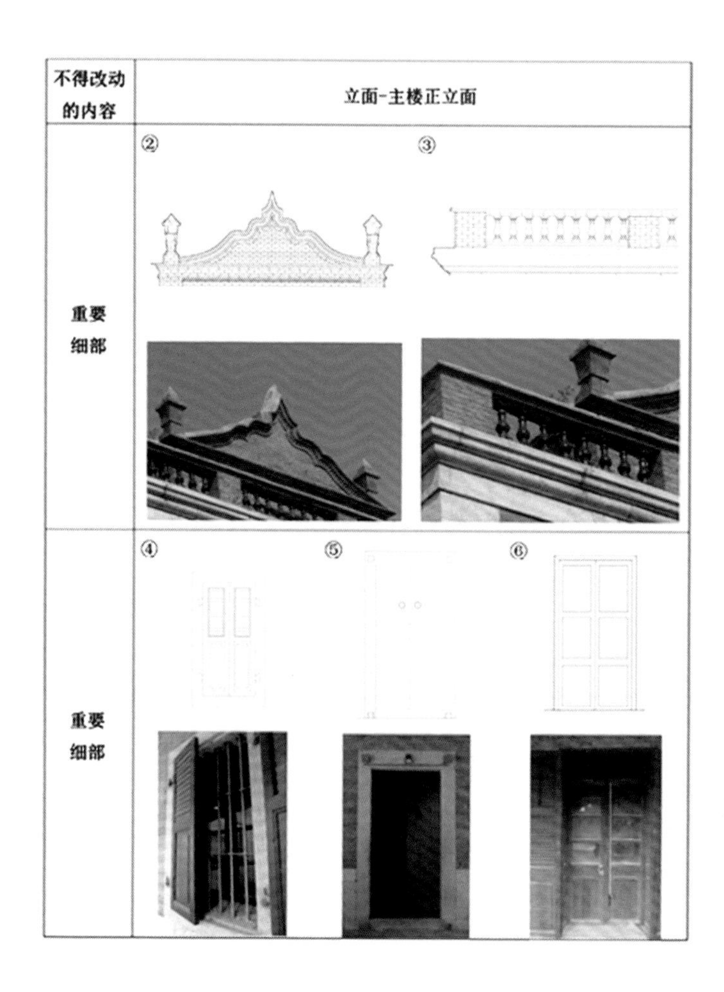

不得改动的内容	立面-主楼正立面
重要细部	② ③
重要细部	④ ⑤ ⑥

建筑部位	材质	材料、工艺
主楼三层坡屋面		机平瓦 规格 340x190
主楼四层坡屋面		小平瓦 规格 240x230 压六露四 无压瓦砖 斗底砖 规格 300x300

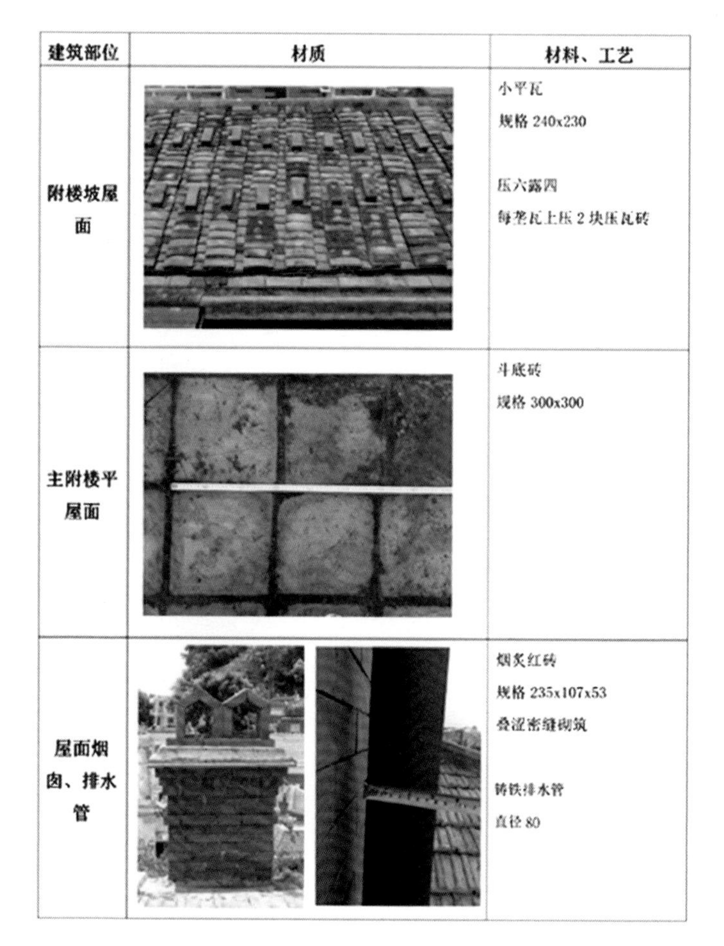

建筑部位	材质	材料、工艺
附楼坡屋面		小平瓦 规格 240x230 压六露四 每垄瓦上压 2 块压瓦砖
主附楼平屋面		斗底砖 规格 300x300
屋面烟囱、排水管		烟炙红砖 规格 235x107x53 叠涩密缝砌筑 铸铁排水管 直径 80

二、不得改动的内容

不得改动的内容	立面-主楼正立面
保护要求	2.1 不得改动历史风貌建筑包括外廊墙面在内的原有外立面，不得增减门窗，不得在建筑外部及外廊处改、扩、搭建室内外构筑物、辅助用房等，最大限度保持建筑物历史原貌。
图示照片	④ ② ③ ⑥ ① ⑤
重要细部	①

不得改动的内容	立面-主楼正立面
重要细部	② ③
重要细部	④ ⑤ ⑥

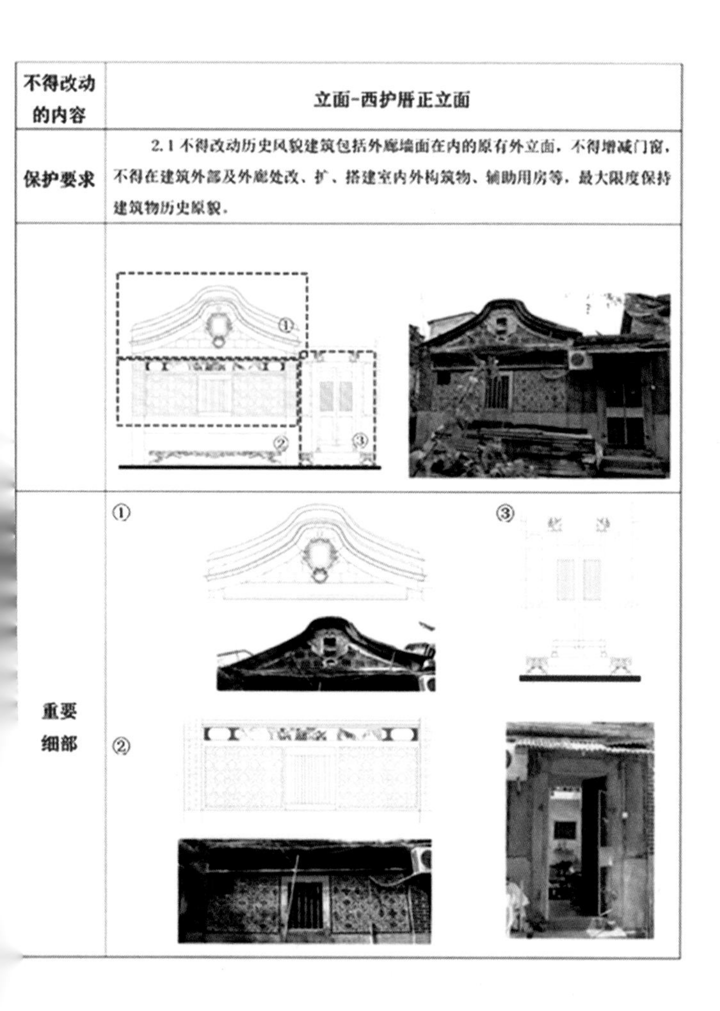

不得改动的内容	立面-西护厝正立面
保护要求	2.1 不得改动历史风貌建筑包括外廊墙面在内的原有外立面，不得增减门窗，不得在建筑外部及外廊处改、扩、搭建室内外构筑物、辅助用房等，最大限度保持建筑物历史原貌。
	① ② ③
重要细部	① ② ③

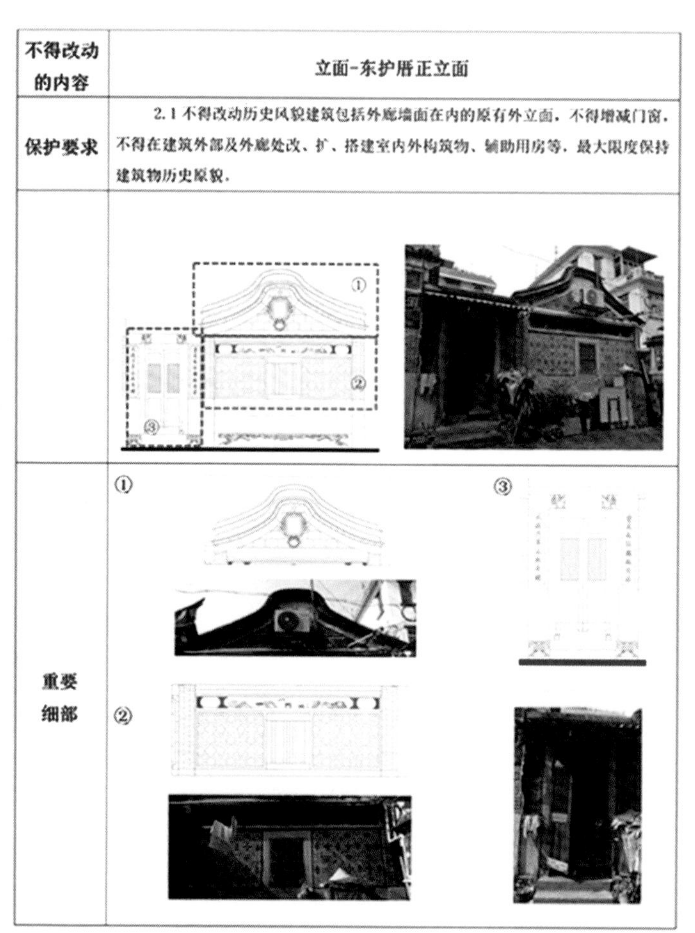

不得改动的内容	立面-东护厝正立面
保护要求	2.1 不得改动历史风貌建筑包括外廊墙面在内的原有外立面，不得增减门窗，不得在建筑外部及外廊处改、扩、搭建室内外构筑物、辅助用房等，最大限度保持建筑物历史原貌。
	① ② ③
重要细部	① ② ③

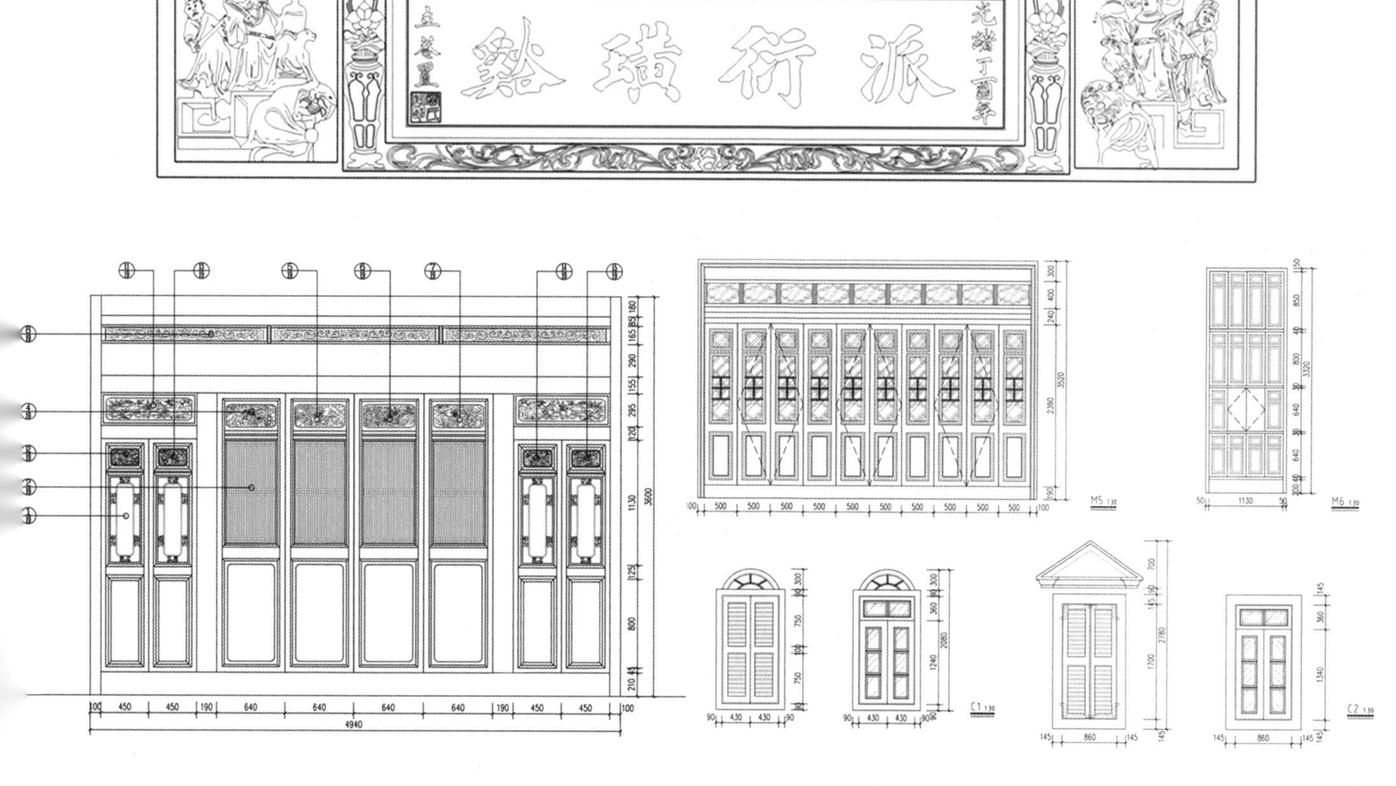

孙锡麟雕塑作品

②厦门大学校门浮雕（正反两面）
岗石 150平米
④罗扬才烈士纪念碑
4.5米 红色石质 烈士浮雕为青铜
于厦门大学烈士园

廖承志纪念像(局部)

廖承志纪念像（坐像

青铜 高2.75米 立于华侨大学秋中湖

叶圣陶、老舍、曹禺组像(叶圣陶像)
获第三届全国城雕建设成就展特别奖
青铜 真人大小 立于北京中国现代文学馆

厦门市体育中心主体雕像《更快、更高、更强》

不锈钢锻造 高16米（含底座4米）

尧帝之母（俗称太姥娘娘）石雕像

花岗石 高18.88米 立于福建省太姥山国家级风景区

朱建民绘画作品选

1、流逝的岁月
2、夏日海滨
3、金秋
4、老巷
5、六月的风
6、银饰
7、渔港斜阳
8、惠安风情

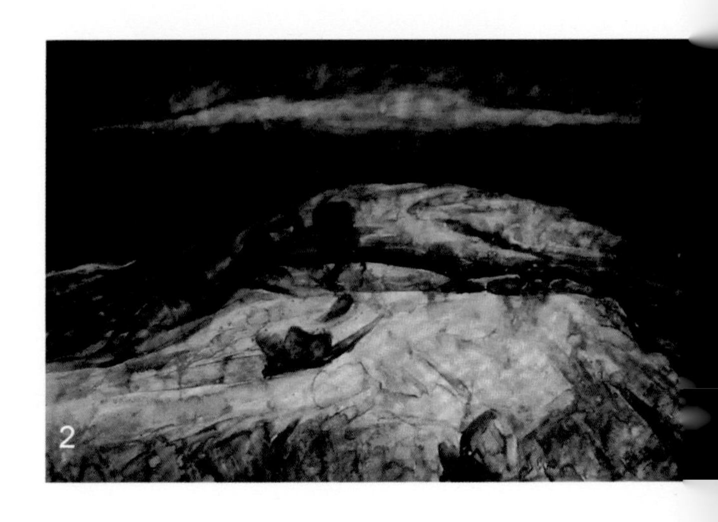

3

4

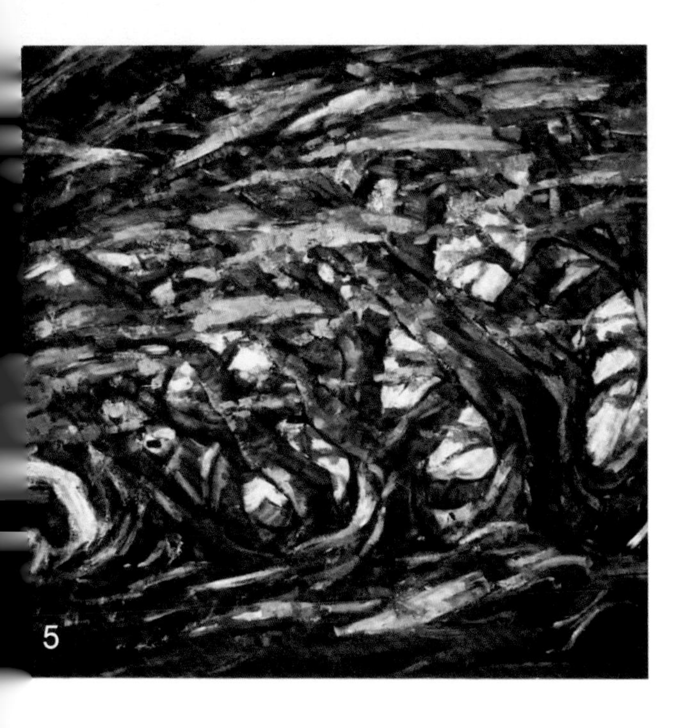
5

6

7

8

厦门柔性直流输电科技示范工程湖边换流站声屏障

项目地点：厦门市湖边柔性直流电站
设计单位：厦门大学建筑与土木工程学院
厦门大学建筑设计研究院
设计人员：王波
设计时间：2015年
建设情况：已建成

厦门柔性直流输电湖边换流站于厦门岛内市中心地区，属于厦门市政噪声控制重点工程。基于换流站特殊工艺流程，设计采用一种兼顾吸声的可拆装的吸声、隔声一体化设计的声屏障构造。声屏障穿孔吸声狭缝可以根据实际隔声吸声量测算需要加以调整。吸声狭缝上部形成防雨水披用于室外防水防潮需求。内侧玻璃棉容重和厚度以及外侧岩棉隔声层和减振橡胶毡厚度可以根据实际隔声量测算需要加以调整。该声屏障面积约5000㎡。这种可拆装的吸声、隔声一体化设计的声屏障目前正申请专利。

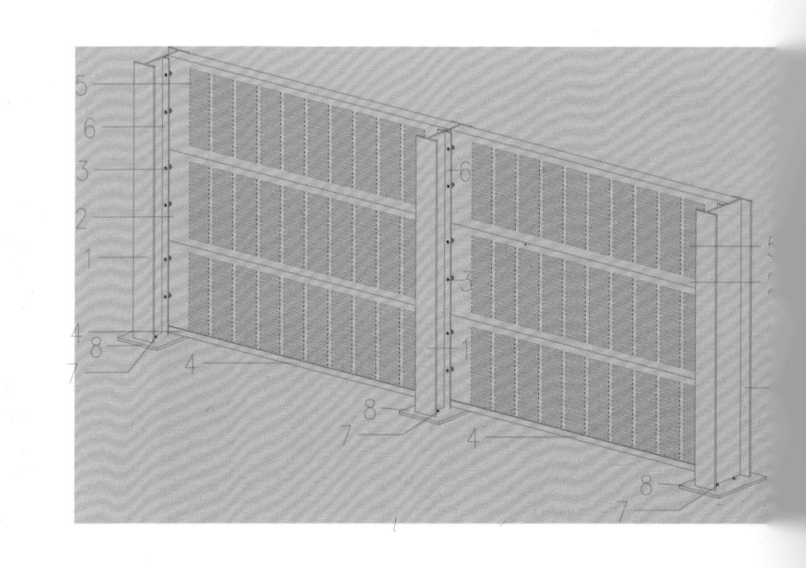

厦门柔性直流输电科技示范工程
湖边换流站欢迎您

规划篇

制度建设

● 曾厝垵客栈管理制度的讨论

曾厝垵客栈是以乡村建筑为基础而自发形成的家庭旅馆，其条件难以达到消防、卫生、酒店管理的标准，客栈无法满足法定条件，未能实现合法化。由此需要进行管理创新。建议由曾厝垵社区居民管理委员会探索客栈管理的合理途径。

讨论曾厝垵客栈管理制度，是实现曾厝垵客栈合法化经营、保障客栈经济可持续发展的重要环节。

➢吸取台湾客栈管理的经验，对曾厝垵客栈管理制度展开讨论：

1、对完整产权者认定发放客栈经营许可证：

鼓励拥有完善产权（产权面积不小于实际经营面积）、符合家庭旅馆管理办法（参考《鼓浪屿家庭旅馆管理办法》）的客栈合法化。

2、对违章客栈进行整治：

- 对于没有损害居民生命财产安全以及公共资源的违章客栈，缴纳使用费用并自行到区相关职能部门备案后，方可由委员会发放民宿经营许可（**并不代表合法**）。
- 违章建筑面积不超过总面积的20%（确切比例进一步讨论确定）针对管理办法进行**限期整改**，若符合条例，方可发放经营许可。
- 对拆除部分的违建面积可适当通过增加楼层高度进行补偿。
- 其余的违章客栈予以**限期取缔**。

3、客栈安全鉴定：

经营者向相关部门或机构提出申请，由第三方对经营用房消防安全、房屋质量等进行检测，获取相应的检测报告，作为合法化的标准。

4、管理奖惩结合：政府相关职能部门与自治组织一起，定期对客栈经营状况进行调查，对不符合标准的客栈依法取缔；对推动旅游产业有卓越表现、接待游客服务周全广获好评等客栈进行表彰与奖励。

➢曾厝垵客栈安全检测的建议：

- **结构安全报告：**向有资质的房屋结构安全检测（或鉴定）机构申请对客栈经营用房进行检测（或鉴定）并出具结构安全报告；
- **测量报告：**向有资质的测量中介机构申请房屋现状测量并出具测量报告；
- **消防达标报告：**聘请有消防安全资质的中介机构，由该中介机构指导客栈经营用房整改，并由该中介机构出具达标报告。

➢曾厝垵客栈管理职能部门的建议

职能部门	客栈管理方面承担的职责
区工商局	指导客栈登记与备案工作
厦门市房屋安全鉴定所	接受经营者对旅馆经营用房申请并出具报告
消防大队	承担客栈消防安全评估工作
边防派出所	承担日常管理工作
区旅游园林局	指导曾厝垵文创会开展文创村客栈星级管理工作
滨海街道办事处	协助各相关管理部门做好文创村客栈的管理工作
工商、公安、环保、卫生、税务等部门	指导客栈规范经营行为，维护市场秩序

●曾厝垵违章建筑管理制度的讨论

对于违建的管理政策，主要目的是要保障公共安全以及公共利益不被侵害的原则，因此，按照违章建筑的类型制定不同的执行条例。

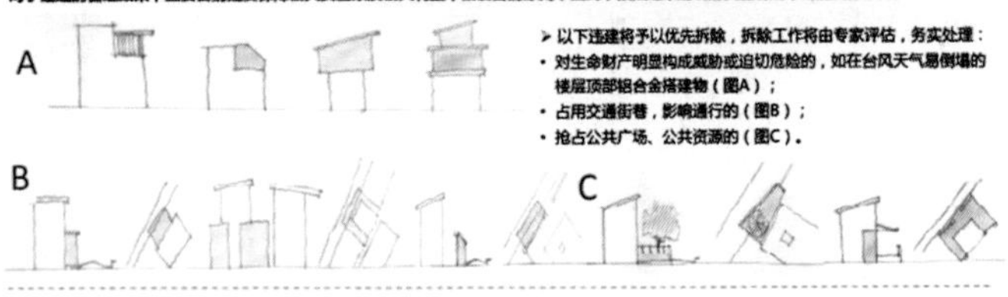

➢ 以下违建将予以优先拆除，拆除工作将由专家评估，务实处理：

- 对生命财产明显构成威胁或迫切危险的，如在台风天气易倒塌的楼层顶部铝合金搭建物（图A）；
- 占用交通街巷，影响通行的（图B）；
- 抢占公共广场、公共资源的（图C）。

➢ 以下违建将由社区居委会收取公共资源占用费，费用将用于支持文创发展，**但并不等同于认同违章建筑的合法地位**：

- 占用公共空间，但并不对公共利益造成严重影响的（图D）；
- 为了满足建筑物消防安全而搭建的并不对他人人身安全造成影响的，如消防通道等（图E）；

制度建设

村居层面成立公共资产管理公司

目的：为曾厝垵社区培育文化创意活动，提供资金保障。

曾厝垵目前商业发展加速，国办街、中山街等主要的街道面均已被用作商业用途，目前该地段的文化创意功能已经难以承受高租金压力。

做法：成立社区资产管理公司，以资产管理补贴文化创意活动。

文化创意是曾厝垵最大的竞争优势，但文化创意对租金具有敏感性，为了培育文化创意活动，增强曾厝垵发展的可持续性，需要通过补贴等形式对创意文化活动进行补贴，支出来源于社区资产管理所得。

做法：通过资产公司，回租古厝等具有历史价值的建筑，用于公共用途。

曾厝垵国办街、教堂街等街道分布有不少具有历史价值的建筑，目前大部分建筑被用于纯商业经营，缺少历史建筑与创意活动、公共功能的结合。

古厝改造客栈　古厝改造摄影店　古厝改造会所

曾氏宗祠改作咖啡厅　青门骚烤吧改作博物馆

建立社会事务自我管理模式

· 管理主体创新

推动曾厝垵的社区自治，业主委员会和文创会组建公共事务管理公司，提供曾厝垵社区发展需要的各种公共服务。

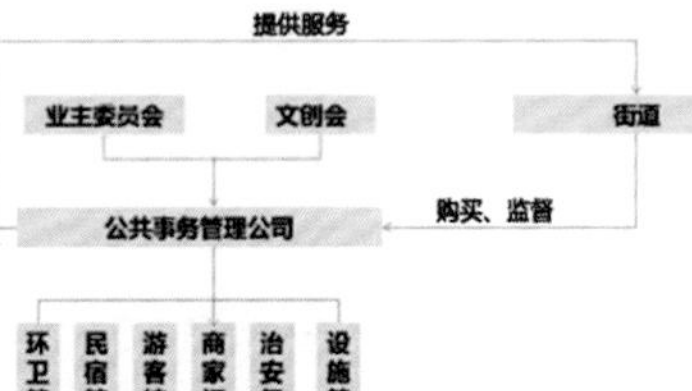

· 推进公共事务管理权的社会购买

业主委员会和文创会一起组建公共事务管理公司，提供文宿管理、垃圾管理等公共服务，由政府通过社会购买将公共服务职能交到文创会与业主委员会，推动社区自我管理。

· 建立商家发展评定打分机制

按照对社区发展贡献度、文化创意吸引度、商家经营时间、商家信誉度、顾客满意度、产品质量等方面建立商家可持续打分表，对曾厝垵社区内的商家进行发展评分，并划定星级，对获得高星级的商家给予贷款指示、优惠管理事务收费等实施鼓励。

建立社区规划师制度

聘请朵拉客栈老板、文创会理事等热心社区事务的群众担任社区规划师，为曾厝垵发展出谋划策。

美丽曾厝垵共同缔造工作坊

研究地点：厦门市

研究单位：厦门大学建筑与土木工程学院

研究人员：文超祥、张其邦、张若曦

其他团队：中山大学、香港理工大学

研究时间：2014年3月—2014年7月

项目聚焦“中国最文艺渔村”——曾厝垵的社区多元共治进行研究论证，对其快速发展中遇到的租金暴涨、商业同质化严重、空间占用问题突出等方面进行深入调研，以空间环境整治出发，立足于解决发展瓶颈中的实际问题，通过“共同缔造工作坊”这个具有厦门典型的参与式社区规划模式，搭建多元群体参与平台，空间规划与制度设计相结合，为曾厝垵的长期良性发展奠定基础。

2015 年度
广东省优秀城乡规划设计项目

获奖证书

项目名称：
美丽曾厝垵共同缔造工作坊

主要编制人员：
李　郇、陈汉云、文超详、张若曦、张其邦、
郎　嵬、陈婷婷、谢石营、黄文灏、黄耀福、
刘　敏、廖一凡、卢俊文、严雅琦

编制单位：
广州中大城乡规划设计研究院有限公司
中山大学规划设计研究院
香港理工大学
厦门大学

获奖等级：三等奖

证书编号：（2015）CS－3－2

广东省城市规划协会

二〇一六年一月

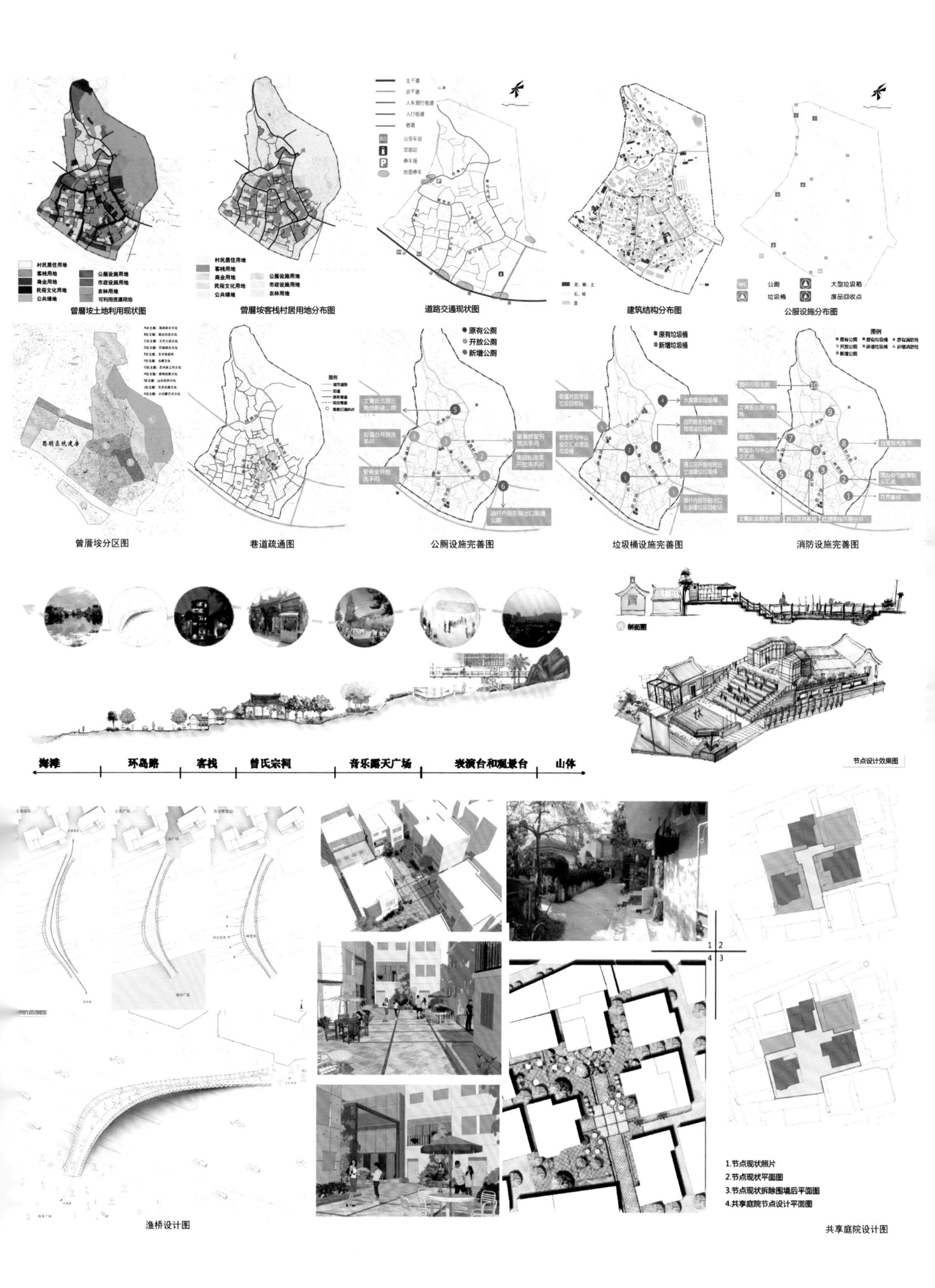

曾厝垵土地利用现状图
曾厝垵客栈村居用地分布图
道路交通现状图
建筑结构分布图
公服设施分布图
曾厝垵分区图
巷道疏通图
公厕设施完善图
垃圾桶设施完善图
消防设施完善图
海滩
环岛路
客栈
曾氏宗祠
音乐露天广场
表演台和观景台
山体
节点设计效果图
渔桥设计图
1.节点现状照片
2.节点现状平面图
3.节点现状拆除围墙后平面图
4.共享庭院节点设计平面图
共享庭院设计图

1. 翔安区土地存量梳理

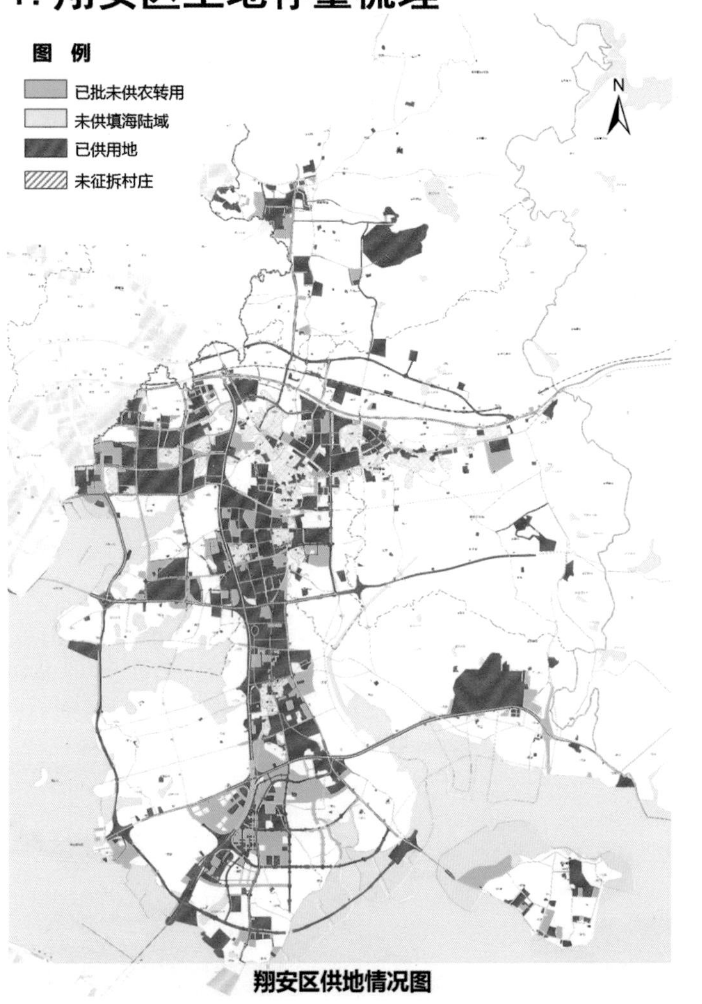

翔安区供地情况图

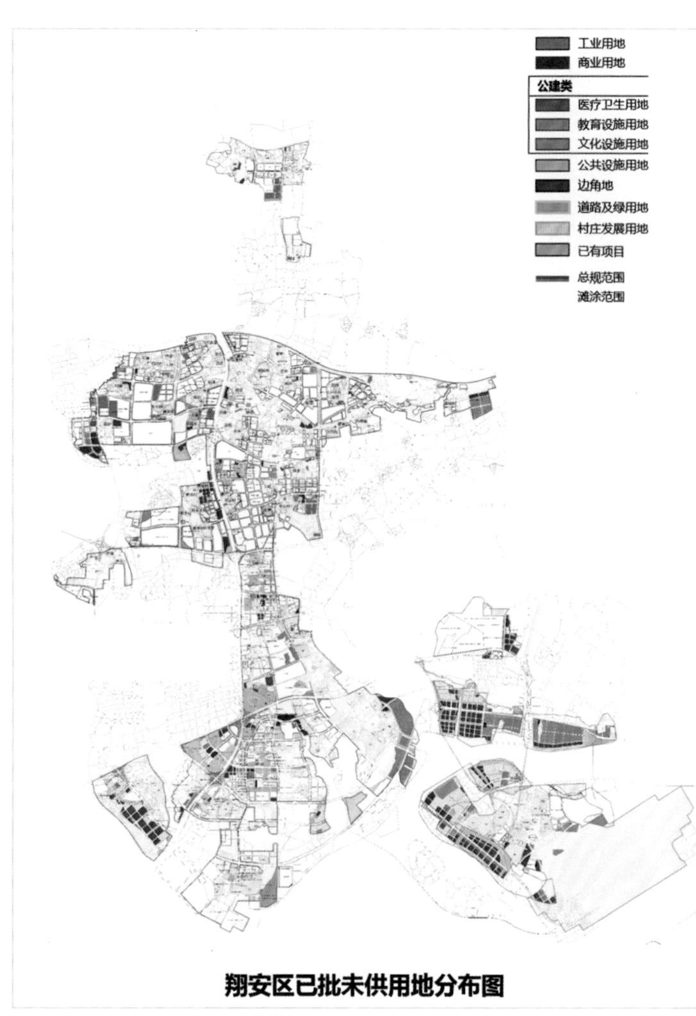

翔安区已批未供用地分布图

翔安区存量土地和存量建筑盘活策划和政策研究（省级优秀城乡规划设计二等奖

设计地点：厦门市翔安区

设计单位：厦门大学建筑与土木工程学院
厦门大学城乡规划设计研究院

设计人员：赵燕菁、郑灵飞、辛雯娴、陈烁、张力、闫麒

厦门市翔安区目前存在已农转用地供地率低，已供用地闲置未建，已建用地低效利用等现象。为解决问题，对翔安区存量土地和存量建筑进行梳理和盘活研究，成果对提高翔安土地利用效率，吸引人口入住，形成集中城区有一定的积极作用和指导意义。具体内容包括：

1. 摸清家底：对已批未供、已供未建等存量土地、以及住宅、商业、公建类闲而未用的存量建筑进行详细调研和梳理。
2. 盘活策略：借鉴国内外先进经验，从提高供地效率、盘活闲置用地、灵活利用闲置建筑等方面提出策略性建议。
3. 具体实施：研究存量用地和存量建筑盘活所需的政策机制。

盘活存量、提高资源利用率

工作思路

存量梳理

存量土地
- 已批未供用地
- 已供未建用地

存量建筑
- 住宅：商品房、保障房、安置房
- 商业：办公、大商、零售

存量土地盘活策略

已批未供：提高供地率，类型，政策调整，速度等方面消化存量土地。

已供未建：出台特殊政策，由政府租用做临时功能，解决城市问题。

存量建筑盘活策略

住宅：针对安置房存量提出盘活策略。

商业：测算规模是否合适，提出盘活策略。

未来供地建议、预期达到的目标

2. 翔安区商业存量盘活策略

吸引人口在翔安定居，拉动消费

底商店面逐步繁荣 → 基础人口 / 拉动消费 → 休闲娱乐综合体 → 商品房入住80% → 形成中心城区商圈

采取手段

1.闲置安置房转公租房、保障房
2.提升公共配套和环境品质
完成短时期内的人口聚集

预期目标

聚集城区人口，以一定数量的**人口基础作为商业发展前提**

积极作用

1.近期内带动和盘活底商发展
2.远期形成规模商圈
带动片区商业及服务业繁荣发展

3. 翔安区安置房存量盘活策略

翔安现有安置房项目11个，**总套数5923套**，涉及拆迁户数1715户，用房单位协议用房3432套（已配售1796套），**剩余2491套，配售率30%。**

策略一：地段较好的安置房，可部分转为保障性人才房

目标人群：	优势条件：
➢ **高校教师** ➢ **科研人员** ➢ **企业高管**	➢ **区位优势：** 毗邻文教区和厦大、交通便利、配套完善 ➢ **按户安置：** 住宅面积充足、建筑提升空间大 ➢ **政府收回：** 统一管理，价格可控，环境质高

策略二：未配售安置房，可转变为公共租赁用房

目标人群：	特性：
➢ **“夹心层”** 在厦稳定就业且无住房的新市民和本市中等收入、中等偏上收入的在厦无住房家庭。	➢ **产权：**登记为“公共租赁住房”，只具有租赁权，合约期限3～5年，可续租。 ➢ **租金：**公共租赁住房租金按市场租金标准计取，但承租人租赁满一个年度后，可以向运营企业申请返还上一年度租金优惠款（市场租金的20%）。

策略三：创新转变为“先租后售”房，设置试点

目标人群：	特性：
➢ **“夹心层”** ➢ **外来务工人员**	➢ **与公共租赁房的最大区别**：“先租后售”的性质，租售合同以5年为期，合同期满后，可选择续租、退出或申请购买居住的公共租赁房。可以更有效的留住稳定的劳动力，让更多人安家落户。

4. 翔安区闲置办公用房盘活策略

政策调整

土地用途不变，商办建筑功能可改为其他三产功能

优化商业办公周边软环境

基础路网、餐饮娱乐、休闲健身

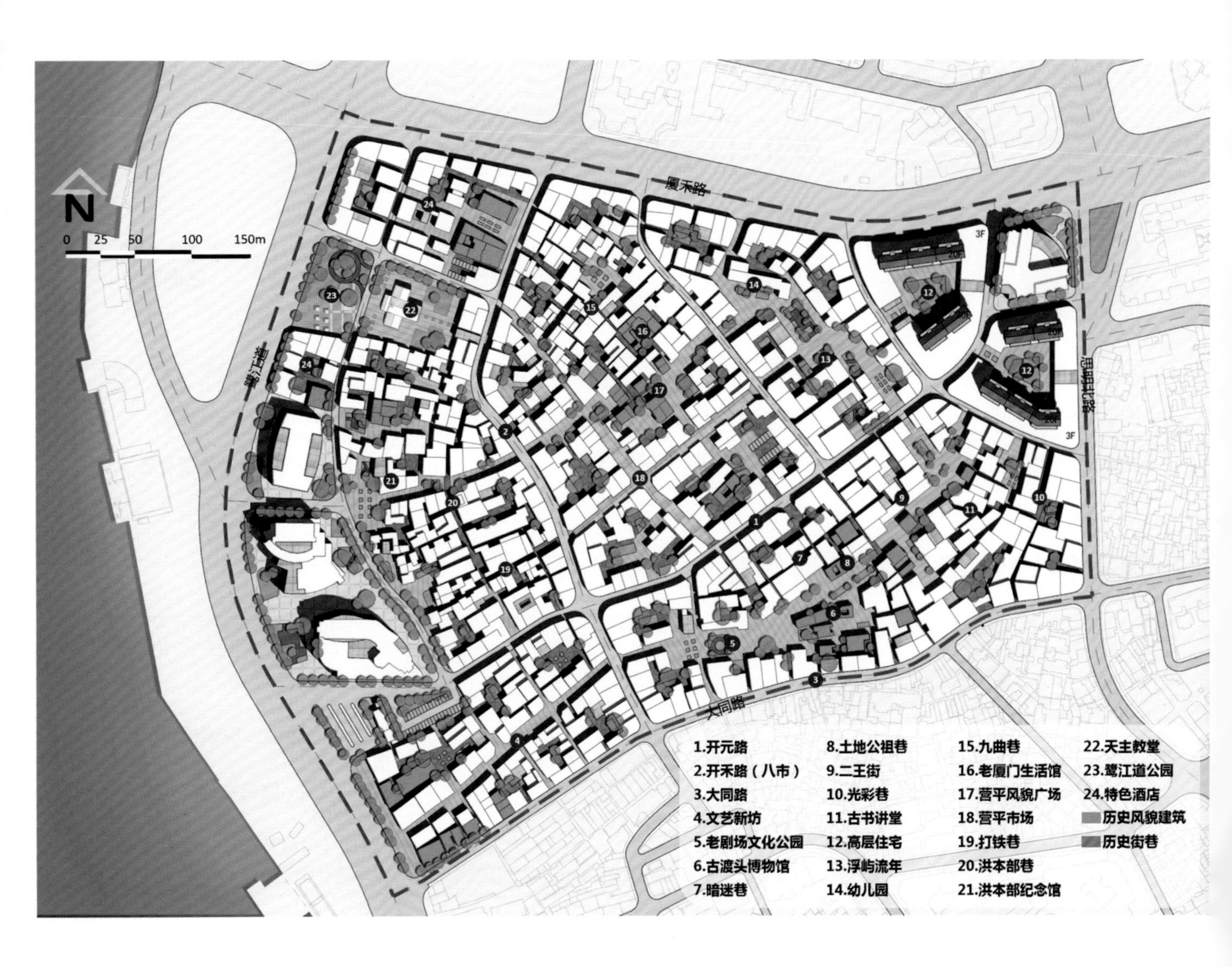

思明区营平片区旧城更新前期策划

设计地点：厦门市营平片区

设计单位：厦门大学建筑与土木工程学院
厦门大学城乡规划设计研究院

设计人员：赵燕菁　陈烁　罗春伟　许志上

营平片区是老厦门的发源地，是曾经厦门市肆繁华的代表，同时也是厦门本岛目前保留较为完整的传统街区之一。然而随着厦门城区的不断扩展，片区内人口密集、建筑功能混乱、卫生环境恶劣，且存在严重的安全隐患。营平片区的更新改造已提上政府工作议程。

本次策划以“老厦门底片、新城市客厅”为主题，以“文化复兴”为出发点，通过“微更新”的改造模式，重现“最正港”的“老厦门味道”。规划通过梳理片区内房屋产权，提出具有较强针对性的盘活策略，根据公、私及公私混合三种产权类型特征，植入相应新型业态，并提出政策机制的完善建议。在丰富片区业态的同时，对内部游线、交通体系、建筑改造和市政设施等内容提出改造优化建议。

“老厦门底片　新城市客厅”

新旧交互共生，碰撞创造出一种新的文化体验型特色街区

保留传承

外来游客的文化体验和本地居民的记忆留存

发展创新

连通的街区氛围，刺激旅游者消费

空间结构

"两轴、一环、四板块、十组团"

【以文化体验为引擎的方案推演】

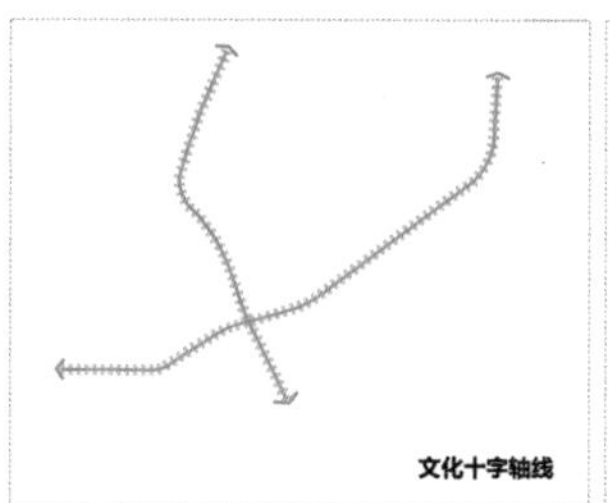

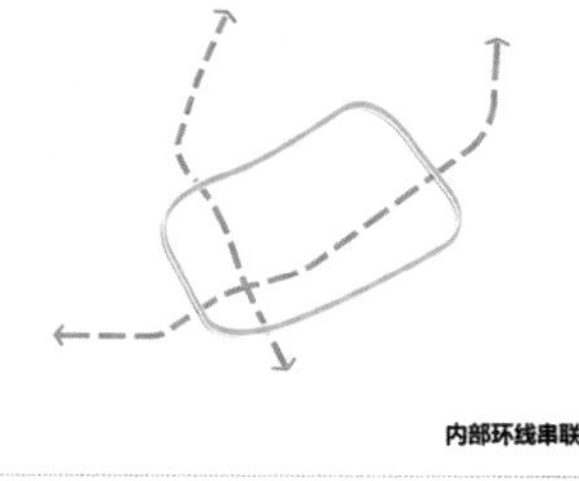
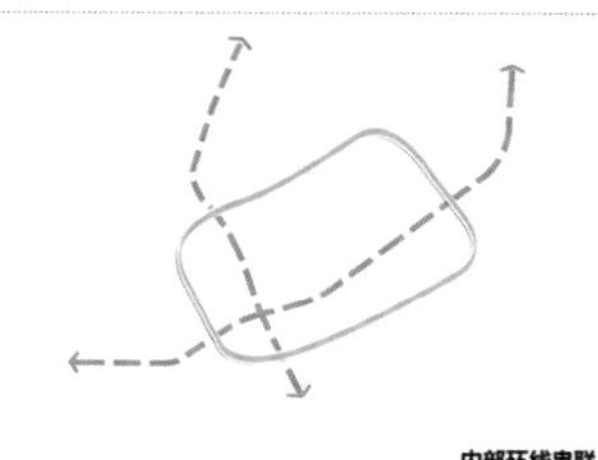

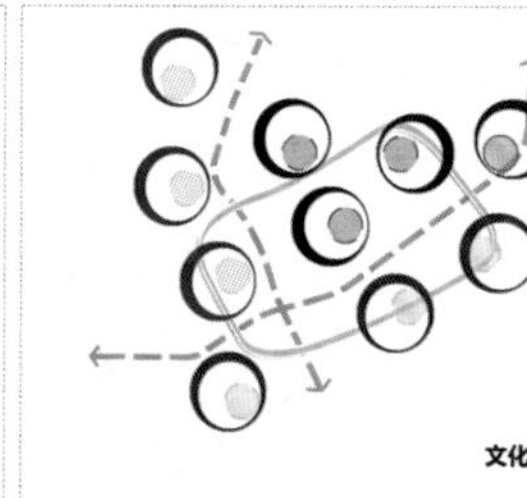

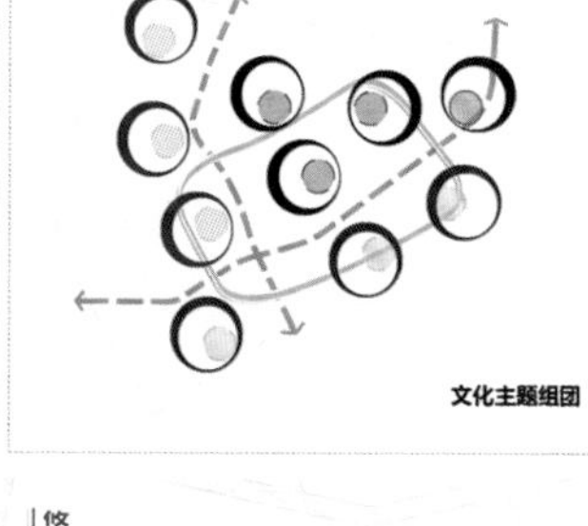
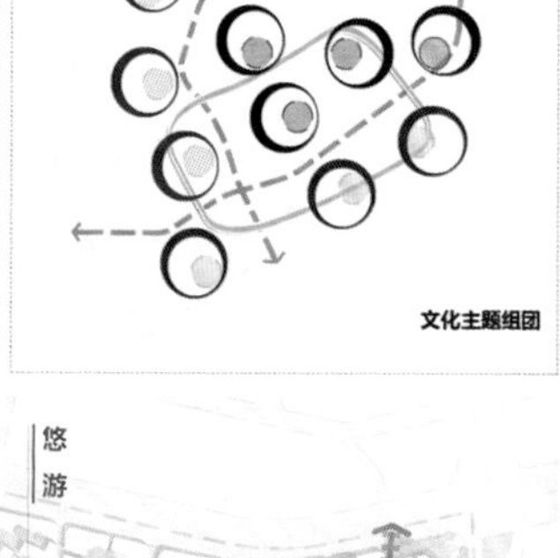

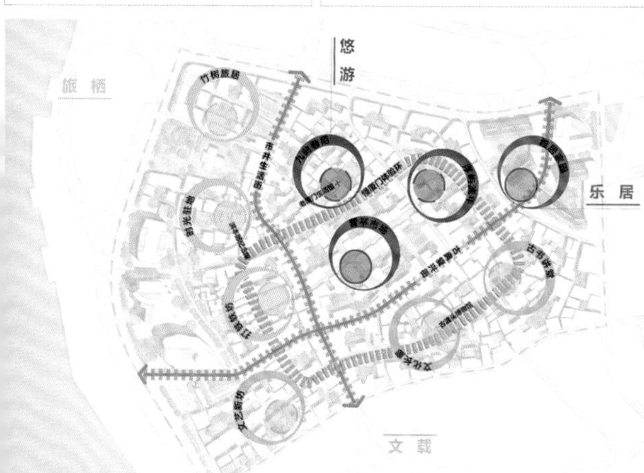

市井生活游

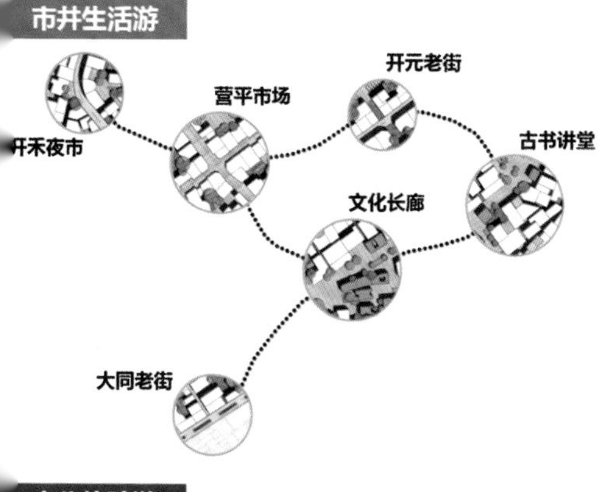

文化体验游

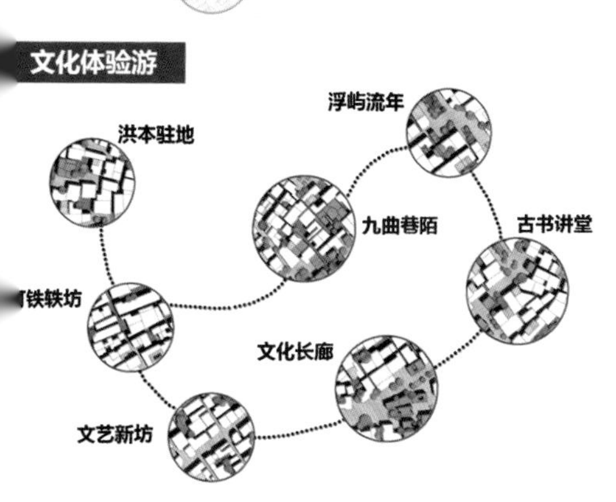

营平业态的文化主题打造

具有文化概念、主题化方向、休闲体验度高的业态引领

文化创意类主题业态	文化体验类主题业态	文化消费类主题业态
强调文化生成的原创性	强调文化消费过程的体验性	具有特色文化元素的主题业态
手工作坊、旅游纪念品及礼品定制、艺术创作工作室、摄影工作室	精品酒店、咖啡馆、茶馆、休闲书吧、精品客栈、个性民宿、艺术馆、画廊、艺术品鉴赏、蜡像馆、电影院、博物馆等	老字号餐饮店、地域特产店、文化特色餐厅、创意品牌店铺

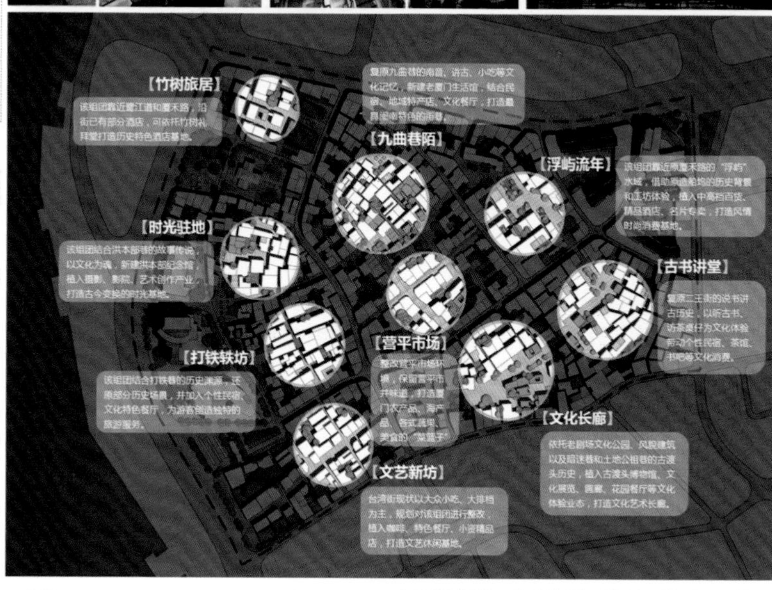

>>>三条老街：大同路、开元路、开禾路

>>>文艺新坊

1. 翔安城市建设思路

思明区发展历程 ⟺ 翔安城市建设思路

1 工业发展 打下经济基础

2 保障房建设 基础人口定居

3 商贸服务发展 配套高品质设施

4 成熟繁荣城区 产业再次升级

翔安现状
工业迅猛发展
三产处于初期阶段
基础人口及消费不足

策略1：发展产业区经济
推进产城融合
吸引产业人口

策略2：城区保障房建设
批量人口入住
带来消费及配套需求

基础人口聚集
促进商贸服务业发展

策略3：环境及配套提升
建设高品质环境
配套高质量设施

策略4：大型项目带动
机场、万达、城际轨道

吸引潜在人口定居
提高城市竞争力

翔安区“十三五”发展策略研究

设计地点：厦门市翔安区
设计单位：厦门大学建筑与土木工程学院
　　　　　厦门大学城乡规划设计研究院
设计人员：赵燕菁　郑灵飞　辛雯娴　陈烁　张力　闫麒　郑华阳

翔安区的战略定位高，发展潜力大，但目前仍存在建设散、人口少、消费低等一系列问题。在新形势下对翔安区城区建设、生态环境保护、城乡过渡区发展等方面进行创新和探索性研究，对于翔安的下一步发展具有一定的积极作用和指导意义。

1. 城区建设：从发展实体经济和吸引有效人口的角度入手，解决现状城区建设散、人口少、消费低等一系列问题。
2. 生态人文环境：借鉴国内先进经验，依托生态文旅和人文建设，保护和展现翔安优美的生态基底和浓厚的人文底蕴。
3. 城乡过渡区发展：从改善农民收入途径，形成城乡共同缔造模式，来解决失地农民生计问题和社会问题。

发展现状与问题分析

1.城区发展现状与问题
建设散、人口少、消费低
城区配套和公共服务品质不高

2.生态人文现状与问题
生态基底优越、历史人文深厚
生态人文发展建设未成系统

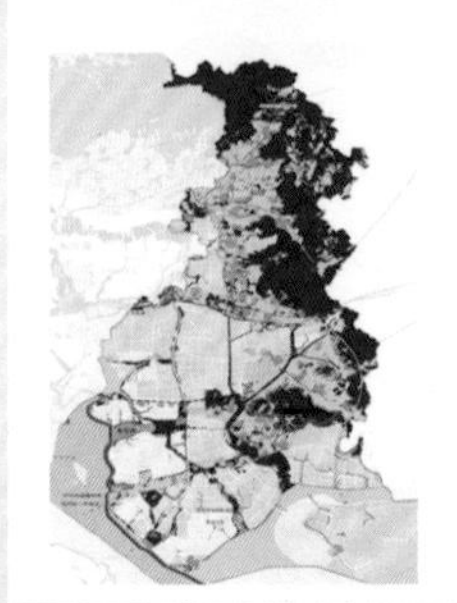

3.城乡过渡地区问题
征地拆迁速度过快
失地农民生计来源成问题

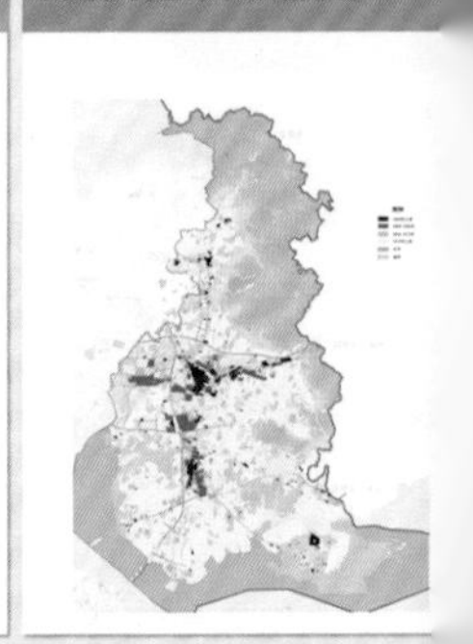

2. 翔安城区十三五发展计划

三年计划：聚集基础人口

发展实体经济
聚集基础人口

可达目标
两大人口聚集区
增加定居人口16.6万

积极作用

- 实现产城融合稳定产业区生产效率，形成招商优势
- 带动翔安区商业服务业良性发展,增加消费
- 盘活部分建筑及存量土地
- 城乡互利共赢，解决村民生计问题

五年计划：发展高品质城区

高品质环境营造
优质公共配套
吸引潜在人口

可达目标
形成生产生活发展轴线
形成具有竞争力的高品质城区

积极作用

- 高品质“山湖城”片区，形成翔安标志性中心
- 形成业态高端、商业繁荣的城区商圈
- 吸引高精人才提升翔安人口素质
- 形成高品质城区，提高区域竞争力影响力

3. 翔安生态区十三五发展策略

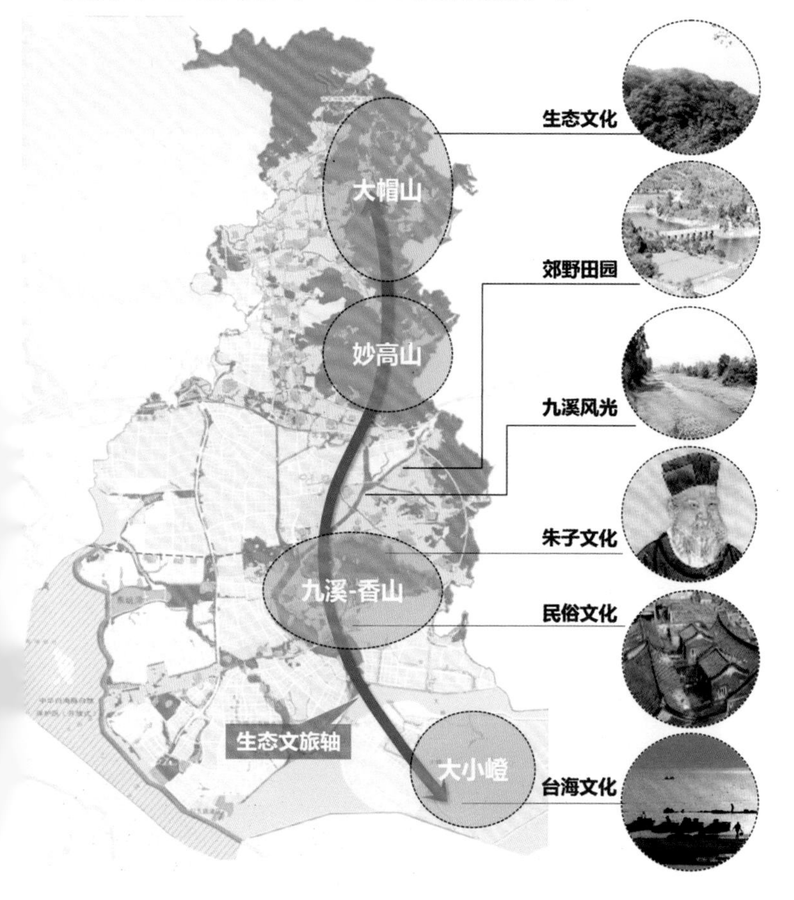

五年计划

文旅组织机构建立　重点项目建设
招商运营

可达目标
形成以九溪为主的生态文旅轴线
大力发展翔安文旅产业

积极作用

- “香山九溪”可打造为翔安文旅优质品牌
- 形成由北到南的文旅串联，丰富旅游主题
- 吸引旅游人口，提高翔安文旅产业收入
- 提升翔安文化氛围，更具竞争力和吸引力

海沧港区空间整合与土地优化规划

设计地点：厦门市海沧港区

设计单位：厦门大学建筑与土木工程学院
厦门大学城乡规划设计研究院

设计人员：郑灵飞　辛雯娴　陈烁　闫麒　许志上　毕睿

项目位于厦门市海沧港区，基地面积21平方千米。目前存在用地低效闲置的情况，为更好地提高海沧港区土地利用效率，实现转型升级，规划提出以下策略。

1. 明确港区定位：东南国际航运中心核心区。

2. 港区发展三大主题：多元融合、便捷高效、海丝人文，实现港口功能转型升级，提升港口环境吸引力。

3. 码头整合策略：腾退搬迁散杂货、液体化工等低效闲置码头，整合为集装箱码头，形成连续岸线。

4. 后方用地整合：通过腾退低效闲置用地，征拆部分村庄，整合出5平方千米可再利用的用地，用于后方用地功能调整。

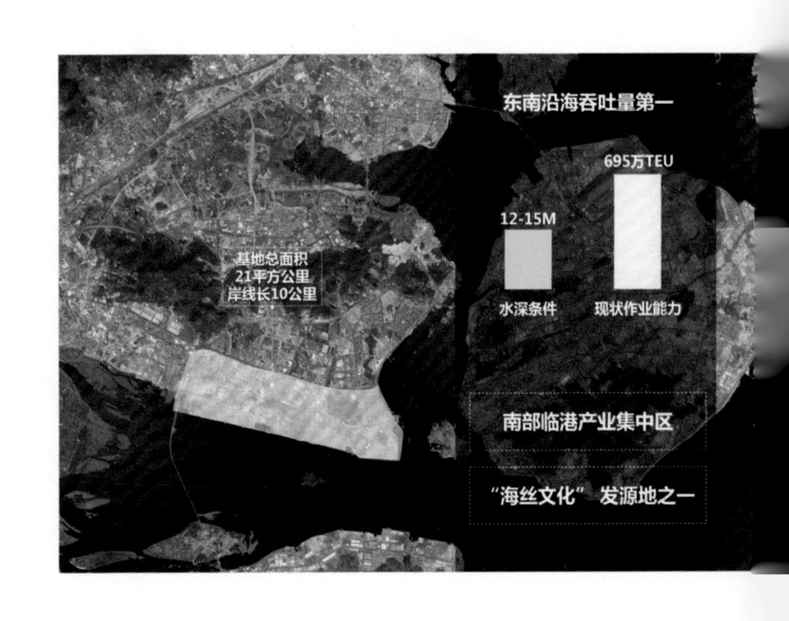

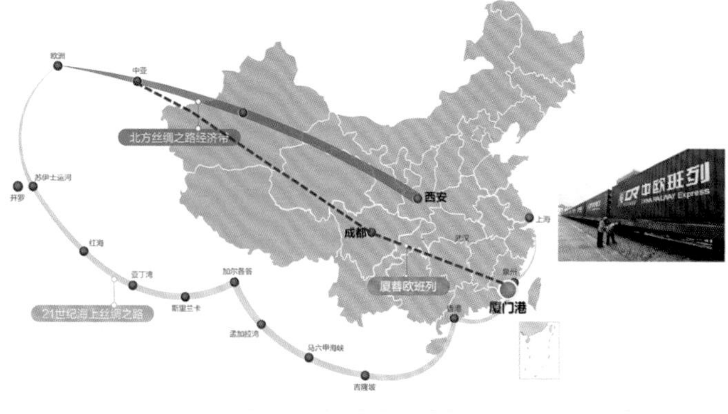

依托港口和海铁联运，主动融入一带一路，突破厦门港自身发展局限

力争成为“一带一路”倡议支点城市

规划鸟瞰图

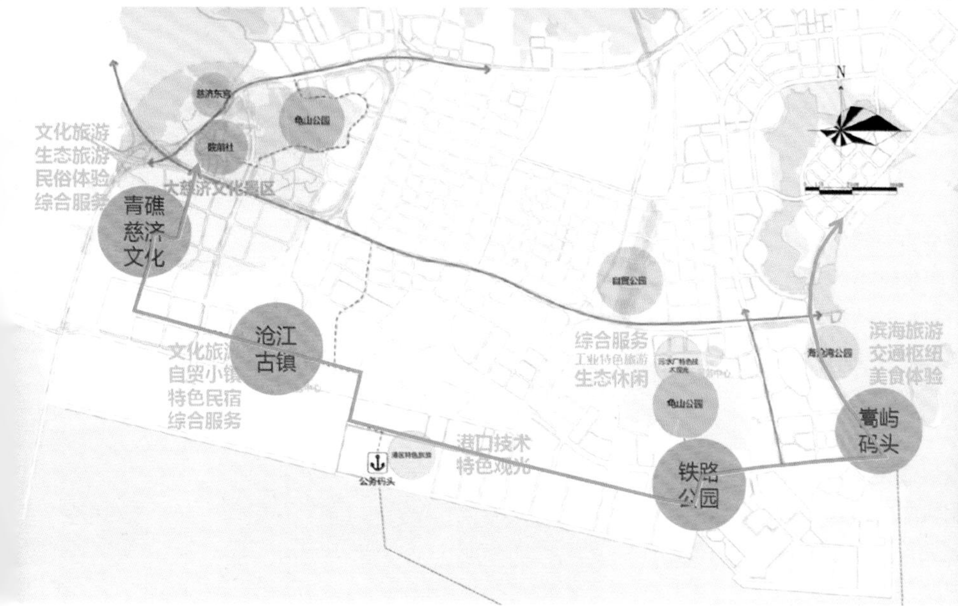

路面隔离绿道

局部立体高架

1、五大问题

- 农业缺乏系统规划
- 乡村旅游缺乏开发整合
- 镇区集聚效应低
- 社区凝聚弱
- 固废产业负面效应大

- 农村缺乏造血能力
- 镇区人口与产业聚集效应低

2、五大示范模式

- 两岸农业合作模式
- 乡村旅游发展模式
- 镇企联动发展模式
- 共同缔造发展模式
- 循环经济发展模式

- 提升乡村造血功能，构建可持续财政体系
- 强化镇区产业拓展、人口集聚的载体功能

3、体制机制

- 农业创新机制—
- 旅游融资及运营
- 镇企共建机制
- 治理机制—社[
- 垃圾不落地机

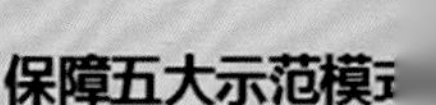

保障五大示范模

翔安区新圩镇(国家级示范试点建制镇)城乡统筹发展规划策划

设计地点：厦门市翔安区新圩镇

设计单位：厦门大学建筑与土木工程学院
厦门大学城乡规划设计研究院

设计人员：郑灵飞 张力 许志上 郑华阳

项目位于翔安区北部，东面及北面与南安市交界，西与五显镇、洪塘镇相连，南临内厝镇和马巷镇。总面积约 103 平方千米 。2015年 ，新圩镇成为国家建制镇示范试点 ，是福建省首批唯一上榜的建制镇。试点核心是通过改革，花钱买机制，整合现有的资源和政策，不断吸引社会资本的投入，打通城乡基本公共服务“最后一公里”。

项目以问题为导向，梳理新圩镇城乡发展最突出的五大问题，提出五大示范模式，并通过一系列体制机制的创新来保障五大示范模式的实现。项目始终坚持“策划先行”，在策划的基础上进行空间落位，最后生成项目库以保障项目顺利实施。

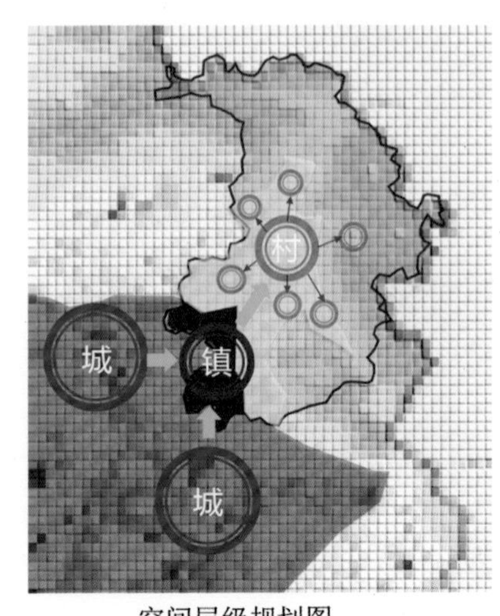

空间层级规划图

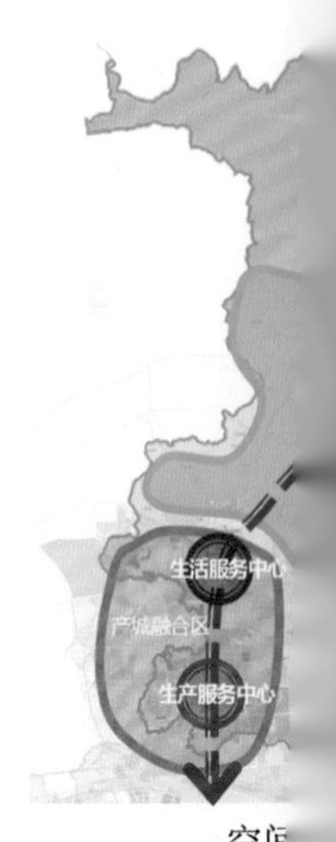

空间

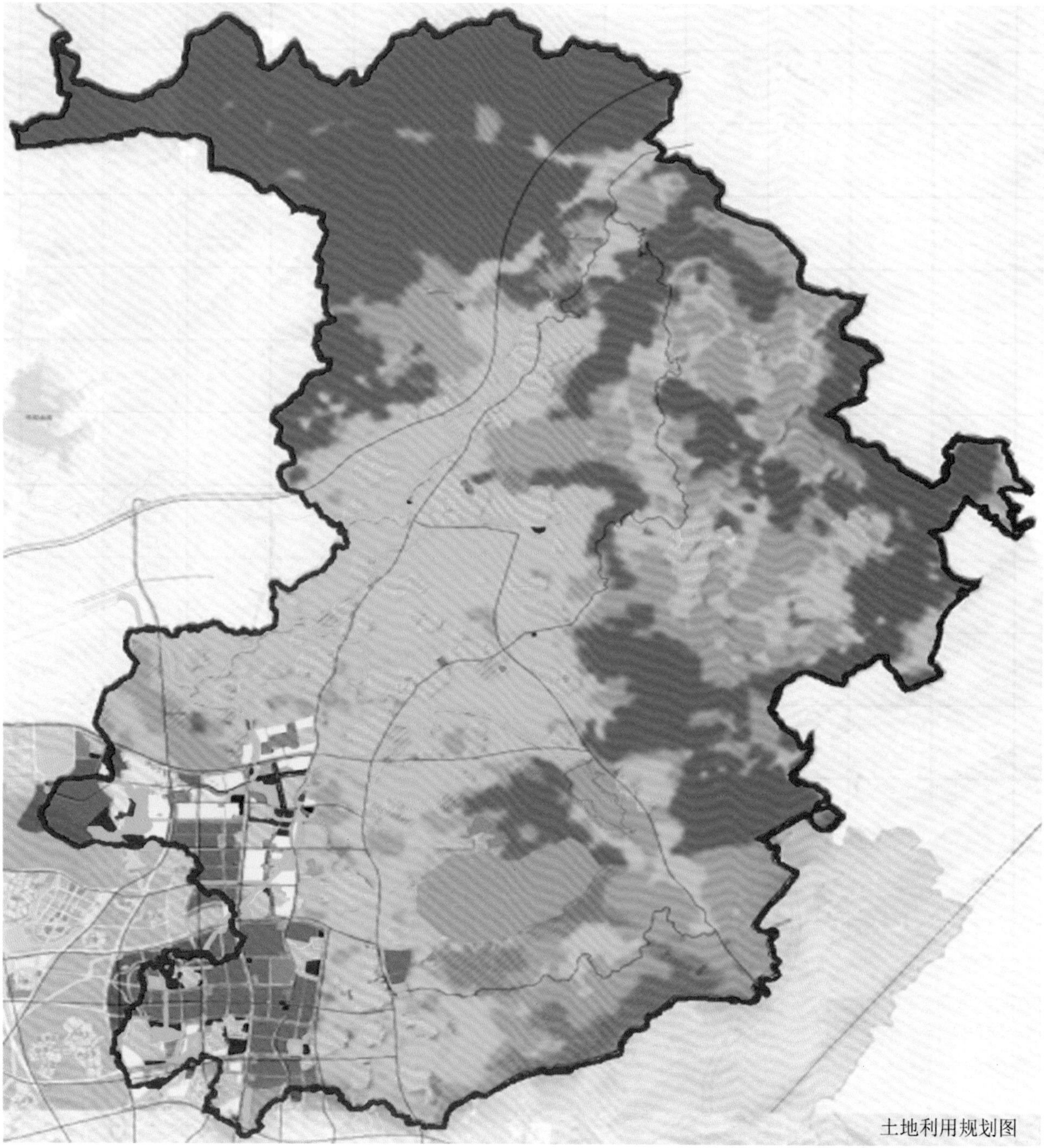

土地利用规划图

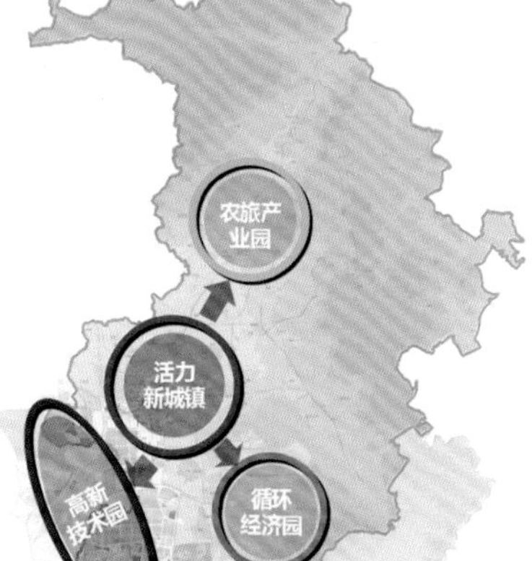

产业布局规划图

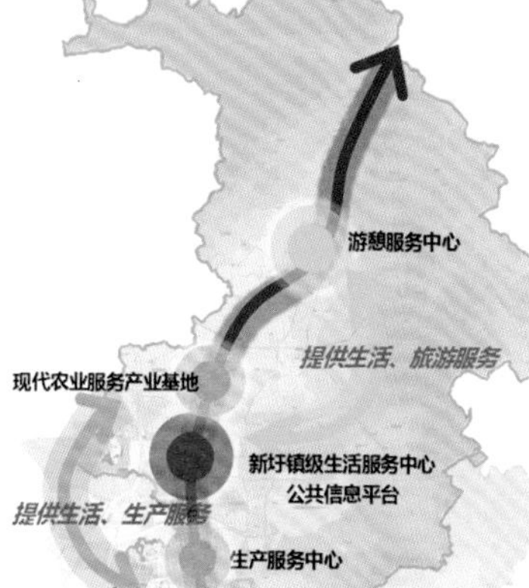

公共设施规划图

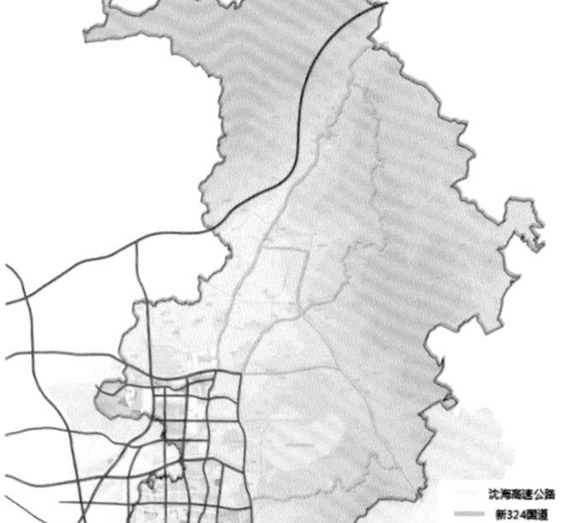

道路交通规划图

翔安中心区规划提升策划

设计地点：厦门市翔安区新店片区
设计单位：厦门大学城乡规划设计研究院
设计人员：郑灵飞　辛雯娴　许志上

项目位于厦门市翔安区新店片区。基地面积约18.4平方千米，是翔安承接南北，联系东西的重要片区。

为解决翔安区现状建设散，改变“有区无城、有城无市”的现状，基于“东部中心先导区，典范翔安新引擎”的定位，规划以打造宜居宜业、商业繁华、富有活力的翔安中心区为目标。规划提出引入海绵城市理念，打造山湖城格局，以“点轴结合、生态渗透”为规划结构，并将“三公先行”理念进一步细化为道路、公共配套、景观形象、商业商务功能、文化活动五个提升方面，提出目标和策略，形成翔安中心区新面貌新活力。

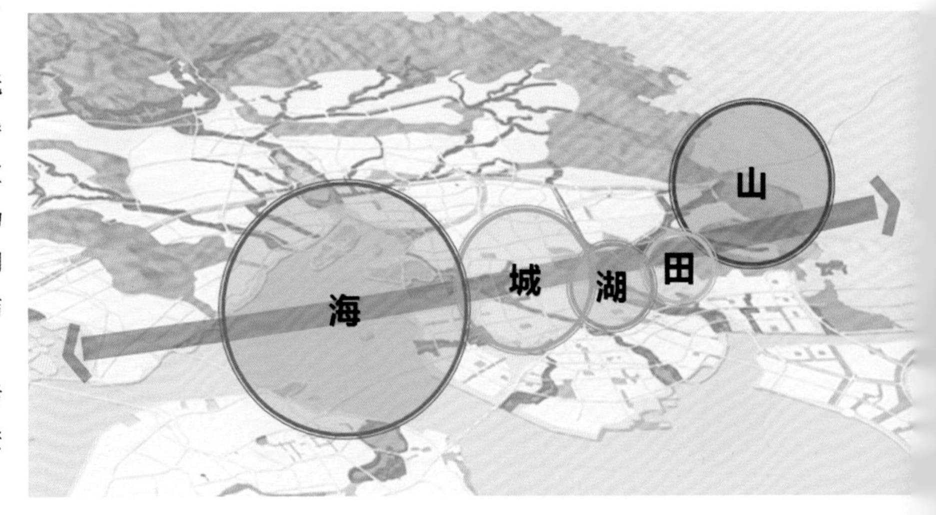

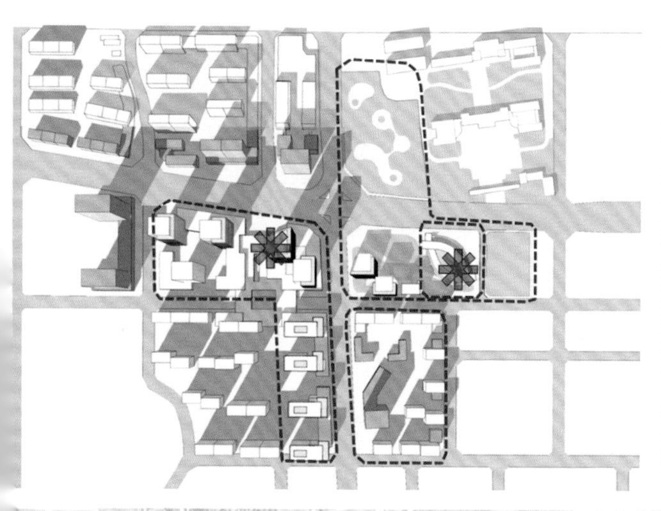

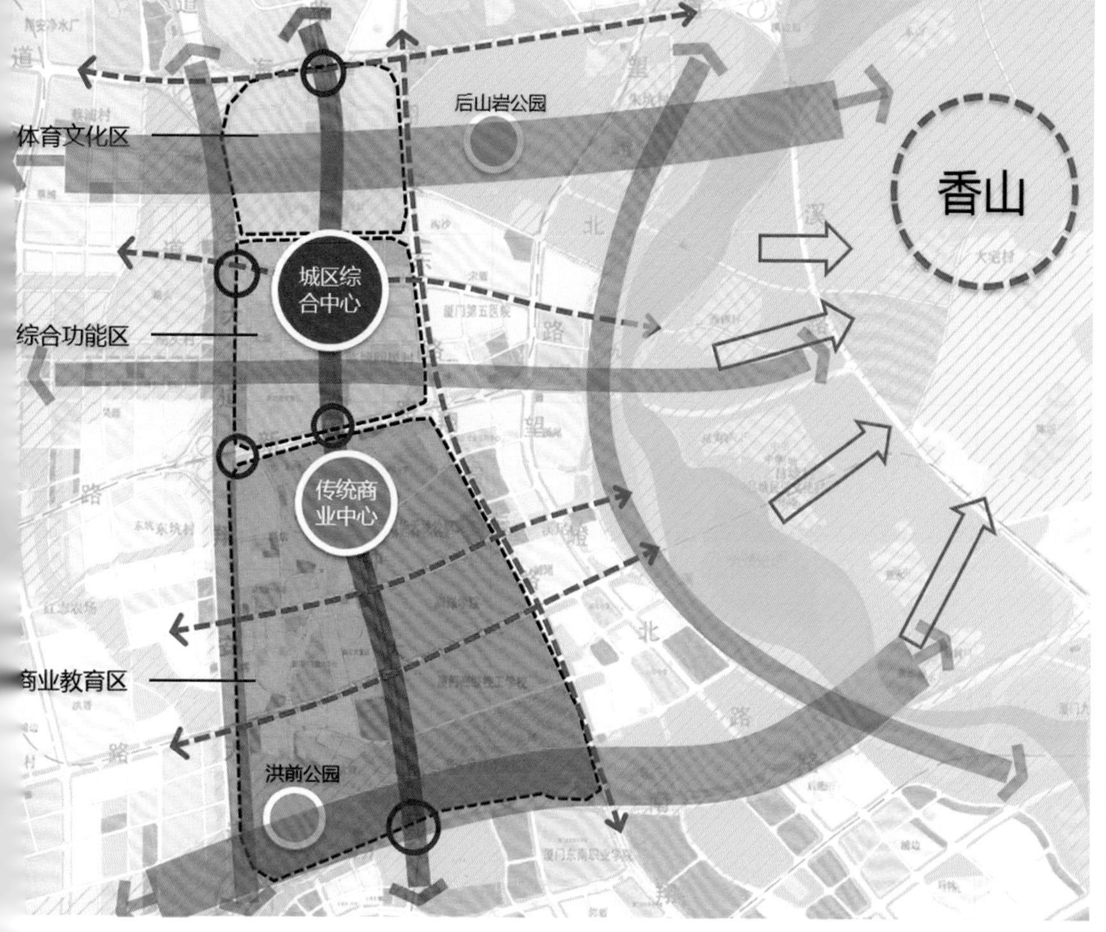

后山岩公园
体育文化区
香山
城区综合中心
综合功能区
传统商业中心
商业教育区
洪前公园

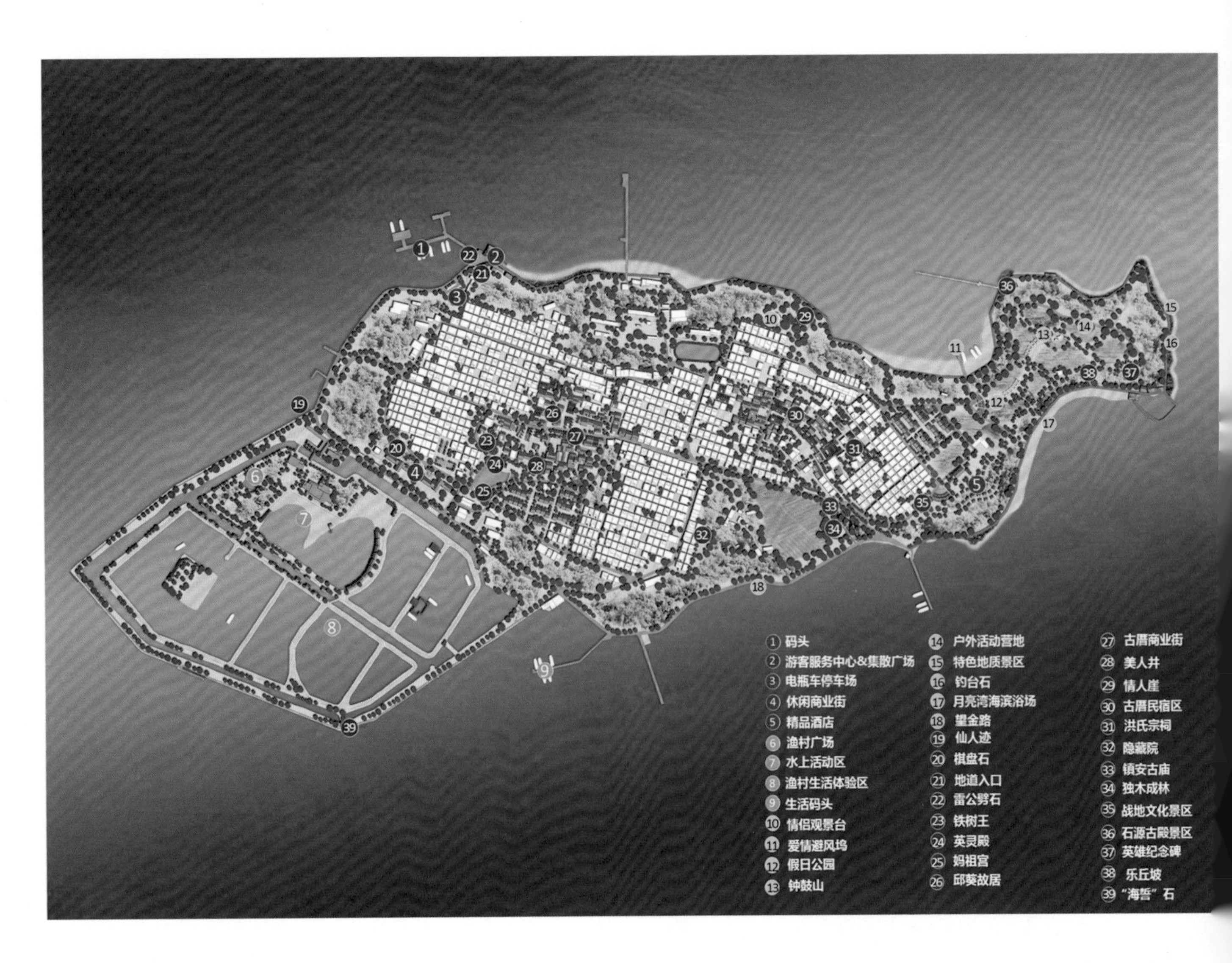

小嶝岛旅游详细规划

设计地点：厦门市翔安区小嶝岛

设计单位：厦门大学建筑与土木工程学院

厦门大学城乡规划设计研究院

设计人员：郑灵飞　陈烁　辛雯娴

项目位于厦门市翔安区小嶝岛。地处翔安、南安、晋江、金门交界处，扼浯海之咽喉。东与晋江市围头隔海相望，西与大嶝岛比邻，南照金门岛北太武，北望南安市鸿渐山，自古以来，这里是北上泉州，南下厦门的船舶必由水道。小嶝岛是祖国大陆距离金门最近的地方，距金门本岛仅1600米左右。规划范围约88公顷。

本次规划的重点在于对自然和文化元素两者相融合的“氛围”塑造。既有生态的气息，又绽放文化光芒的休闲气质，是旅游地最具魅力也最有永续吸引力的一面。同时注重参与性，观光、度假、生活多元融合聚集点，让小嶝岛成为自然生态观光、文化体验到滨海度假的多维旅游休闲度假地。

自然旅游加值

海湾

滩涂

防风林

岛礁

- 修复近海自然景观岸线
- 保护海岛生态环境

文化旅游加值

海洋文化

战地文化

闽台文化

民俗节庆

- 修复古厝民居建筑
- 挖掘闽台民俗非物质文化遗产

氛围

远离喧嚣

心灵乐土

闽南休闲渔村

浪漫度假海岛

核心产品

渔村文化

古厝风情

战地文化

浪漫度假

滨海浴场

环岛康体

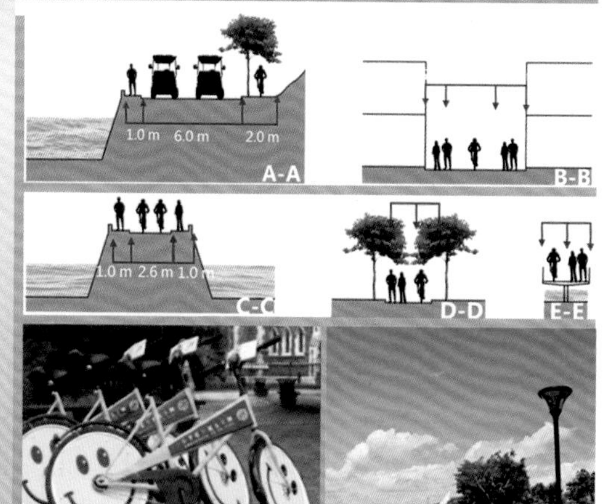

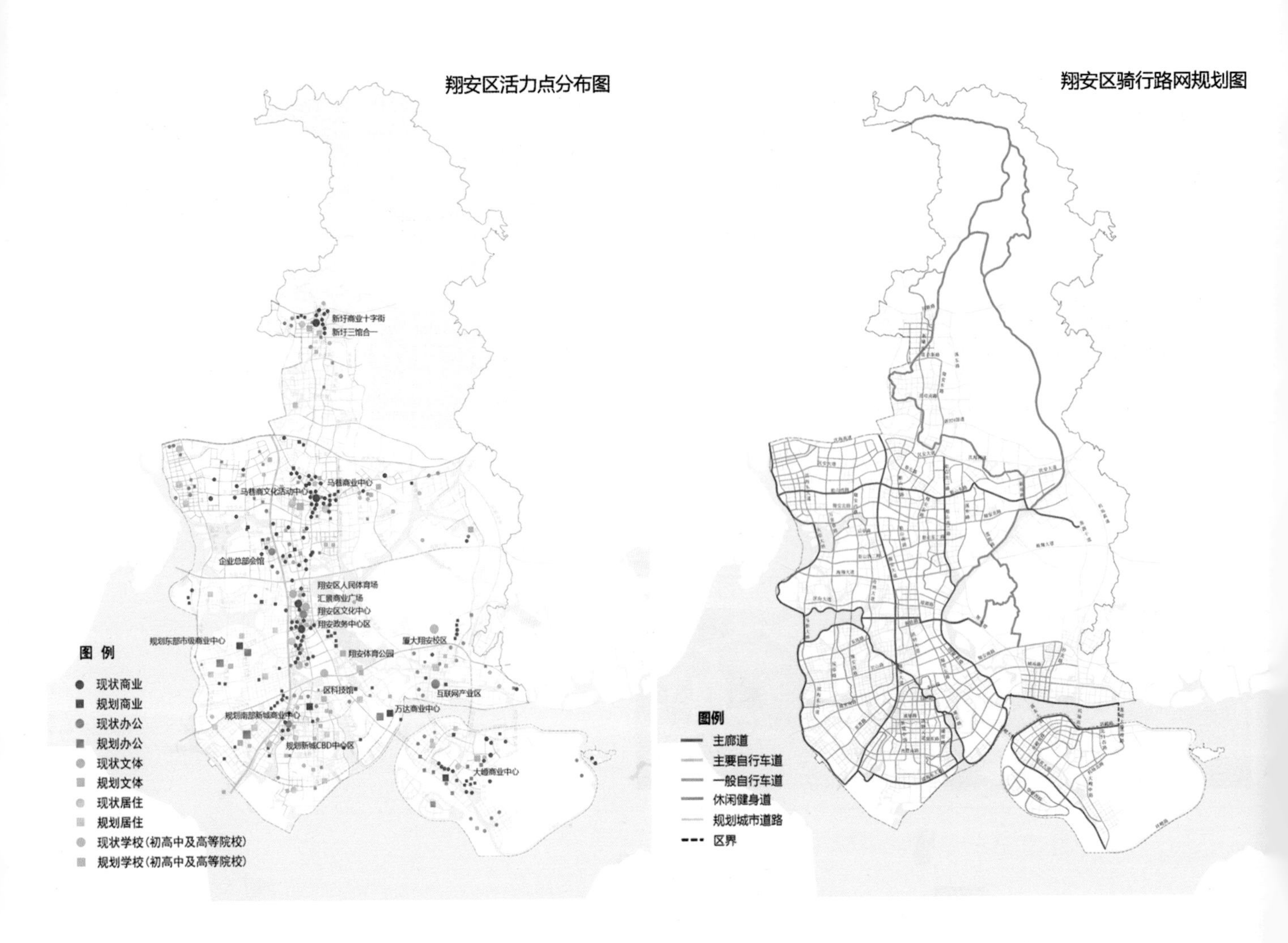

翔安骑行系统专项规划及行动计划

设计地点：厦门市翔安区

设计单位：厦门大学建筑与土木工程学院

厦门大学城乡规划设计研究院

设计人员：郑灵飞　黄友谊　罗春伟　王荻

项目所在地为厦门市翔安区，规划范围为翔安区2020年城市建设范围，约115平方千米，研究范围为翔安全区，约412平方千米。

项目通过调研和数据分析梳理了翔安现在的交通及骑行现状，通过自行车网络的分区和分级规划了主廊道、主要自行车道、一般自行车道、休闲健身道，科学地构建翔安的骑行网络；并对自行车断面、过街设施、停车设施等专项内容提出设计引导要求。在此基础上，对翔安城市重点建设区域提出近期可实施的行动方案。

类别	断面名称	断面编号	断面形式
自行车专用道	地面设置	A-1	
	高架设置	A-2	
结合人行道设置	绿带隔离	B-1	
	设施隔离	B-2	

类别	断面名称	断面编号	断面形式
结合人行道设置	标线隔离	B-3	
	人非共板	B-4	
结合机动车道设置	绿带隔离	C-1	
	设施隔离	C-2	

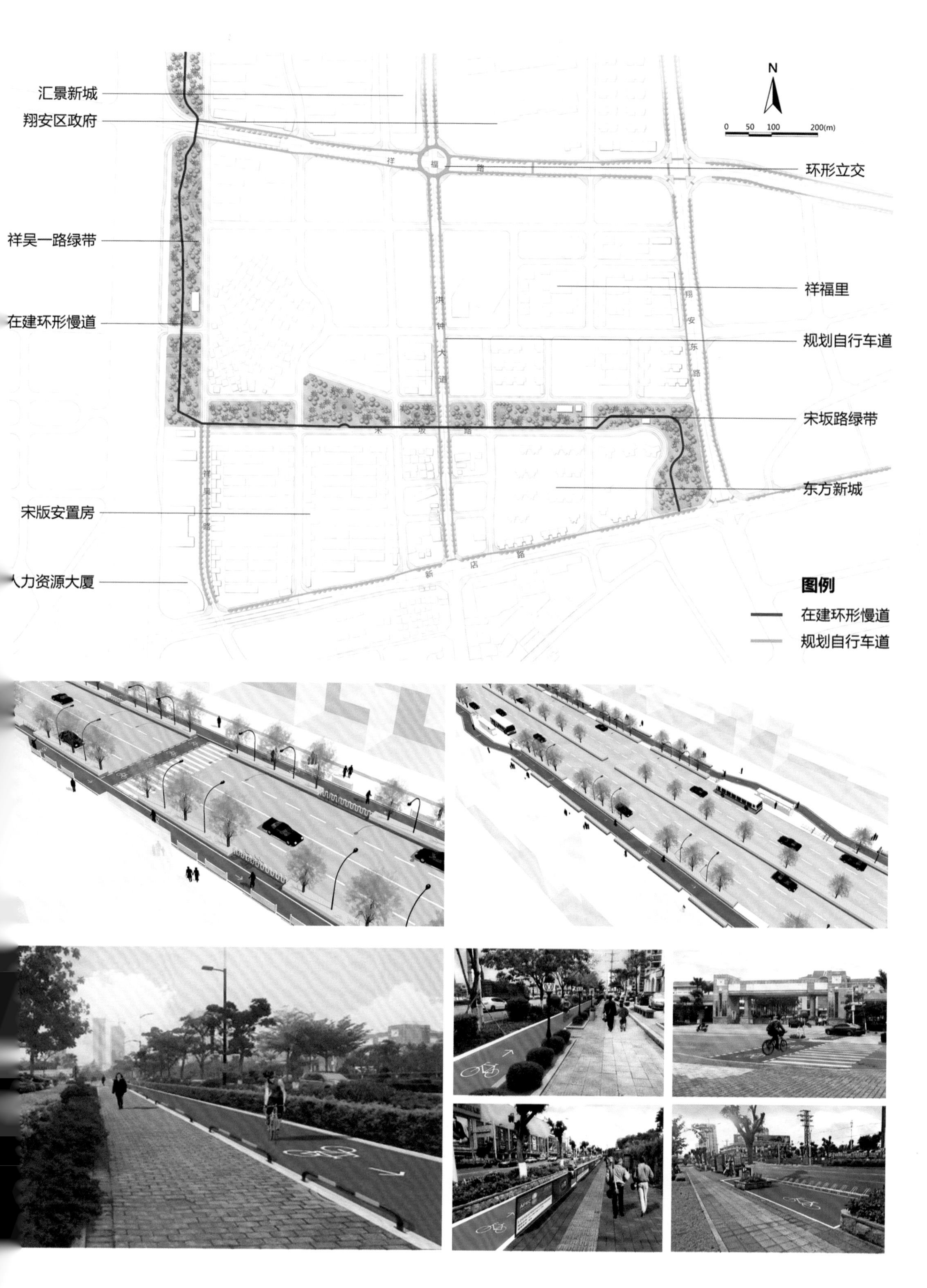

汇景新城
翔安区政府
祥吴一路绿带
在建环形慢道
宋版安置房
力资源大厦
N
0 50 100 200(m)
环形立交
祥福里
规划自行车道
宋坂路绿带
东方新城
祥福路
洪钟大道
翔安东路
宋坂路
祥吴路
新店路
图例
在建环形慢道
规划自行车道

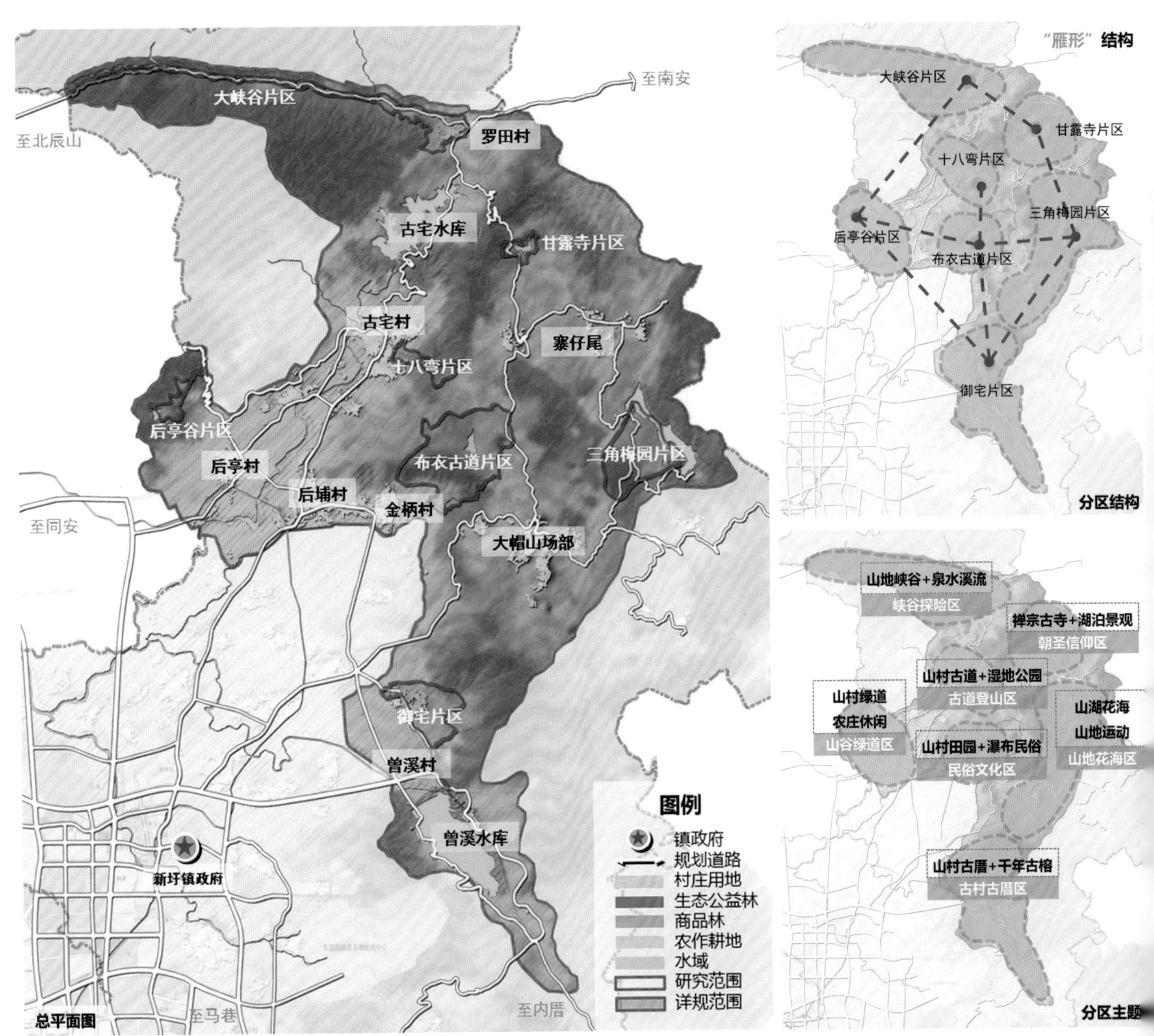

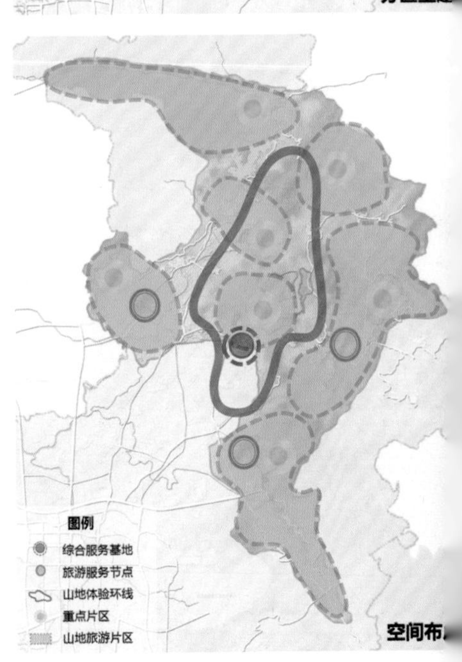

翔安区新圩4A级旅游景区详细规划

设计地点：厦门市翔安区新圩镇

设计单位：厦门大学建筑与土木工程学院

厦门大学城乡规划设计研究院

设计人员：黄友谊　马贤胜　闫麒

项目选址于厦门市翔安区新圩镇北部生态区。以新圩北部乡村旅游资源富集区为研究范围，面积约38平方千米，其中近期详细规划范围面积约305.5公顷。

总体布局：“7113”结构

7大旅游片区——大峡谷、甘露寺、十八弯、三角梅园、布衣古道、后亭谷、御宅

1条山地体验环线——大帽山运动休闲环

1个综合服务基地——金柄游客综合服务基地

3个旅游服务节点——后亭村、御宅村、大帽山

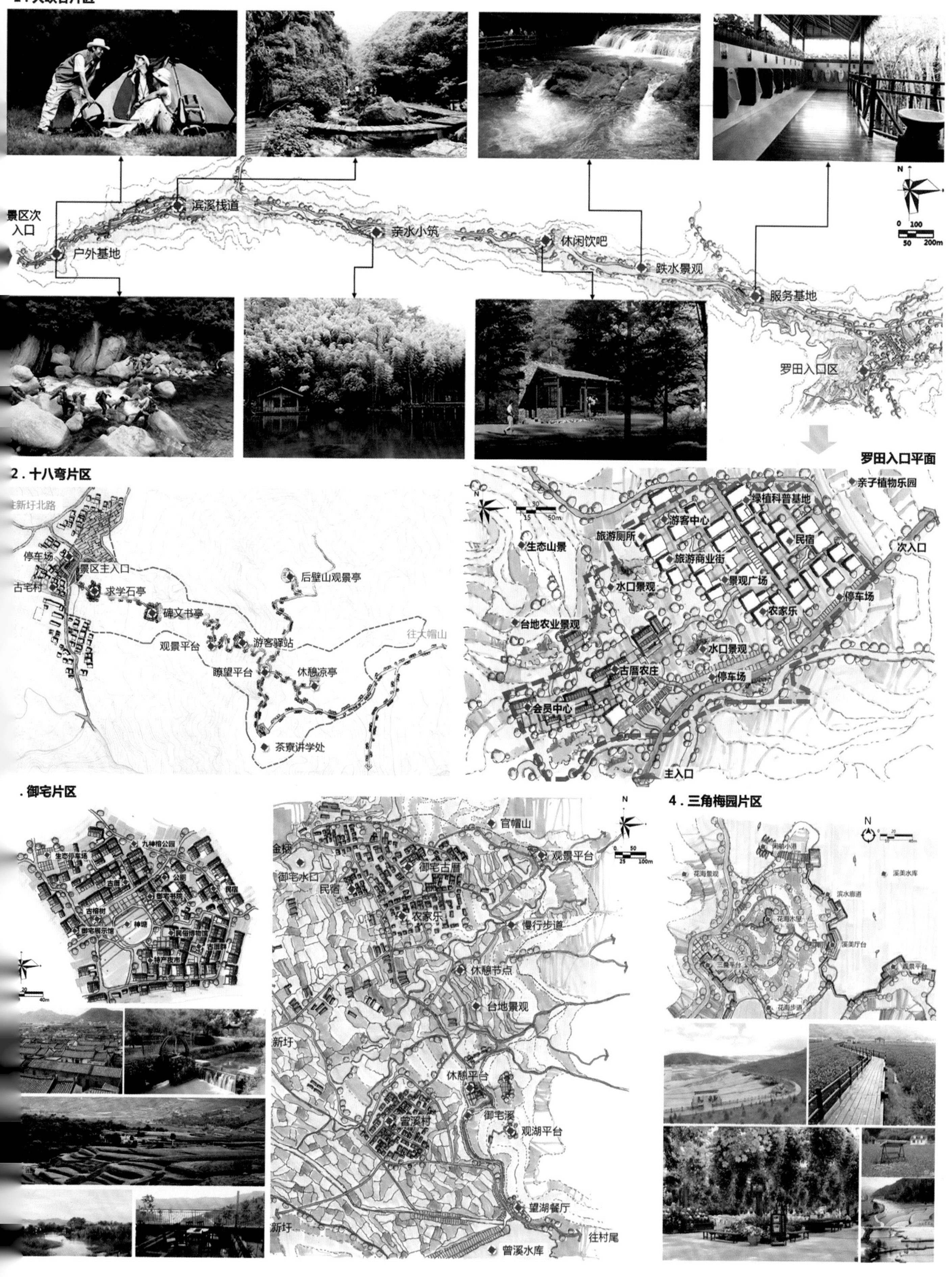

1. 大峡谷片区
景区次入口
户外基地
滨溪栈道
亲水小筑
休闲饮吧
跌水景观
服务基地
罗田入口区
罗田入口平面
2. 十八弯片区
往新圩北路
停车场
景区主入口
古宅村
求学石亭
碑文书亭
观景平台
游客驿站
瞭望平台
休憩凉亭
后壁山观景亭
往大帽山
茶寮讲学处
亲子植物乐园
绿植科普基地
游客中心
旅游厕所
生态山景
民宿
次入口
旅游商业街
水口景观
景观广场
停车场
台地农业景观
农家乐
水口景观
古厝农庄
停车场
会员中心
主入口
. 御宅片区
九种榕公园
生态停车场
古厝
御宅书院
公園
民宿
古榕树
御宅展示馆
神塘
民俗博物馆
古厝群
特产夜市
官帽山
金榜
观景平台
御宅水口
御宅古厝
民宿
农家乐
慢行步道
休憩节点
台地景观
新圩
休憩平台
曾溪村
御宅溪
观湖平台
望湖餐厅
新圩
往村尾
曾溪水库
4. 三角梅园片区

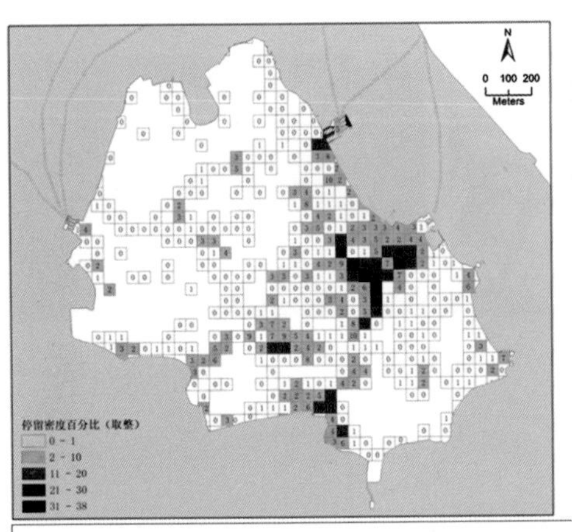

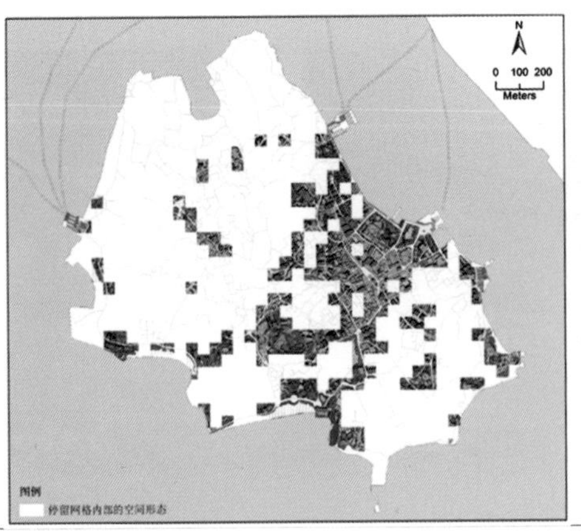

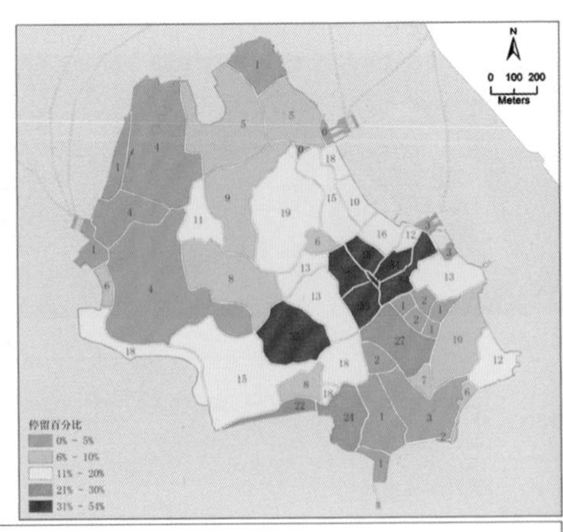

GPS行为链（宽表）

GPS采集时间	GPS编号	入口ID	choice1	choice2
2014-08-17	1	48	29	33

GPS编号	出发O	到达D
1	48	29
1	29	33
2	48	30
2	30	32
2	32	25
2	25	29
3	48	42
3	42	29

行为链转OD对（长表）

停留单元统计

景区单元ID	选择频次
1	2
2	5
3	68

OD对统计

OD编号	选择频次
29 - 33	43
48 - 44	37
30 - 32	32
32 - 30	32
33 - 29	30

多种数据的可视化表达

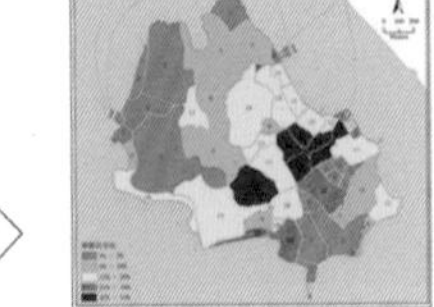
停留单元可视化

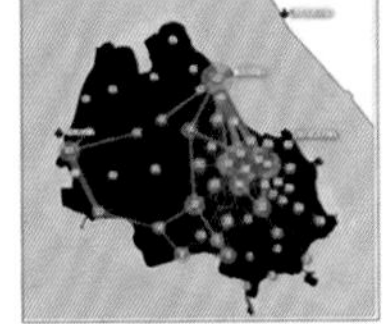
OD对可视化

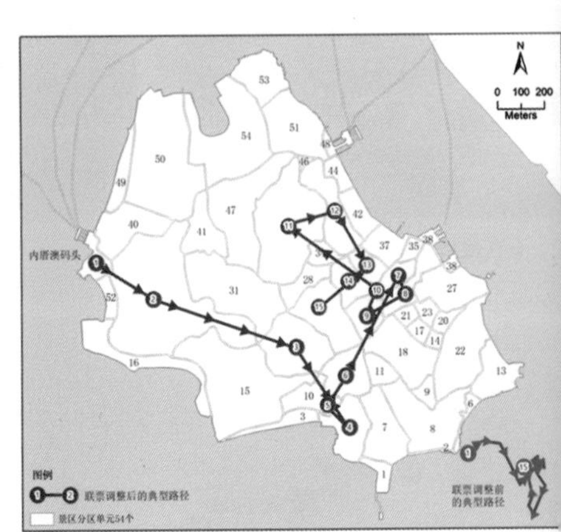

基于新技术的空间行为研究

研究地点：鼓浪屿

研究单位：厦门大学建筑与土木工程学院

研究人员：李　渊

围绕地方需求，立足典型案例，做出持续的深入研究，从而推进中国特色研究和国际化研究。鼓浪屿作为厦门的一张名片，在“世界文化遗产地”“国际旅游社区”“国家5A级景区”“国家级历史街区”“钢琴之岛”“海上花园”等诸多光环下吸引着世界目光。

以鼓浪屿为案例地，利用GIS、无人机等新技术，对手机数据、GPS数据以及问卷数据等多源数据进行分析，以旅游者空间行为为主要研究内容，进行可视化分析、模型分析、仿真分析；以景区的提升、优化为目标，从旅游者的关系网络、旅游微观环境内部活动等方面对旅游空间开展精准刻画与深入分析，为空间行为与城市环境这一交叉领域提供新的研究视角。

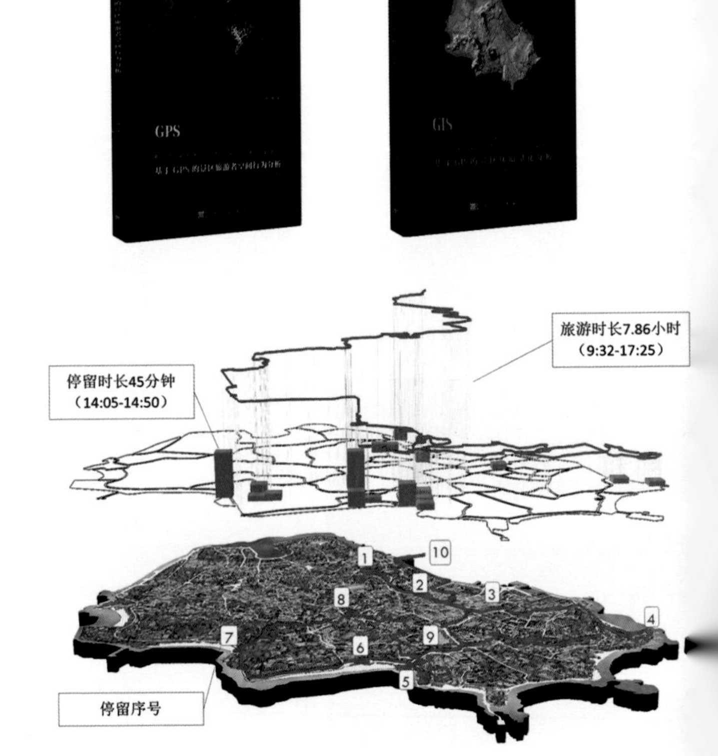

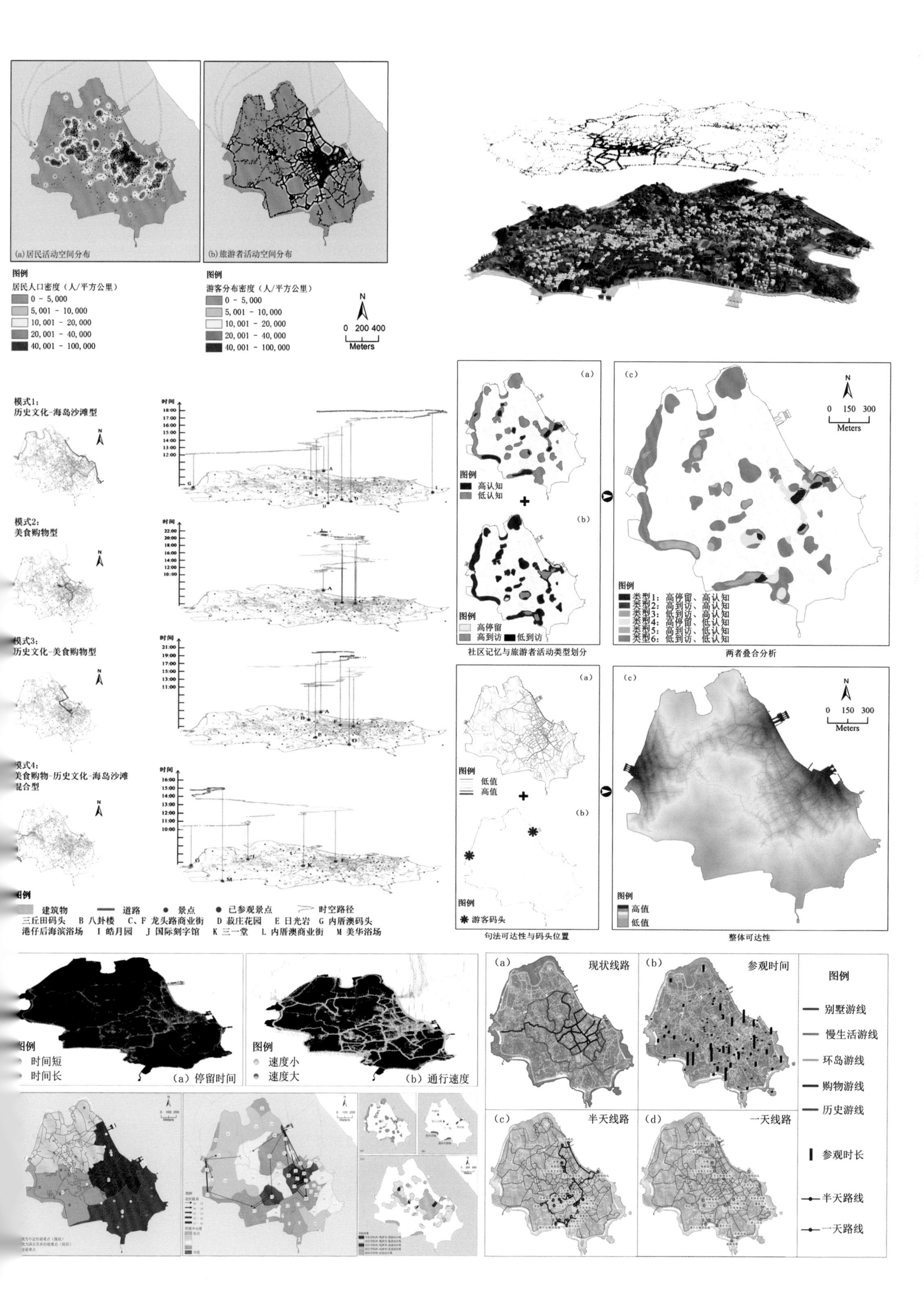
(a)居民活动空间分布
(b)旅游者活动空间分布
图例
居民人口密度（人/平方公里）
0 - 5,000
5,001 - 10,000
10,001 - 20,000
20,001 - 40,000
40,001 - 100,000
图例
游客分布密度（人/平方公里）
0 - 5,000
5,001 - 10,000
10,001 - 20,000
20,001 - 40,000
40,001 - 100,000
0 200 400
Meters
模式1:
历史文化-海岛沙滩型
模式2:
美食购物型
模式3:
历史文化-美食购物型
模式4:
美食购物-历史文化-海岛沙滩
混合型
图例
建筑物
道路
景点
已参观景点
时空路径
三丘田码头 B 八卦楼 C、F 龙头路商业街 D 菽庄花园 E 日光岩 G 内厝澳码头
港仔后海滨浴场 I 皓月园 J 国际刻字馆 K 三一堂 L 内厝澳商业街 M 美华浴场
图例
高认知
低认知
高停留
高到访
低到访
社区记忆与旅游者活动类型划分
类型1：高停留、高认知
类型2：高到访、高认知
类型3：低到访、高认知
类型4：高停留、低认知
类型5：高到访、低认知
类型6：低到访、低认知
0 150 300
Meters
两者叠合分析
低值
高值
游客码头
句法可达性与码头位置
高值
低值
整体可达性
时间短
时间长
(a) 停留时间
速度小
速度大
(b) 通行速度
(a) 现状线路
(b) 参观时间
(c) 半天线路
(d) 一天线路
别墅游线
慢生活游线
环岛游线
购物游线
历史游线
参观时长
半天路线
一天路线

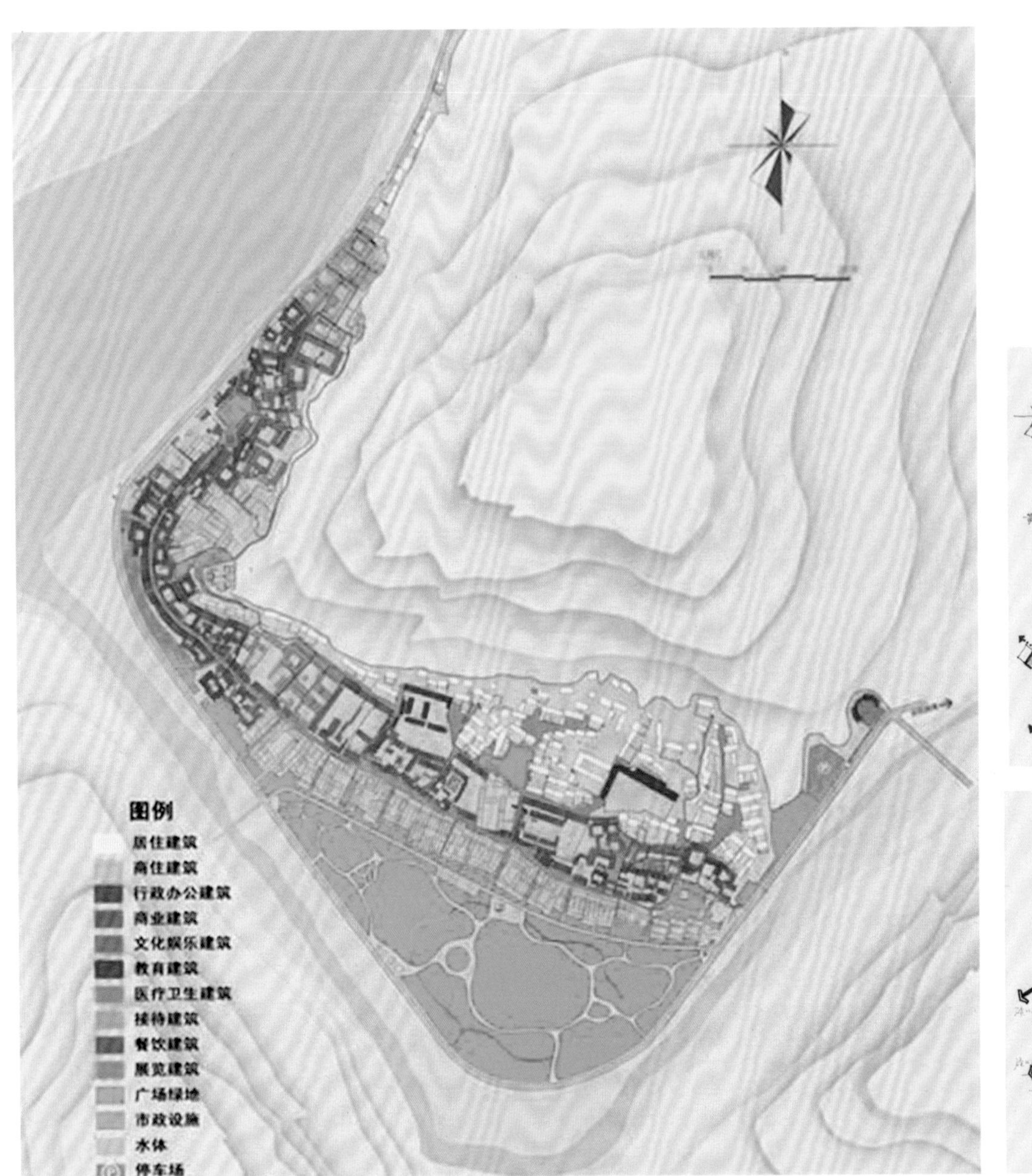

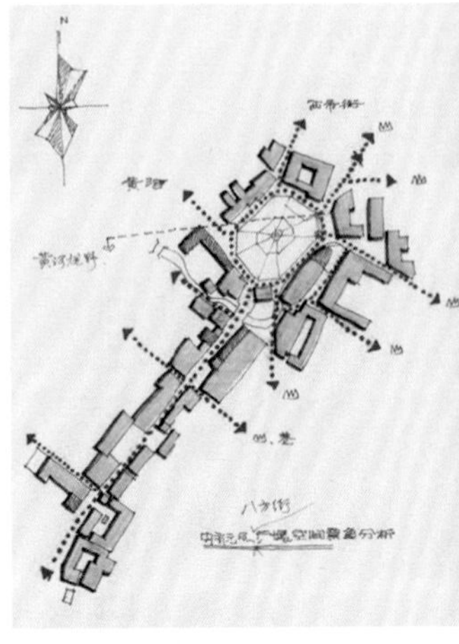

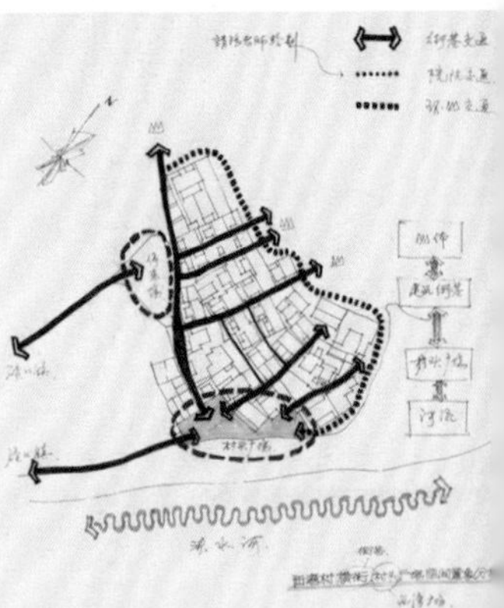

山西省碛口古镇保护规划

设计地点：山西省碛口古镇
设计单位：厦门大学建筑与土木工程学院
设计人员：杨哲
合作单位：山西大学文景规划设计研究院
设计时间：2005年

项目位于山西吕梁地区碛口古镇，包括李家山、西湾两村。碛口镇位于晋陕峡谷的山、河之间，因黄河在此有着巨大落差而无法继续行船，遂成黄河船运的水陆转换码头，明清时期极为兴盛，留下了大量贸易货栈、客栈、骡马店、码头，和动人的纤夫号子。该保护规划着重山水环境、历史人文的系统梳理，做出了保存、恢复部分古街巷肌理的以保护为主的规划。项目完成后在碛口古镇发布了关于古镇保护的《碛口宣言》，成为中国古城镇保护重要文献之一。

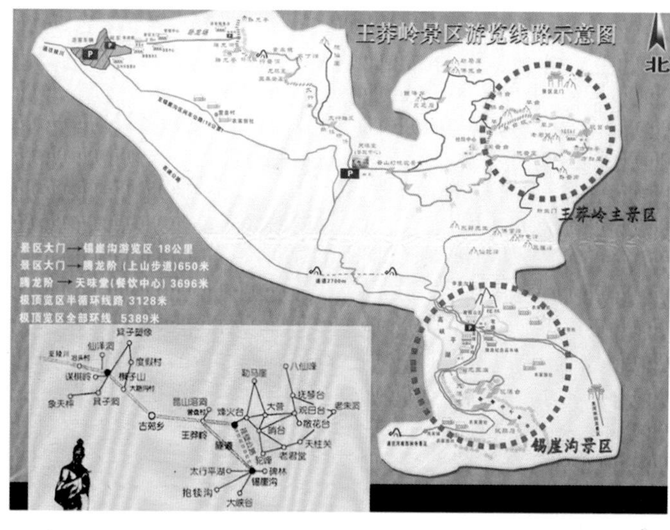

山西省晋城市太行山王莽岭锡崖沟景区规划

设计地点：山西省晋城市
设计单位：厦门大学建筑与土木工程学院
设计人员：杨哲
合作单位：山西大学文景规划设计研究院
设计时间：2006年

项目位于雄阔太行的晋东南，有着世外桃源之称的锡崖沟四面环山，天沟地缝，需要开凿险峻而独特的“挂壁公路”方能抵达。规划中以尊重大自然为主，结合古村庄保护、适度旅游开发为辅，给这个大山环抱中的古村聚落带来新的发展希望。

江西省九江市庐山西海国际艺术园规划设计

设计地点：江西省九江市
设计单位：厦门大学建筑与土木工程学院
　　　　　厦门大学建筑设计研究院
设计人员：杨哲
合作单位：中国城市规划院厦门分院
设计时间：2008——2016年

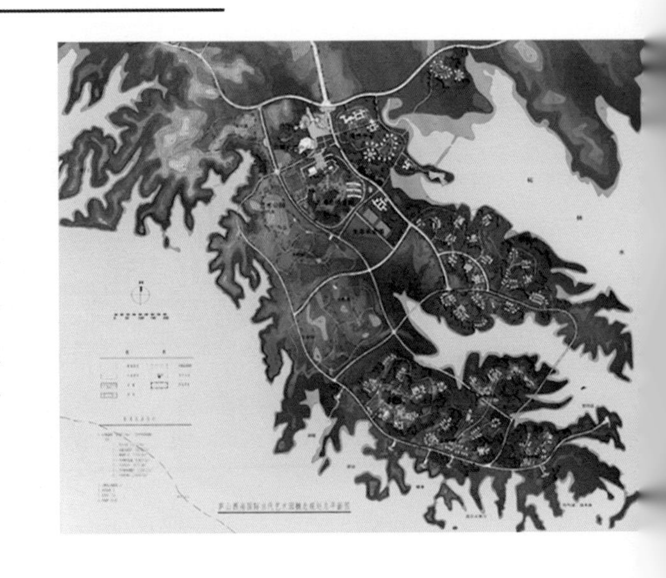

项目位于九江市柘林湖北岸，风景独特，空气、水质均为特级，有水下红豆杉之称的桃花水母游弋其中。项目以国际艺术活动为基础，着力打造结合自然环境风光的艺术小镇。国际艺术会展中心为镇中标志性建筑，以桃花水母为造型灵感。规划严格限定自然保护的三条红线，严格控制临湖建筑的距离、密度和高度。

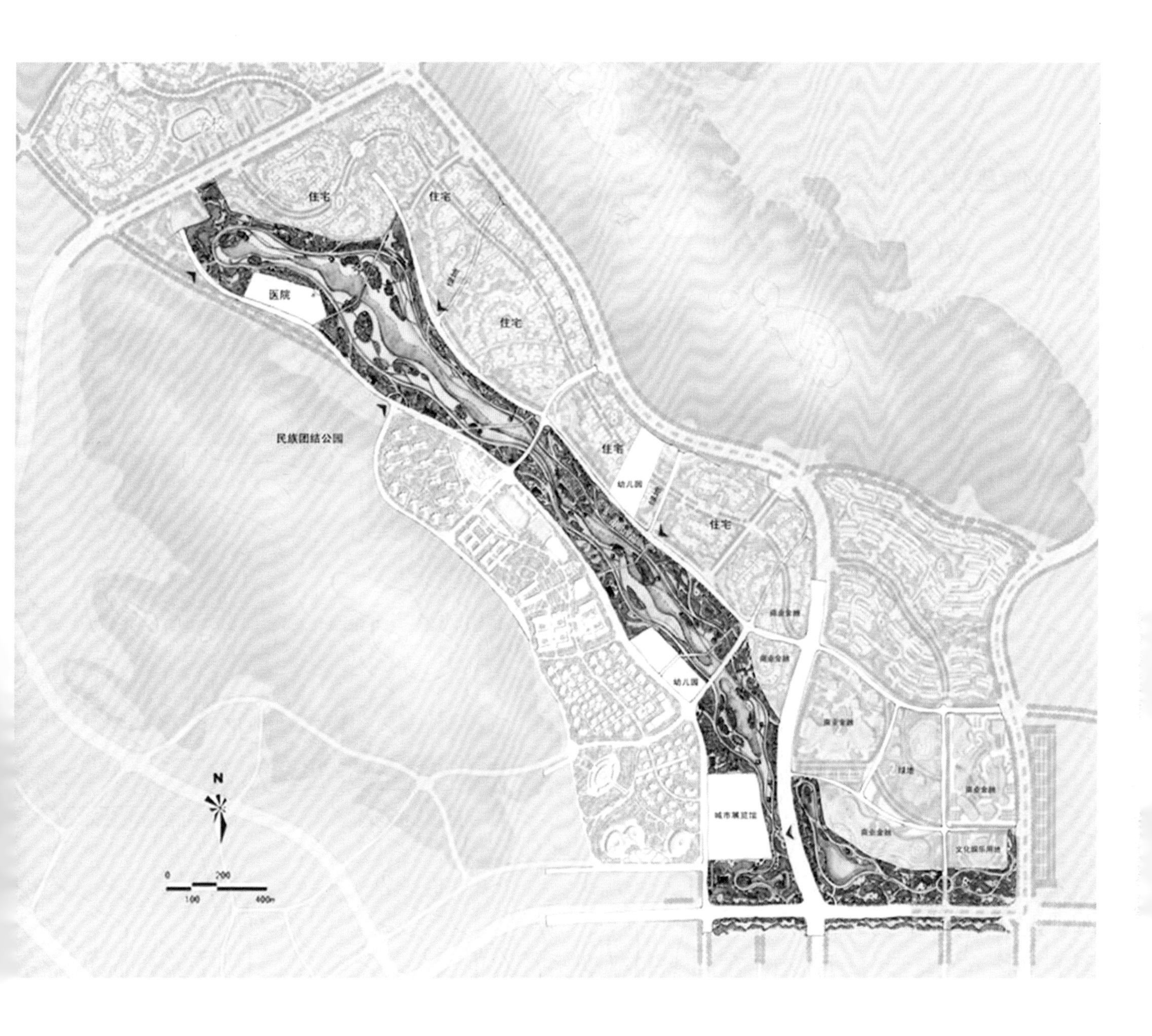

内蒙古鄂尔多斯市康巴什新区雷家坡湿地公园规划设计

设计地点：内蒙古鄂尔多斯市

设计单位：厦门大学建筑与土木工程学院

设计人员：杨哲

设计时间：2011年

项目地处季节性河流河滩，总长约4千米，具有保水、泄洪双重功能，周边城市地块开发接近成熟，需要打造自然、人文、城市郊野公园的整体意象。规划设计以蒙古黄金时期的三大史诗作为人文底蕴，铺陈于狭长的场地之上，运用内外绿化环线与故事盒交叉，创造层林尽染、莺飞草长的城市郊野景观。

厦门的建筑风格

厦门的建筑风格是多元的
无论传统或现代、本土或外来
体现：

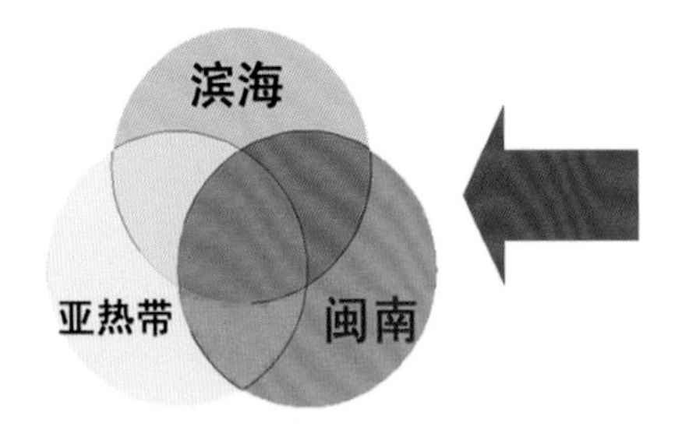

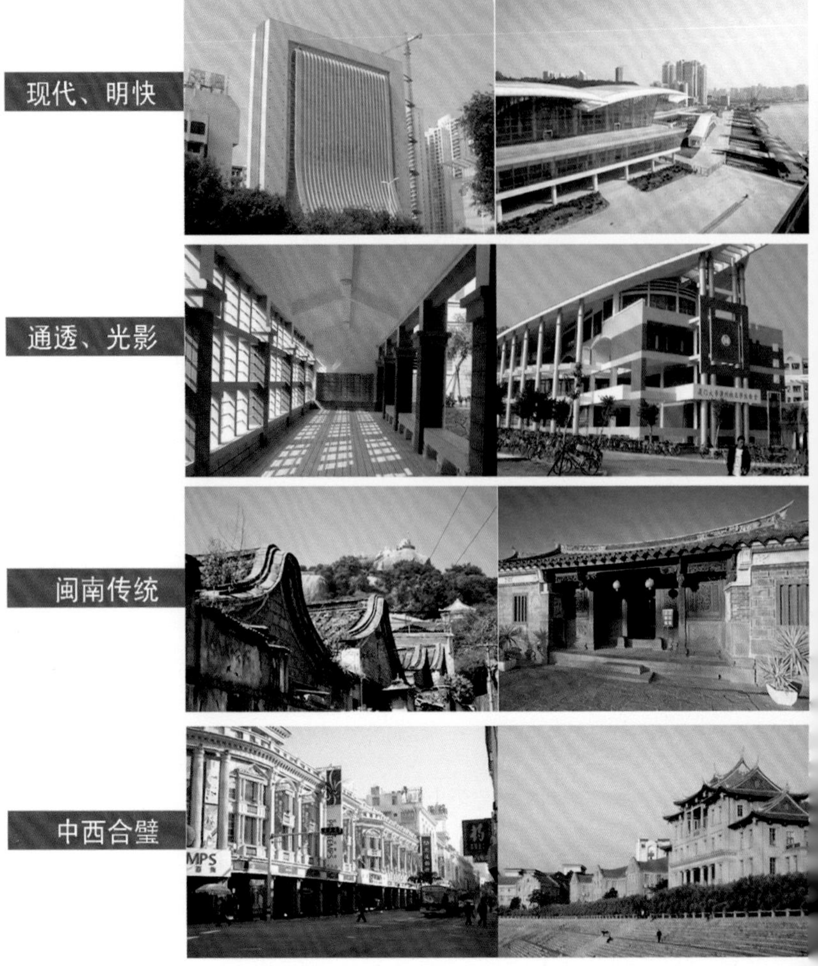

厦门的建筑风格是
——以现代建筑为基调
体现：
1）滨海环境
2）亚热气候
3）闽南文化 **三个特征**

厦门火车北站片区建筑风貌研究

设计地点：厦门市火车北站
设计单位：厦门大学建筑与土木工程学院
设计人员：张其邦　马武定　王绍森　何子张　郁姗姗
设计时间：2008年1月—2008年8月

厦门是：温馨、美丽、精致、优雅的城市；
人居环境最好的城市之一，同时也是现代化城市；
滨海城市、亚热带城市、多元文化城市；
厦门建筑印象：
现代建筑、闽南传统建筑、中西合璧建筑。

现代建筑如何地域化，乡土建筑如何现代化？
闽南传统建筑与气候适宜，其形态、色彩、地方材料、地方工艺如何在现代建筑中体现？
在火车北站新片区如何控制、引导建筑风貌是研究始终关注的主题。

研究主要回答2个问题：
（1）厦门火车（新）站片区整体建筑风貌应该是怎么样的？
（2）在建设中如何引导控制风貌

技术路线：

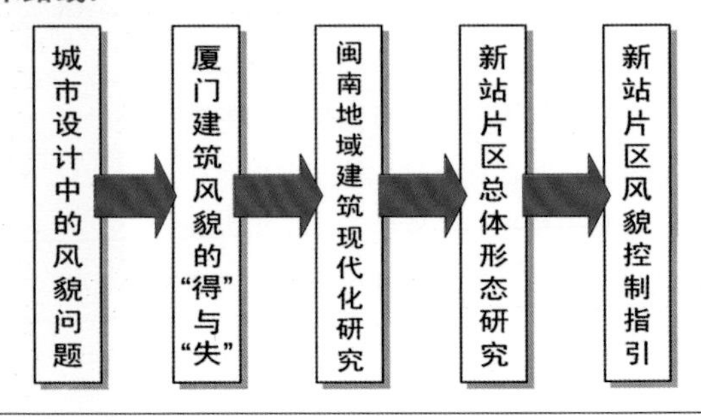

厦门城市印象

厦门是温馨、美丽、优雅、精致的海滨城市
厦门是人居环境最好的城市之一

(1) 滨海城市

厦门的印象，是从蔚蓝的天空开始、
海水也是蔚蓝色的，海浪翻滚，浩浩淼淼，
海水拍打着柔细洁白的沙滩，激起层层白色的浪花

(2) 亚热带城市

北方感到寒冷的时候
在厦门可以感受到十二月南国暖洋洋的阳光
呼吸清冽的空气、听风过棕榈飒飒的响声

(3) 多元文化城市

“城在海上，海在城中”
山、海、岛、礁、岩、寺、花、木相互映衬
侨乡风情、闽台习俗、海滨美食、异国建筑融为一体
厦门同时也是现代化特区城市

一级控制——风格控制：

新火车站片区建筑类型：

按体量分：

高层、中高层、多层（大体量商业等）

按性质分：

居住区、沿街商住楼、公共建筑（高层、多层）、交通枢纽（火车站）、医院、学校、幼儿园、会所等公共服务设施

按建筑体量控制 表1：

体量/风格	现代建筑	现代建筑地域化	乡土建筑现代化	欧陆风	简化欧陆风
高层	√	√	禁止	禁止	不宜
中高层	√	√	不宜	禁止	√
多层	√	√	√	禁止	√

按建筑性质控制 表2：

性质/风格	现代建筑	现代建筑地域化	乡土建筑现代化	欧陆风	简化欧陆风
居住小区	√	√	√	禁止	√
沿街商住楼	√	√	不宜	禁止	√
公共建筑(高层)	√	√	不宜	禁止	√
公共建筑(多层)	√	√	不宜	禁止	√
火车站	—	—	实施方案	—	—
医院	宜	不宜	不宜	禁止	不宜
中小学	√	宜	不宜	禁止	不宜
幼儿园	宜	√	不宜	禁止	√
会所	√	√	√	不宜	√

主体控制说明：

(1) 主阳台：宜透不宜封

(4) 线角：宜细不宜粗

(2) 生活阳台：宜藏不宜露、宜凹不宜凸、沿街禁止

(5) 色：宜冷不宜暖；暖色－宜少不宜多

(3) 形：宜虚不宜实

(6) 用色：宜浅不宜深

闽南地域建筑特色研究

(1) 红

闽南地区是我国民居体系中少有的“红砖文化区”，传统民居的屋顶常以红瓦为主，外墙材料以红砖为主，墙面不事粉刷，而以不同的红砖组砌，或用花砖镶嵌成各种各样的图案，色彩绚丽，形式活泼。

(2) 灰

闽南传统民居墙面大面积的红砖和部分灰白色花岗岩展示的是材料的本色，以高彩度中高明度的红色为主色系，低彩度高明度接近无彩色系的灰白色为点缀色。色彩既艳丽多彩又不失柔和协调，具有丰富的层次感，有很强的视觉效果。

(3) 白

闽南近代骑楼建筑外饰面的主要材料是洋灰（白水泥）。整个立面以高明度接近无彩色系的灰白色为主色系，以低彩度中高明度的构件色彩（如：窗户、铁栏杆等）为点缀色。街道景观呈明快的灰白主色调，给人予清新、淡雅的感受。

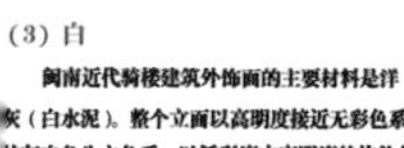

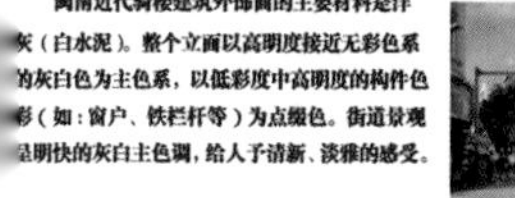

新站片区建设应用研究

闽南民居在我国传统民居独树一帜，很大原因在于色彩的应用—“敢于用色、善于用色”

在火车新站片区的建设中，传承这种用色精神、原则，也是对闽南传统建筑文化的传承。对于不同类型，不同风格的建筑，有不同比例的“红 -- 灰 -- 白”色彩。比如居住区可以有闽南风格的、有滨海风格的，闽南风格以红色为主、滨海风格则以白色为主。

目前厦门建成建筑中有很多优秀作品：

（1）厦大嘉庚楼群以“红－白”对比为主，以“深红－灰色”为辅，整个建筑显得醒目、统一。

（2）厦大漳州校区的学生宿舍采用“闽南－红”，色彩绚丽，灿烂，具有地域特色。

（3）集美大学图书馆，以白色为主，体现一种清新、淡雅。

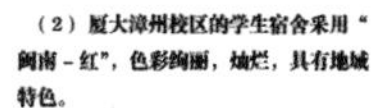

闽南地域建筑特色研究

闽南传统建筑在长期的营造过程中形成一套独特的地方工艺，而闽南地域的建筑风格正是通过地方工艺体现出来：

（1）外墙—对比协调

闽南传统建筑外墙主要用砖与石构筑，色彩—质感在对比中获得一种协调。典型的“出砖入石”砌筑方法即花岗岩方形块石与红砖边料相间砌筑，红砖略比方石凸出一点，表现出绝妙的色彩和质感对比。

（2）屋顶—层次分明

受“海洋文化”影响，闽南传统建筑有丰富的屋顶轮廓，呈现出独特的屋脊曲翘。屋顶的建造采用独特的工艺，精细做工、形色分离，不论单体或群体组合的屋顶显得层次分明。

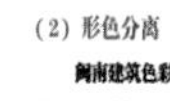

（3）细部—丰富饱满

闽南传统建筑以多样的材料（砖—石—木）组合、多种的砌筑方式、通过材料比例尺度的控制，营造出丰富饱满的细部，使建筑显得有内涵、经久耐看。

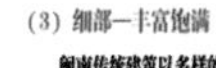

新站片区建设应用研究

新区建筑风格对闽南地域建筑传统工艺的传承不仅要取其“形”，还要学习传统工艺所表现出来的“意”：

（1）出砖入石

学习地方的砌筑方式是实现传统地域现代化的一种手段，比如新区建设中，一些建筑可以采用“出砖入石”砌筑而获得地域特征。

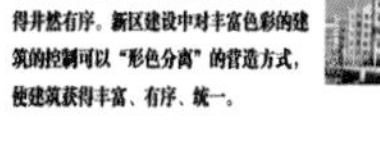

（2）形色分离

闽南建筑色彩绚立，但立面丰富而不凌乱，主要在于“形色分离”，使建筑显得井然有序。新区建设中对丰富色彩的建筑的控制可以“形色分离”的营造方式，使建筑获得丰富、有序、统一。

（3）丰富细部

闽南传统建筑之所以经久耐看在于其地方工艺营造的丰富饱满的细部。当前我国许多建筑显得平乏，主要在于缺少细部设计，在新区建设中应该避免这种倾向，在细部设计时，多应用些传统符号，在丰

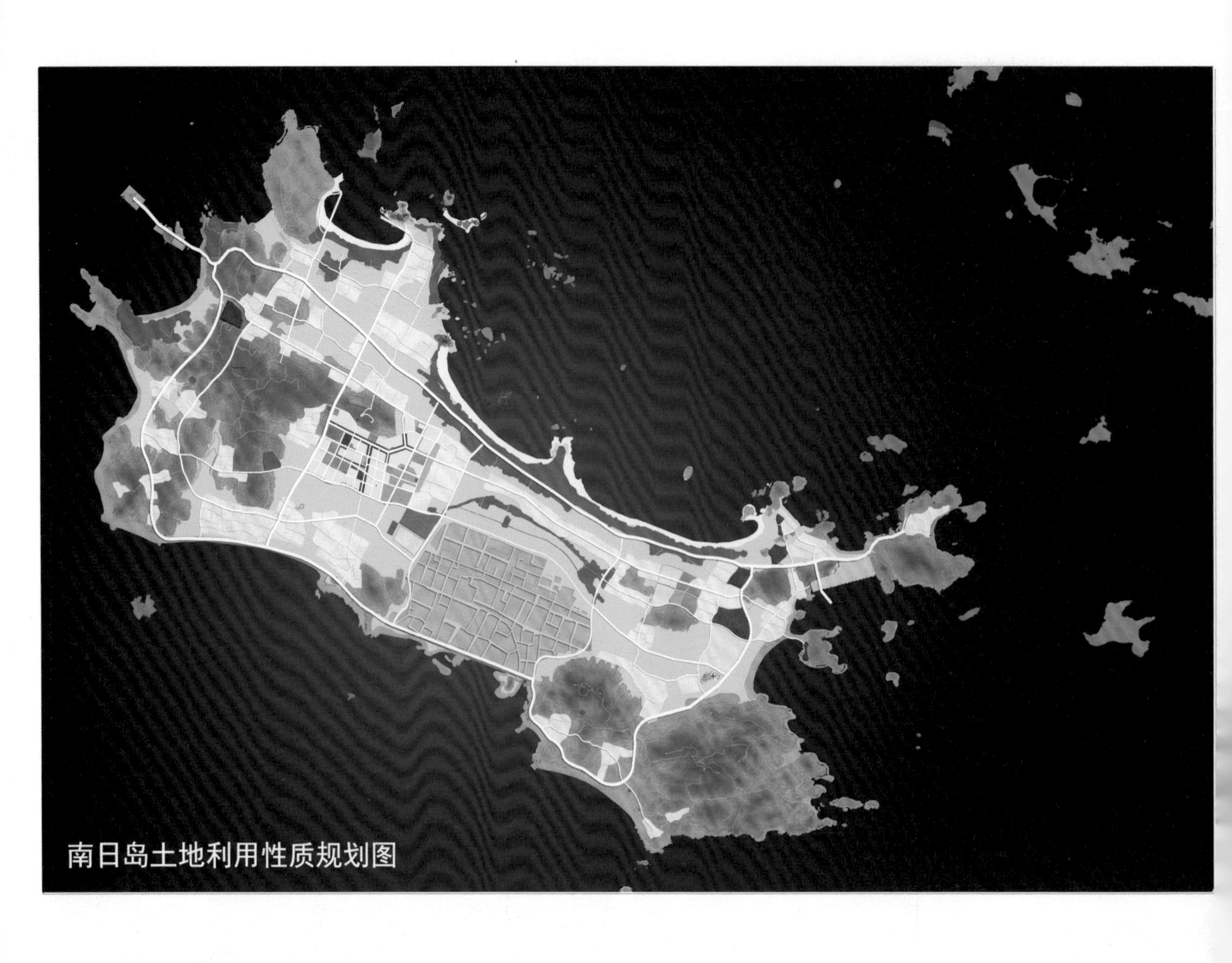
南日岛土地利用性质规划图

南日镇总体规划（2012——2030）

设计地点：莆田市南日镇
设计单位：厦门大学建筑与土木工程学院
设计人员：张其邦　文超祥　许旺土　张昊哲
设计时间：2012年1月——2013年11月

南日镇处在湄洲湾南岸与兴化湾北岸的交汇处，陆地面积52平方千米，由111个岛礁组成，面积在0.1平方千米以上的岛礁有18个，素有“十八列岛”之称。其中主岛南日岛面积为45.08平方千米。

城镇定位：

国家级现代生态渔业产业发展示范区；
海峡两岸海洋生态渔业合作示范区；
福建海岛合作开发先行先试区；
海峡西岸滨海旅游名镇。

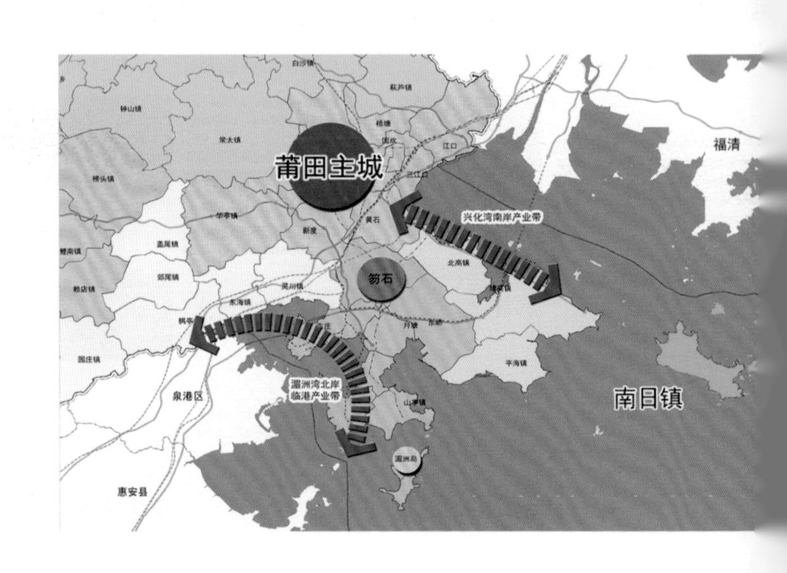

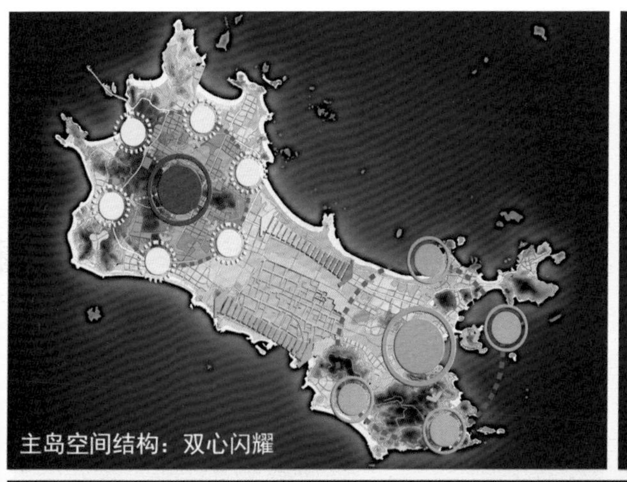
主岛空间结构：双心闪耀

镇域空间结构：众星捧月

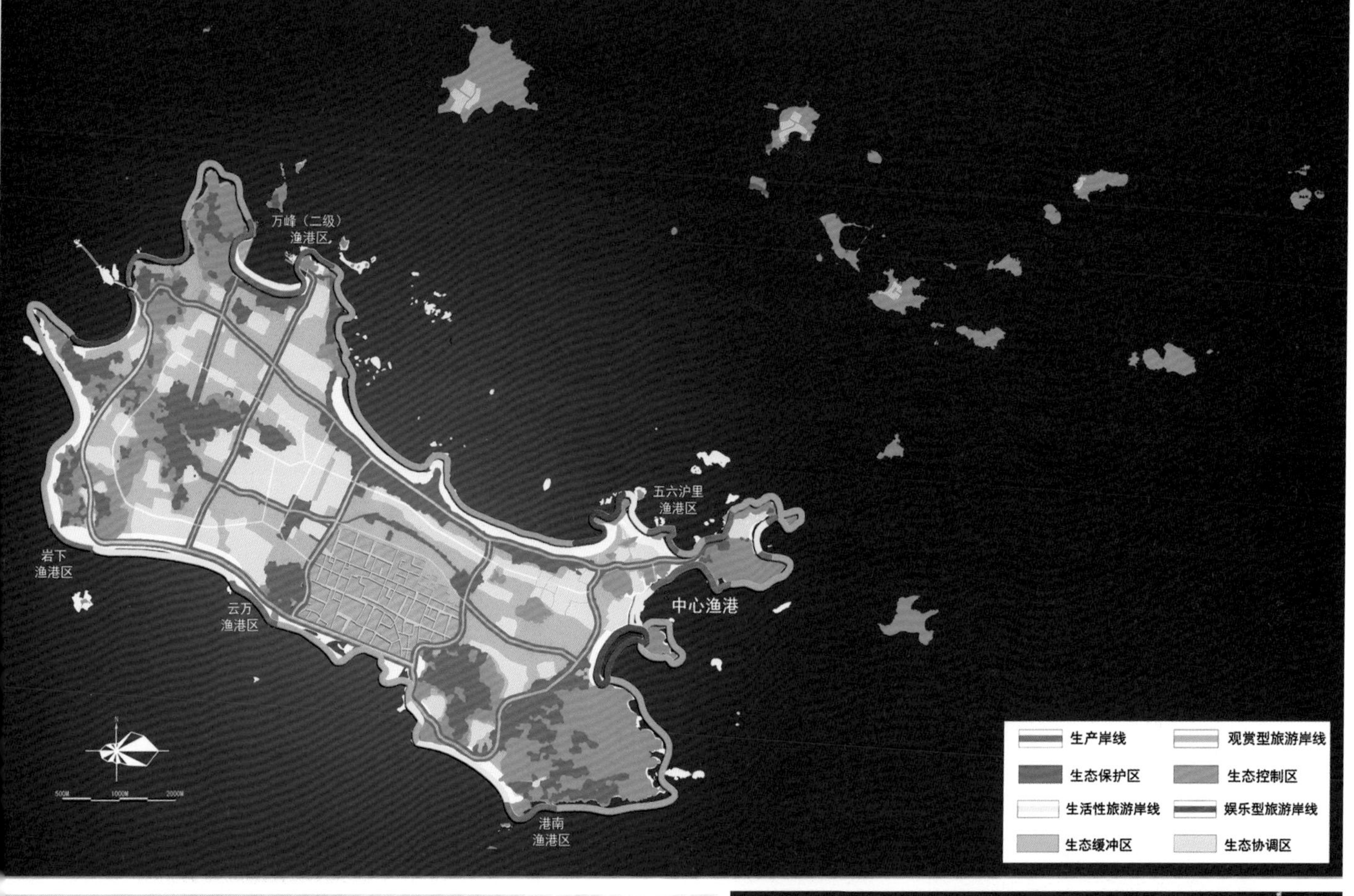
万峰（二级）
渔港区
五六沪里
渔港区
岩下
渔港区
云方
渔港区
中心渔港
港南
渔港区
生产岸线
观赏型旅游岸线
生态保护区
生态控制区
生活性旅游岸线
娱乐型旅游岸线
生态缓冲区
生态协调区

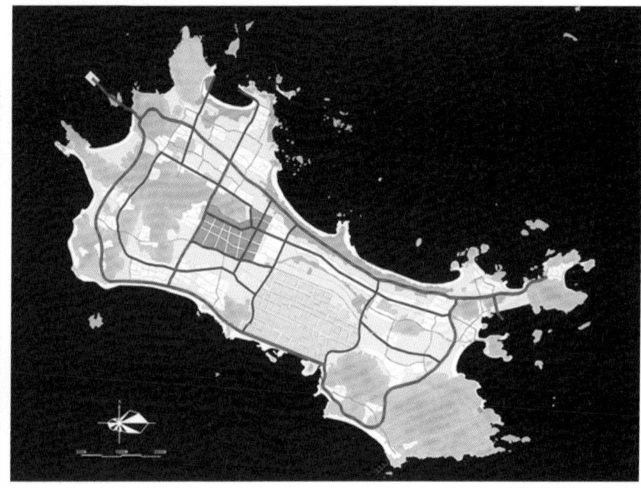

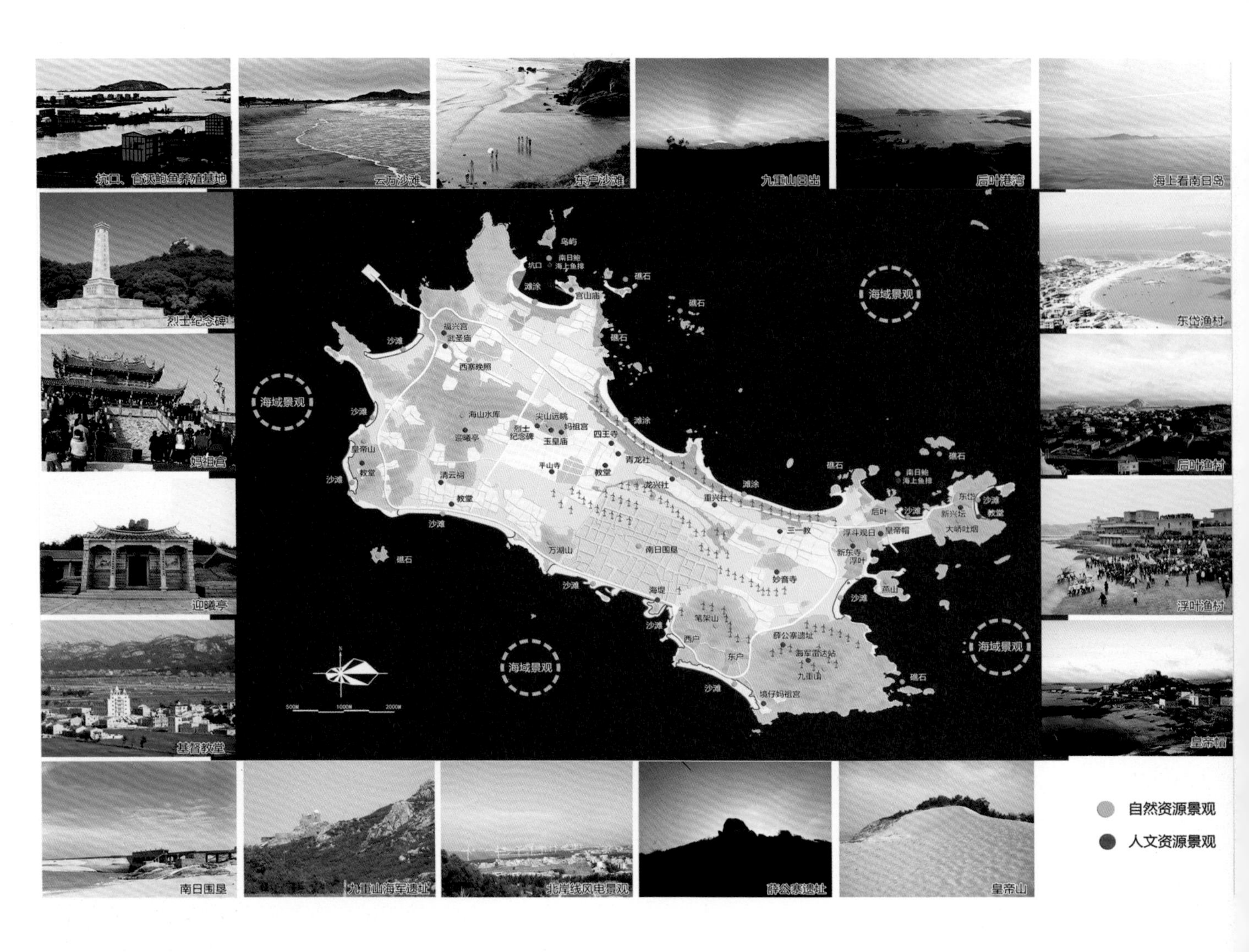

南日群岛旅游发展规划（2014——2030）

设计地点：莆田市南日镇

设计单位：厦门大学建筑与土木工程学院

厦门大学城乡规划设计研究院

设计人员：张其邦　文超祥

设计时间：2013年11月——2014年6月

1. 海岛资源评价从“重陆轻海”到“海陆兼备”；

2. 与湄洲岛差异化发展、强调原生态旅游：南日群岛的独立性、质朴、原生态、文态决定其发展路径是与湄洲岛互补、互动；对于省外游客、南日群岛还不能成为独立旅游目的地；应借力、承接主城“工艺美术城”与湄洲岛“妈祖故里”的游客。

3. 旅游城镇化、城渔统筹：规划关注海岛三农问题，让当地村民参与到旅游服务业之中，让村民在当地实现就业和生活水平的城市化，实现“城渔统筹”。

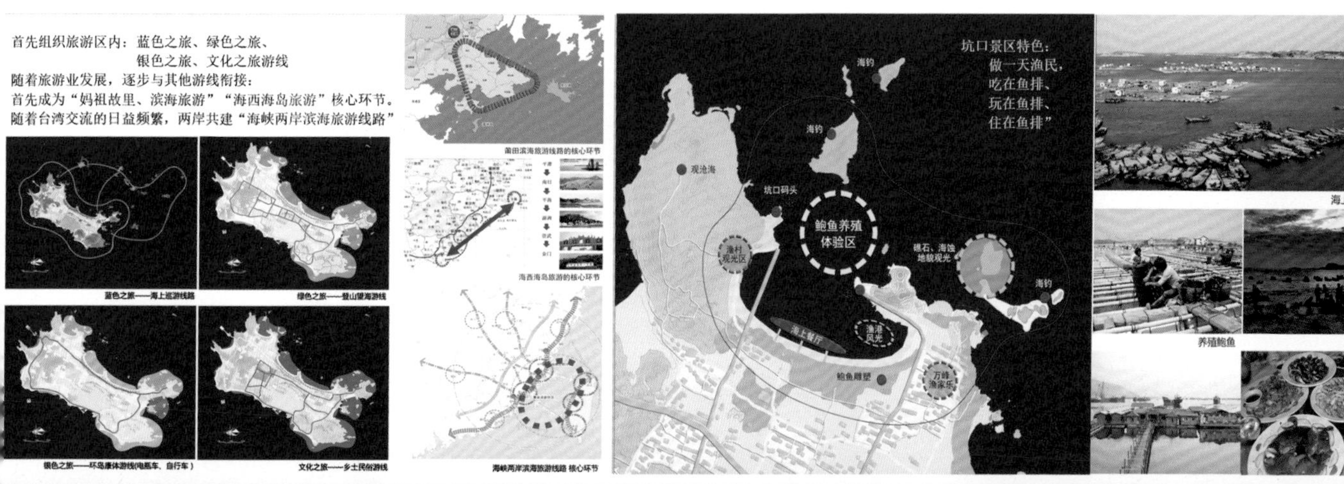

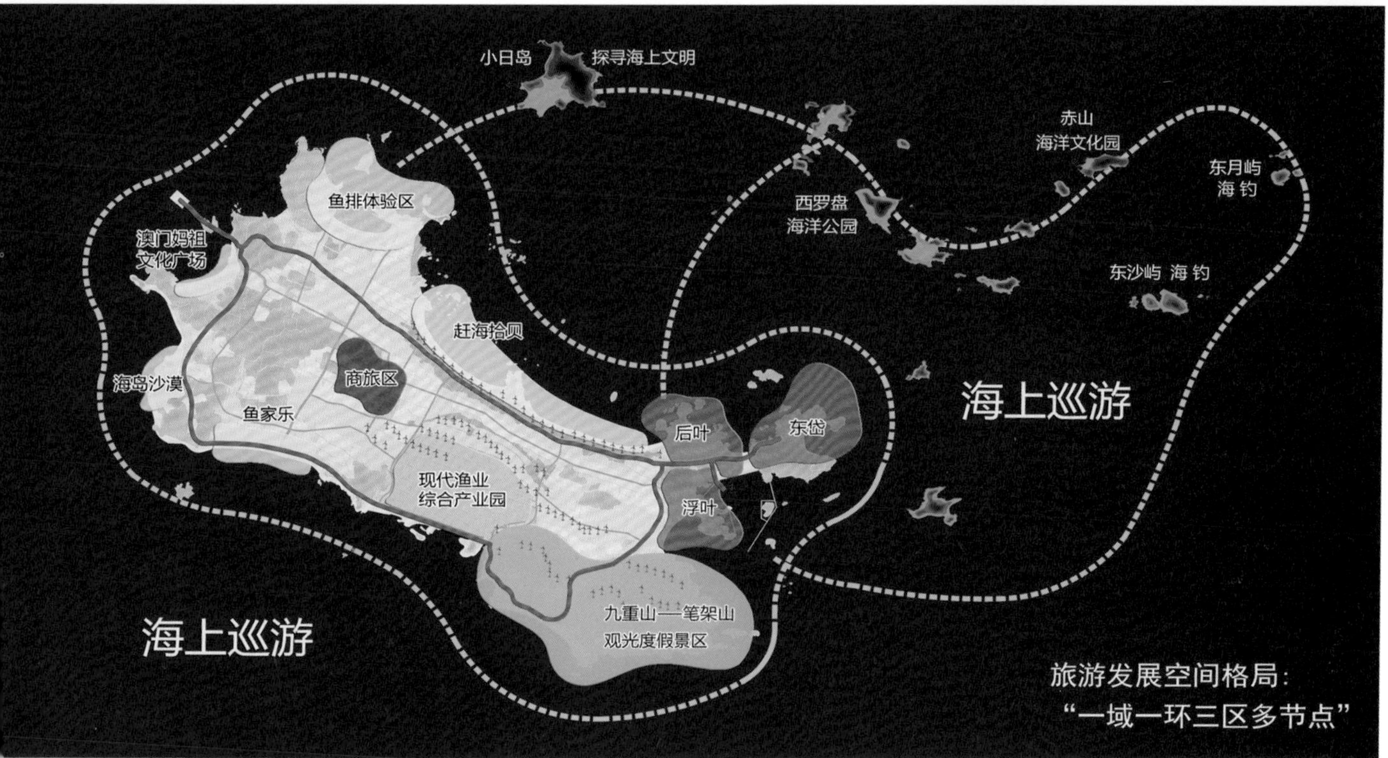

一域：十八列岛及其海域"海上巡游"；

一环：南日岛环岛路为联系，将南日岛主要景区联系为一个整体；

三区：九重山-笔架山的观光度假区、镇区的商贸旅游区、东岱-浮叶-后叶的民俗聚落风情区。

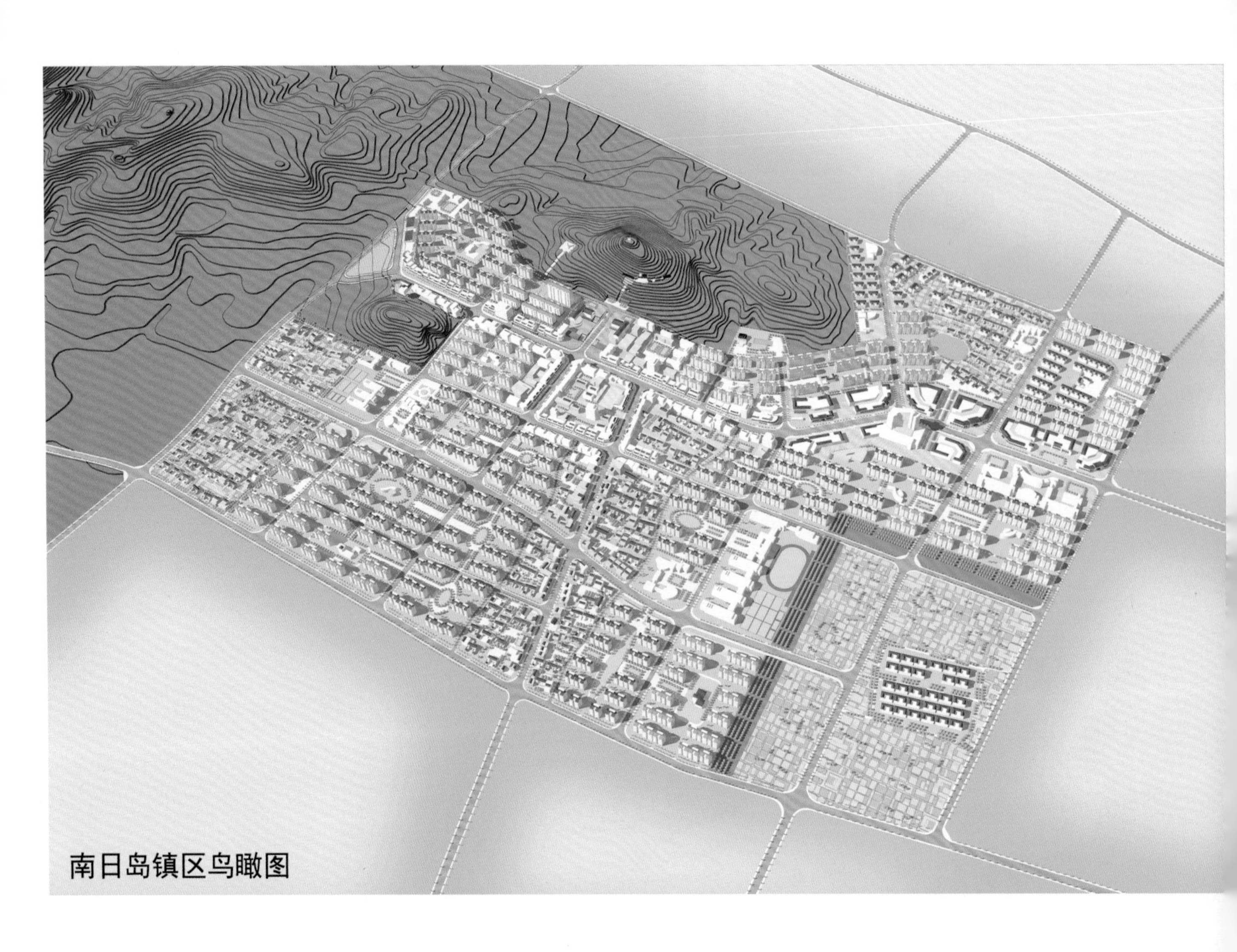

南日岛镇区鸟瞰图

南日岛镇区城市设计

设计地点：莆田市南日镇
设计单位：厦门大学建筑与土木工程学院
设计人员：张其邦
设计时间：2014年7月——2014年12月

目标：现代化的生活、看得见的乡愁
　彰显：海洋风韵、海岛风情、海城风貌
　体现：滨海特色的宜居、宜业、宜旅的生态城镇
　成为："小而美、小而优、小而强"的海岛城镇典范

策略一：因势利导、分区发展、营造多元；
策略二：疏通道路、整治街道、活力空间；
策略三：串联空间、提升节点、塑造标志；
策略四：完善功能、改善民生、宜居宜业宜旅。

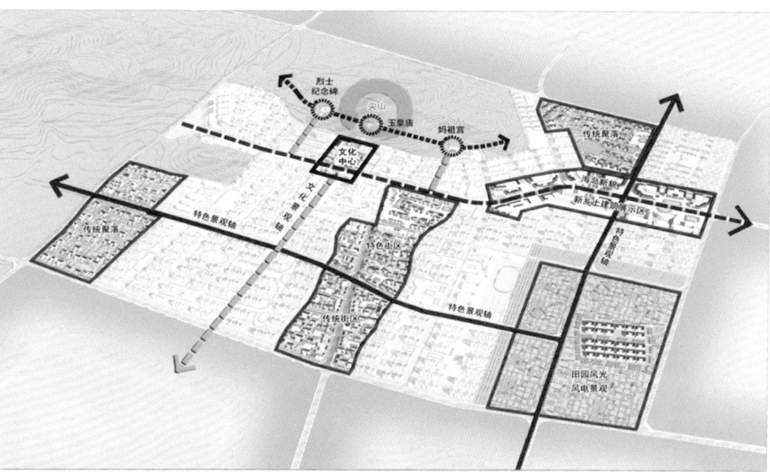

1. 文体中心
2. 边防派出所
3. 商业、市场
4. 四星级度假酒店
5. 商务中心
6. 行政中心
7. 客运站
8. 妈祖宫
9. 玉皇庙
10. 尖山
11. 烈士纪念碑
12. 派出所
13. 公园
14. 小学
15. 幼儿园
16. 九年制中小学
17. 传统住区
18. 特色街区
19. 现代住区
20. 安置小区

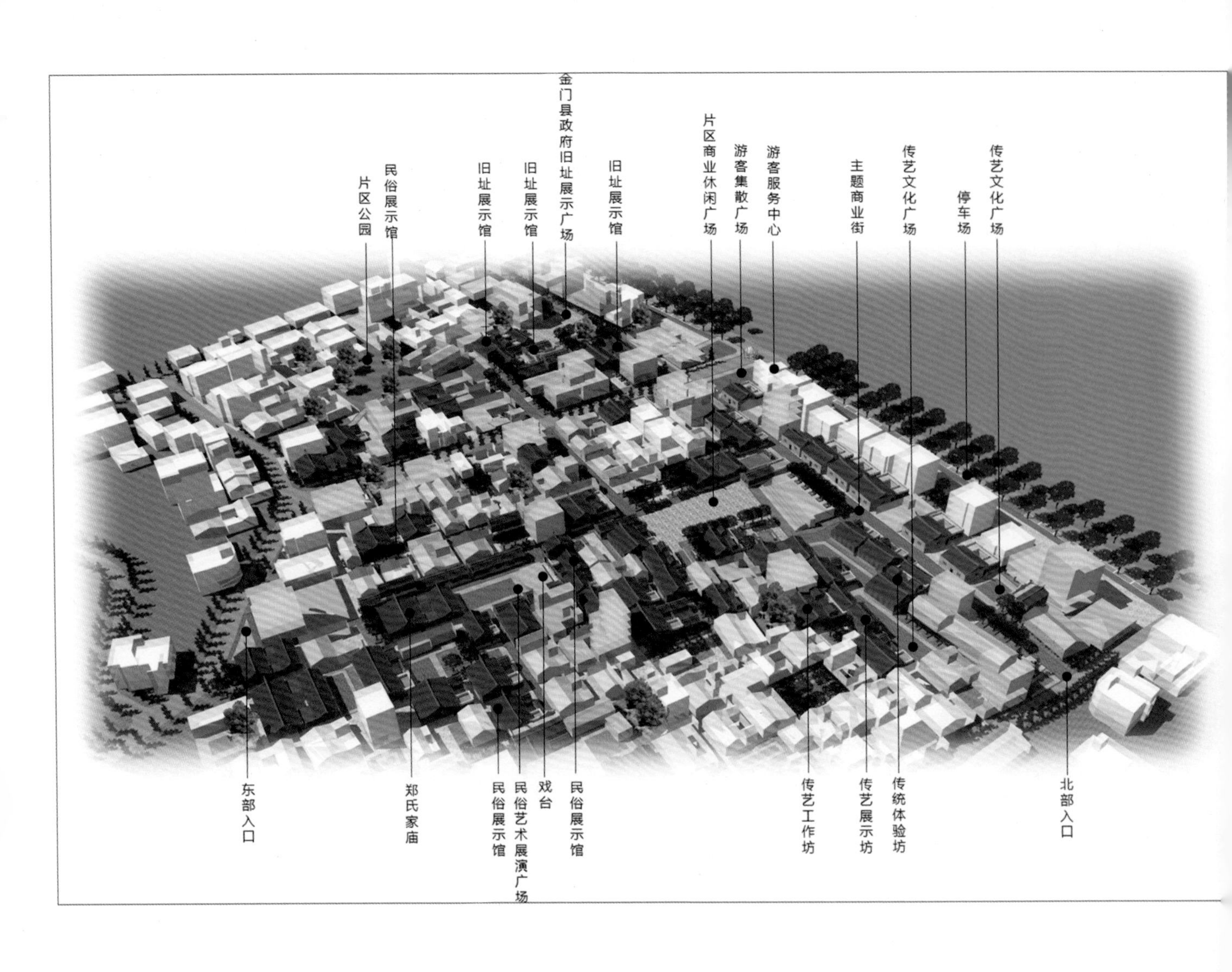

田墘社区老金门艺术文贸村修建性详细规划

设计地点：厦门翔安区大嶝田墘社区

设计单位：厦门大学建筑与土木工程学院

厦门大学城乡规划设计研究院

设计人员：张其邦　许志上　陈烁

规划面积40.75公顷。

项目目的在于指导和落实台贸小镇中田墘社区“老金门艺术文贸村”的建设实施，以及大、小嶝岛民宿产业布局及开发模式规划中田墘社区民宿片区的建设实施。

规划定位依托红砖聚落和金门县府旧址，以海峡两岸文博旅游体验为特色的老金门艺术文贸村。

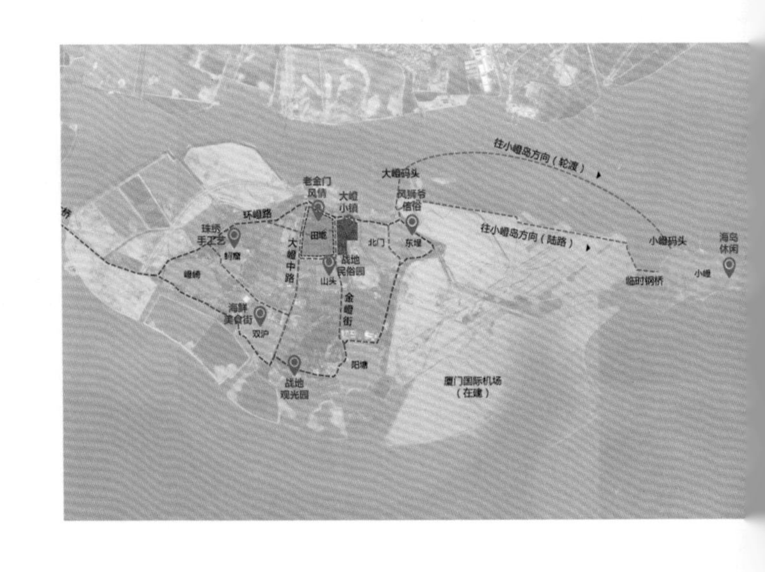

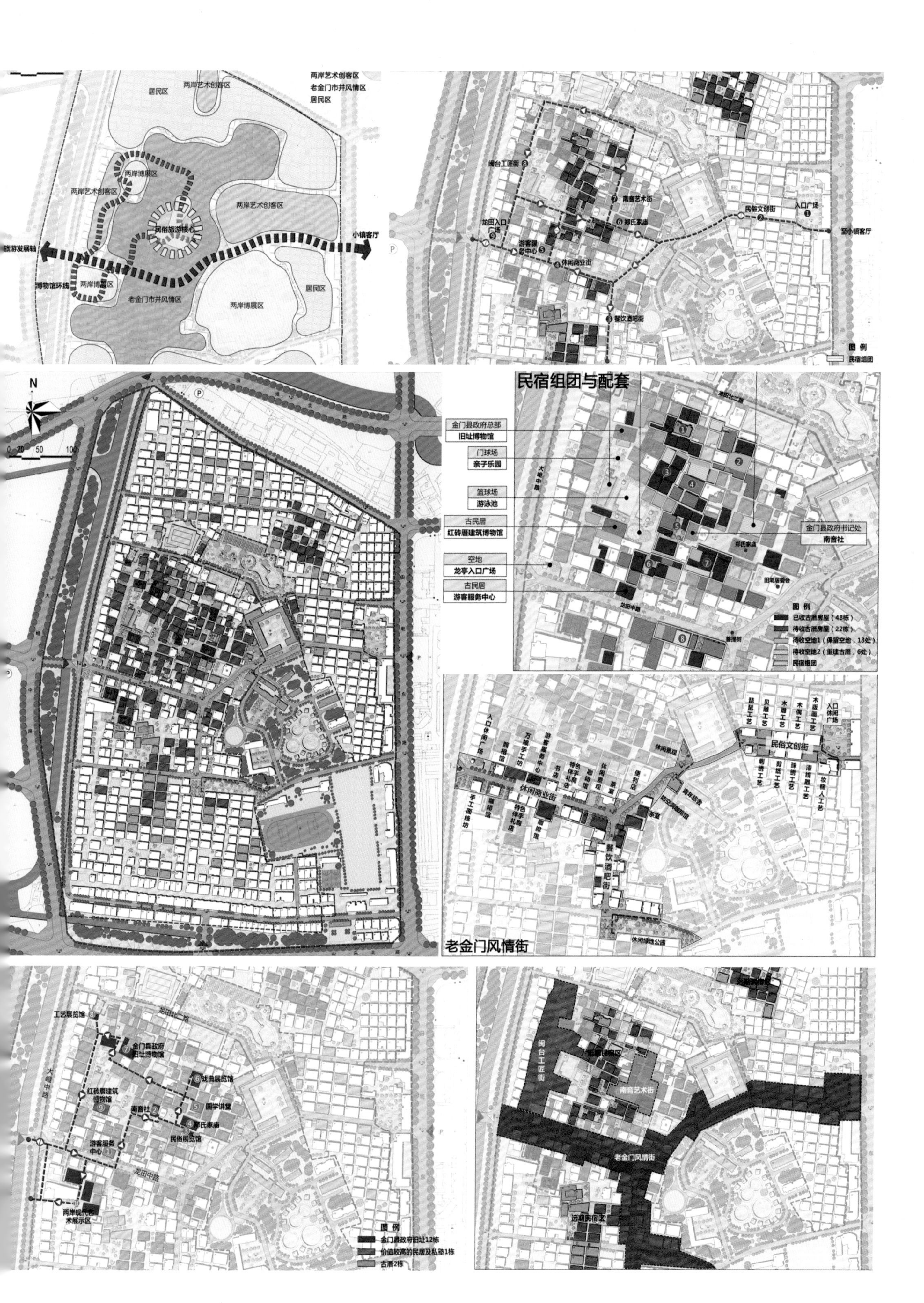
民宿组团与配套
老金门风情街

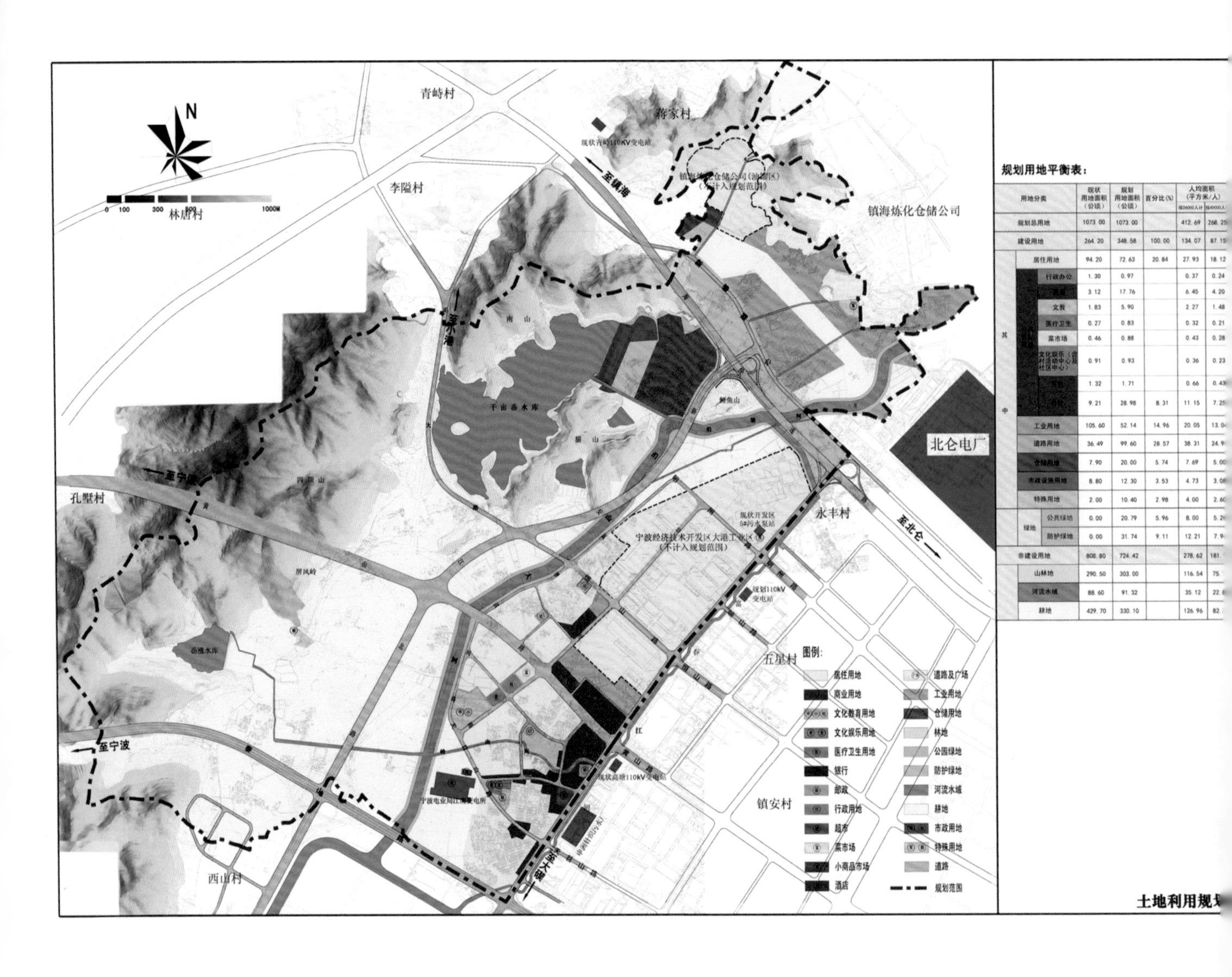

规划用地平衡表：

用地分类			现状用地面积（公顷）	规划用地面积（公顷）	百分比(%)	人均面积（平方米/人） 按26000人计	人均面积（平方米/人） 按40000人
规划总用地			1073.00	1073.00		412.69	268.25
建设用地			264.20	348.58	100.00	134.07	87.15
其中	居住用地		94.20	72.63	20.84	27.93	18.12
	[illegible]	行政办公	1.30	0.97		0.37	0.24
		[illegible]	3.12	17.76		6.45	4.20
		文教	1.83	5.90		2.27	1.48
		医疗卫生	0.27	0.83		0.32	0.21
		菜市场	0.46	0.88		0.43	0.28
		文化娱乐（含村活动中心及社区中心）	0.91	0.93		0.36	0.23
		[illegible]	1.32	1.71		0.66	0.43
		[illegible]	9.21	28.98	8.31	11.15	7.25
	工业用地		105.60	52.14	14.96	20.05	13.0
	道路用地		36.49	99.60	28.57	38.31	24.9
	仓储用地		7.90	20.00	5.74	7.69	5.00
	市政设施用地		8.80	12.30	3.53	4.73	3.06
	特殊用地		2.00	10.40	2.98	4.00	2.60
	绿地	公共绿地	0.00	20.79	5.96	8.00	5.2
		防护绿地	0.00	31.74	9.11	12.21	7.9
非建设用地			808.80	724.42		278.62	181.
	山林地		290.50	303.00		116.54	75.
	河流水域		88.60	91.32		35.12	22.8
	耕地		429.70	330.10		126.96	82.

宁波市北仑区新碶街道高塘片新社区总体规划

设计地点：浙江省宁波市北仑区

设计单位：厦门大学建筑与土木工程学院

设计人员：镇列评

设计时间：2009——2012年

基地位于宁波北仑区新碶街道一片工业用地和生态用地构成的区域，规划总用地1073公顷。

该项目最大挑战是处理复杂高压走廊和工业灰廊交织下8个被工业污染困扰的村庄用地整合、拆迁安置模式、产业转型和生态修复。

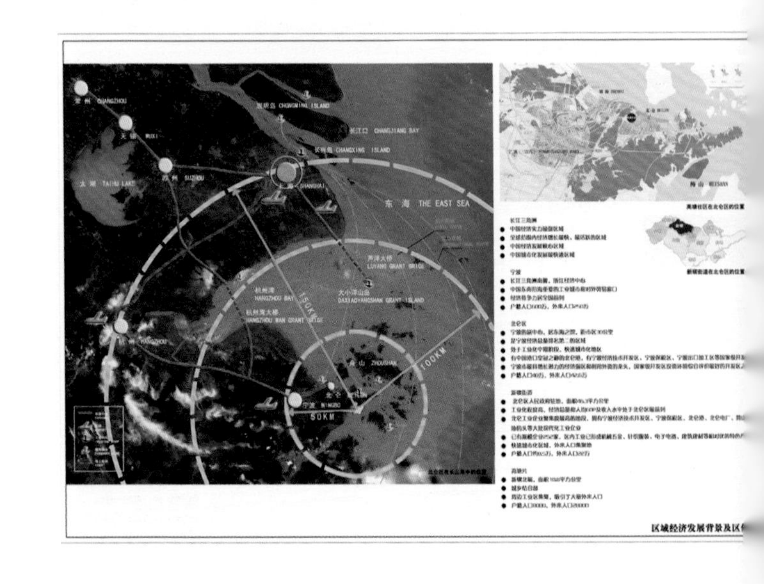

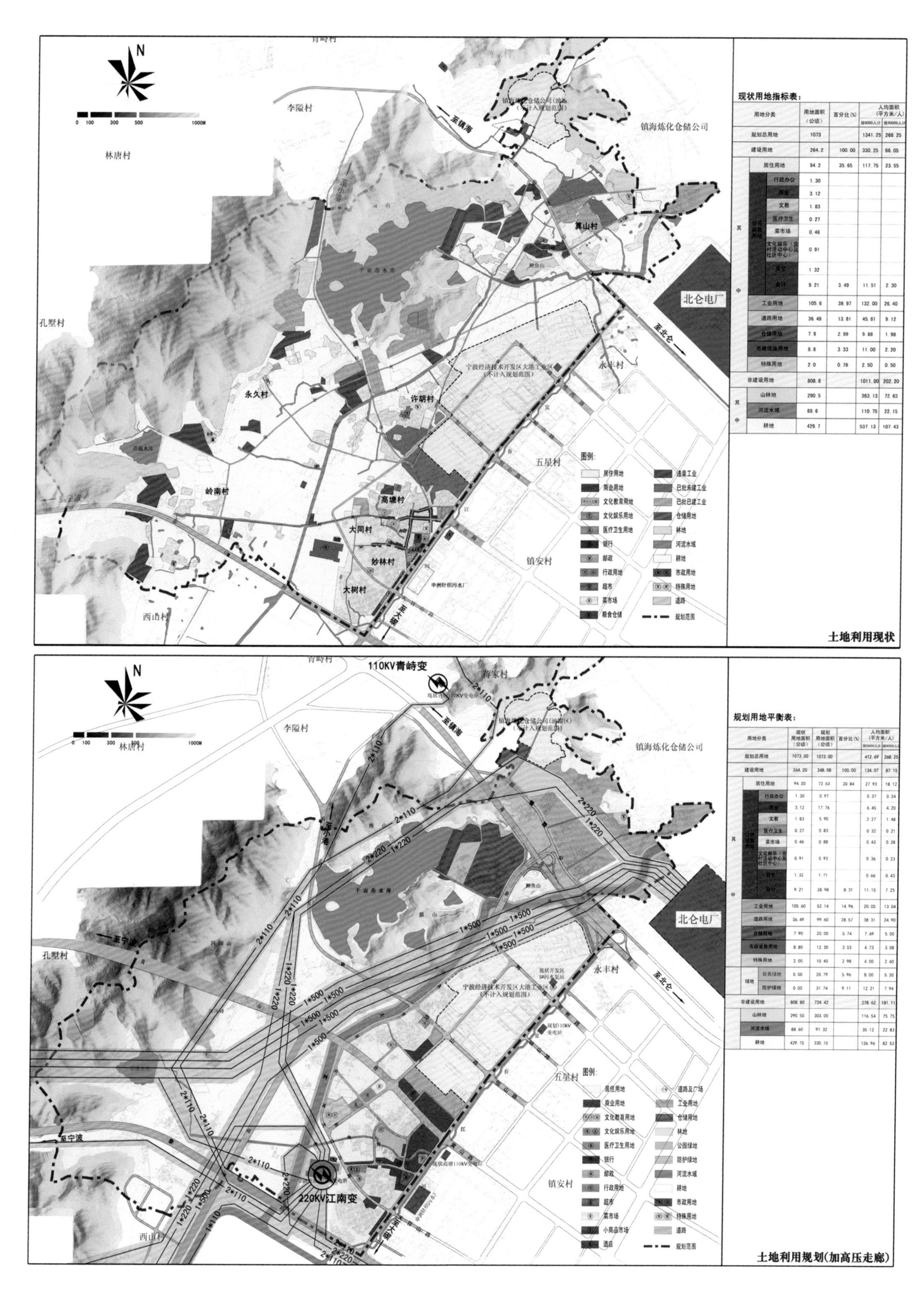

现状用地指标表：

用地分类			用地面积（公顷）	百分比(%)	人均面积（平方米/人）按8000人计	人均面积（平方米/人）按40000人计
规划总用地			1073		1341.25	268.25
建设用地			264.2	100.00	330.25	66.05
其中	居住用地		94.2	35.65	117.75	23.55
	公共设施用地	行政办公	1.30			
		商业	3.12			
		文教	1.83			
		医疗卫生	0.27			
		菜市场	0.46			
		文化娱乐（含村活动中心及社区中心）	0.91			
		其它	1.32			
		合计	9.21	3.49	11.51	2.30
	工业用地		105.6	39.97	132.00	26.40
	道路用地		36.49	13.81	45.61	9.12
	仓储用地		7.9	2.99	9.88	1.98
	市政设施用地		8.8	3.33	11.00	2.20
	特殊用地		2.0	0.76	2.50	0.50
非建设用地			808.8		1011.00	202.20
其中	山林地		290.5		363.13	72.63
	河流水域		88.6		110.75	22.15
	耕地		429.7		537.13	107.43

规划用地平衡表：

用地分类			现状用地面积（公顷）	规划用地面积（公顷）	百分比(%)	人均面积（平方米/人）按26000人计	人均面积（平方米/人）按40000人计
规划总用地			1073.00	1073.00		412.69	268.25
建设用地			264.20	348.58	100.00	134.07	87.15
其中	居住用地		94.20	72.63	20.84	27.93	18.12
	公共设施用地	行政办公	1.30	0.97		0.37	0.24
		商业	3.12	17.76		6.45	4.20
		文教	1.83	5.90		2.27	1.48
		医疗卫生	0.27	0.83		0.32	0.21
		菜市场	0.46	0.88		0.43	0.28
		文化娱乐（含村活动中心及社区中心）	0.91	0.93		0.36	0.23
		其它	1.32	1.71		0.66	0.43
		合计	9.21	28.98	8.31	11.15	7.25
	工业用地		105.60	52.14	14.96	20.05	13.04
	道路用地		36.49	99.60	28.57	38.31	24.90
	仓储用地		7.90	20.00	5.74	7.69	5.00
	市政设施用地		8.80	12.30	3.53	4.73	3.08
	特殊用地		2.00	10.40	2.98	4.00	2.60
	绿地	公共绿地	0.00	20.79	5.96	8.00	5.20
		防护绿地	0.00	31.74	9.11	12.21	7.94
非建设用地			808.80	724.42		278.62	181.11
其中	山林地		290.50	303.00		116.54	75.75
	河流水域		88.60	91.32		35.12	22.83
	耕地		429.70	330.10		126.96	82.53

宁波市北仑区新碶街道高塘片新社区详细规划

设计地点：浙江省宁波市北仑区
设计单位：厦门大学建筑与土木工程学院
设计人员：镇列评
设计时间：2012年9月

基地位于宁波北仑新碶街道高塘片区，为宁波进入高速城市化阶段后城市新片区开发规划，包括酒店、商业综合体、住宅及生活配套区。总用地面积约75公顷，建筑面积约120万㎡，平均容积率为3.3。

该项目最大的挑战是在朝向45度的场地中如何最大程度提高土地利用率，建立人车分离的交通系统。同时本项目也致力于采用雨水管理技术以适应当地气候。

B地块效果

N
0
50
150
250
沿
恒
山
山
渤
大
黄
路
天
河
海
菜市场
社区中心
山
社区医院
九年制
中小学
路
富
幼儿园
春
公园
山
路
大
同
村
江
路

总平面图

福建华安县先锋村美丽乡村规划

设计地点：福建华安县先锋村
设计单位：厦门大学建筑与土木工程学院
厦门闽艺景观工程设计有限公司
设计人员：常玮 等

项目位于福建省华安县先锋村，美丽乡村规划在满足村庄生产、生活、生态要求的前提下，构建健康可持续发展的美丽乡村总体布局与发展策略。

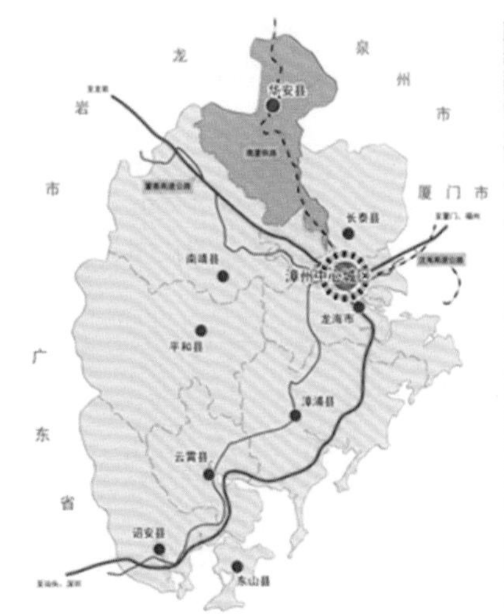

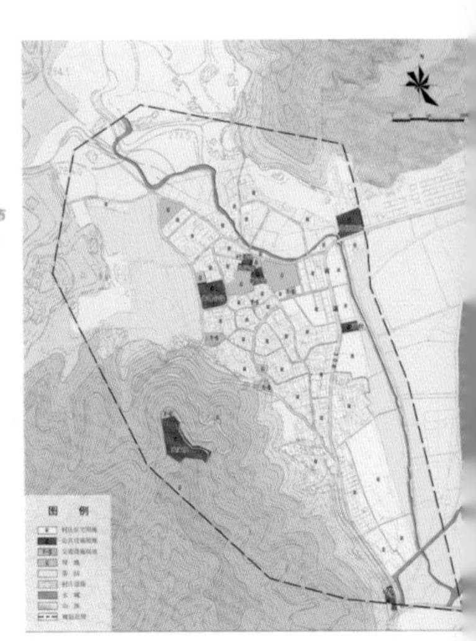

村北侧滨水栈道效果图

村东侧滨水栈道效果图

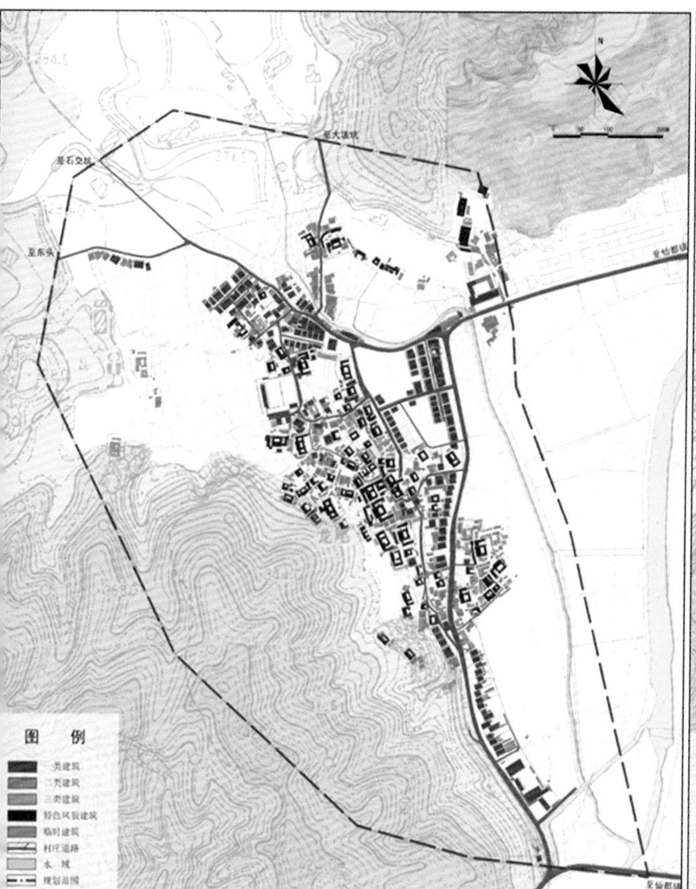

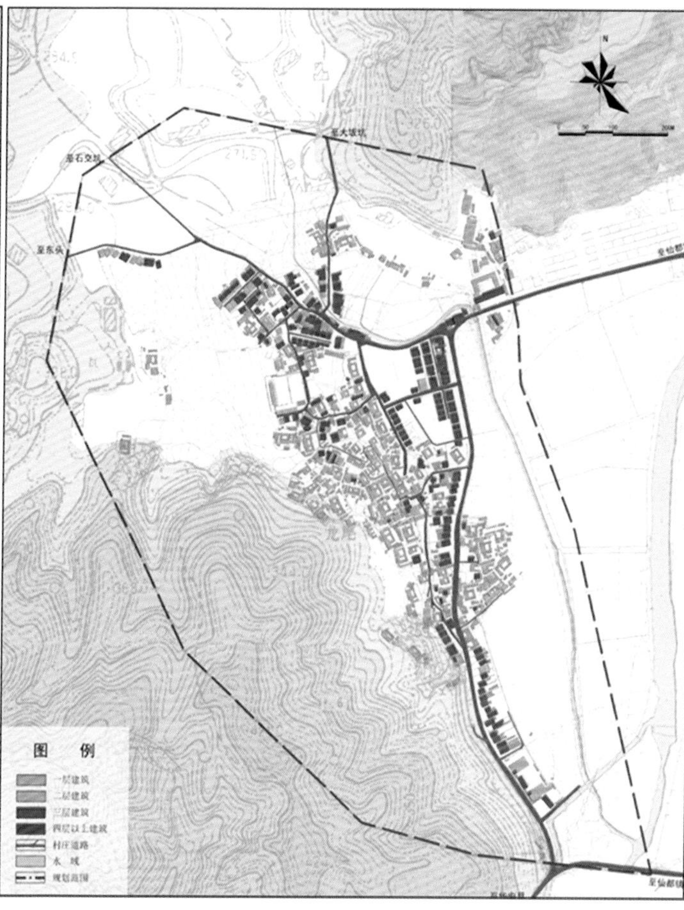

山茶园观景平台效果图

半山树阵健身广场效果图

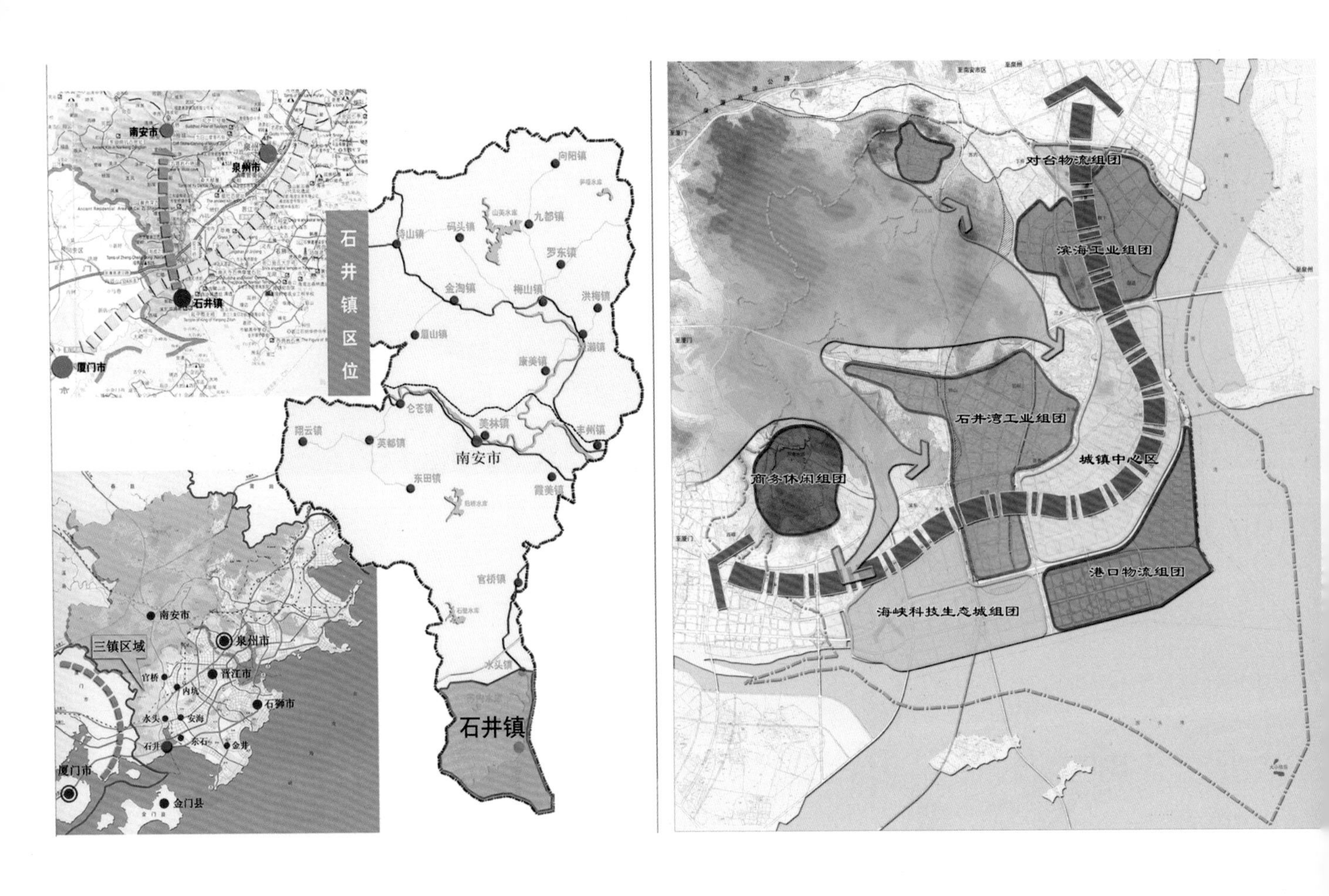

石井镇总体规划修编（2007—2020）专题研究

设计地点：南安市石井镇

设计单位：厦门大学建筑与土木工程学院

中国城市规划设计研究院厦门分院

设计人员：常玮 等

项目位于福建省南安市石井镇，石井镇总体规划修编（2007—2020）专题研究——石井港区后方陆域集疏运交通专题研究，提出集约、高效、可持续发展的交通策略。

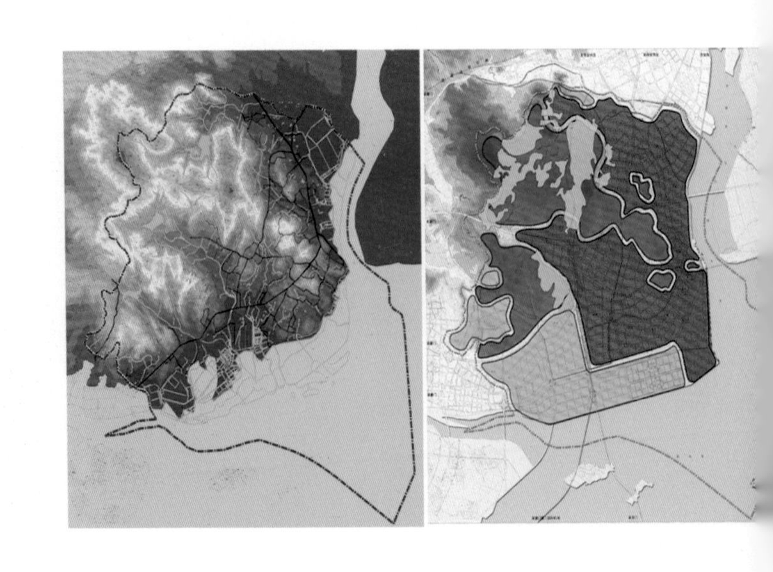

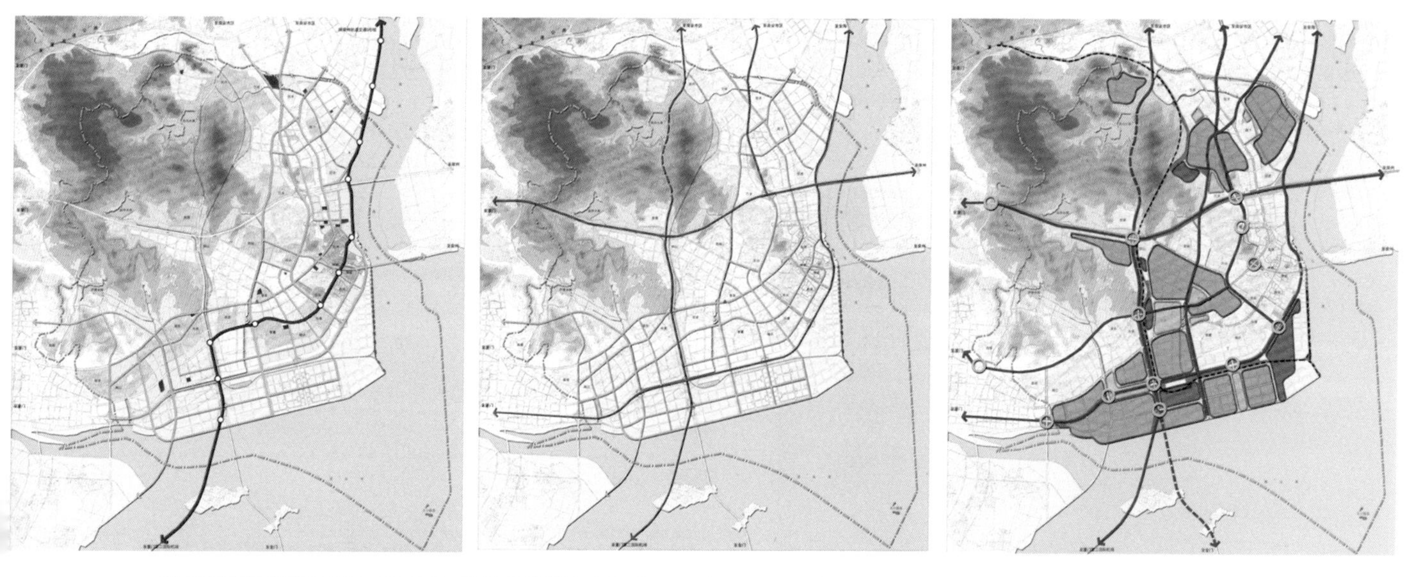

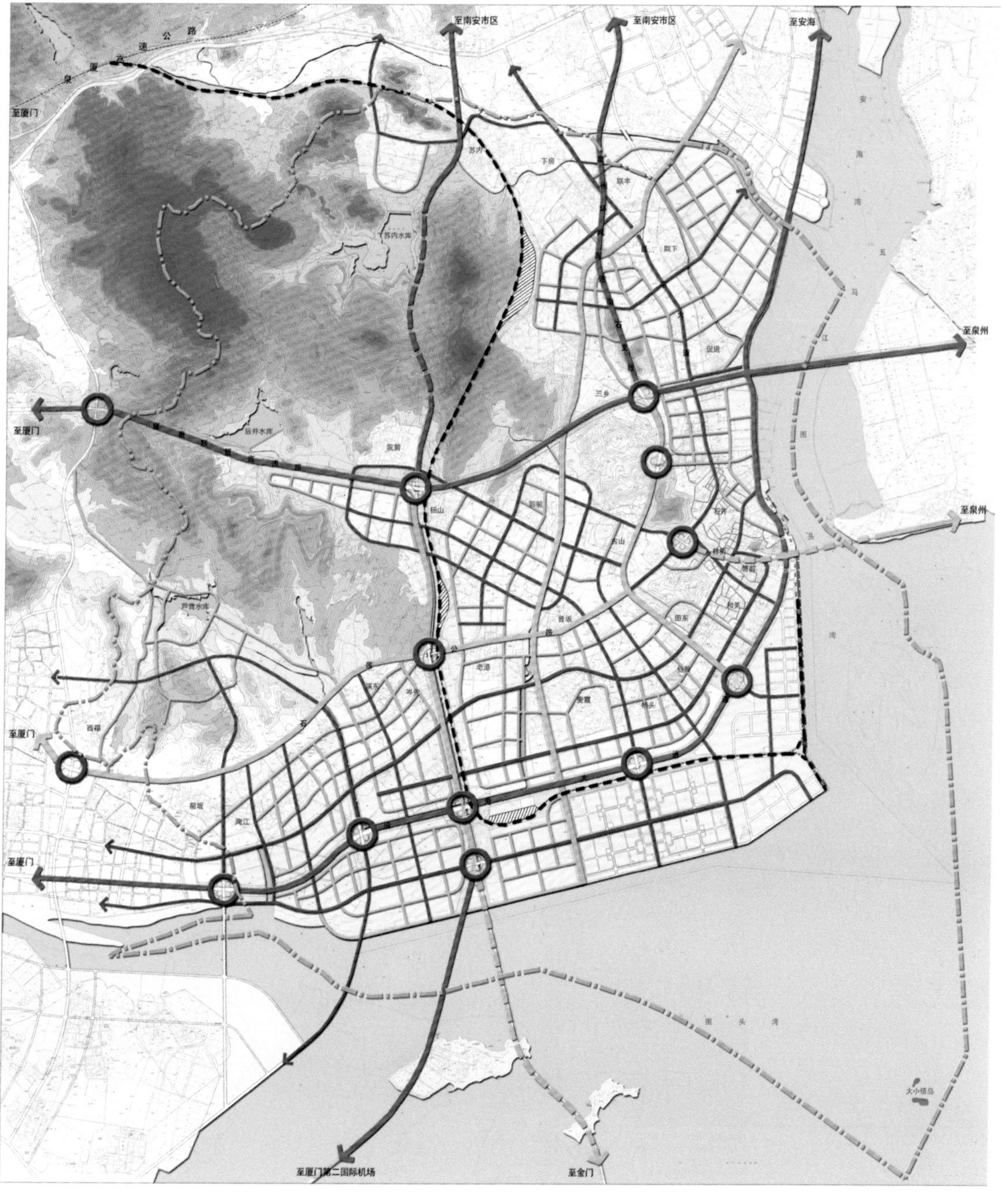
至南安市区
至南安市区
至安海
至厦门
至泉州
至厦门
至泉州
至厦门
至厦门
至厦门第二国际机场
至金门
大小嶝岛

廊田镇总体规划（2016—2030）

设计单位：厦门大学建筑与土木工程学院　　厦门大学城乡规划设计研究院
项目主要设计人：林小如

乐昌市廊田镇总体规划（2016—2030）
Comprehensive Planning of Langtian township in Lechang
镇域土地利用规划图

说明
1、镇域总用地面积147.05平方公里。
2、其中，建设用地面积1426.06公顷，占总用地的9.70%，建设用地中，城镇建设用地184.5公顷，占镇域总面积的1.25%；农村居民点用地183.99公顷，占镇域总面积的1.25%；非建设用地13279.10公顷，占总用地的90.30%。

厦门大学城乡规划设计研究院

乐昌市廊田镇总体规划（2016—2030）
Comprehensive Planning of Langtian township in Lechang
规划用地布局图

说明
1、规划城乡建设用地总面积176.56公顷。
2、规划城市建设用地155.57公顷，占总用地的88.11%；规划村庄建设用地面积20.99，占总用地的11.89%。
3、人均城乡建设用地面积85.90平方米。

厦门大学城乡规划设计研究院

国家自然科学青年基金之

反脆性大城市地域结构的目标准则及空间组织范型研究

项目单位：厦门大学建筑与土木工程学院
项目研究人员：林小如主持

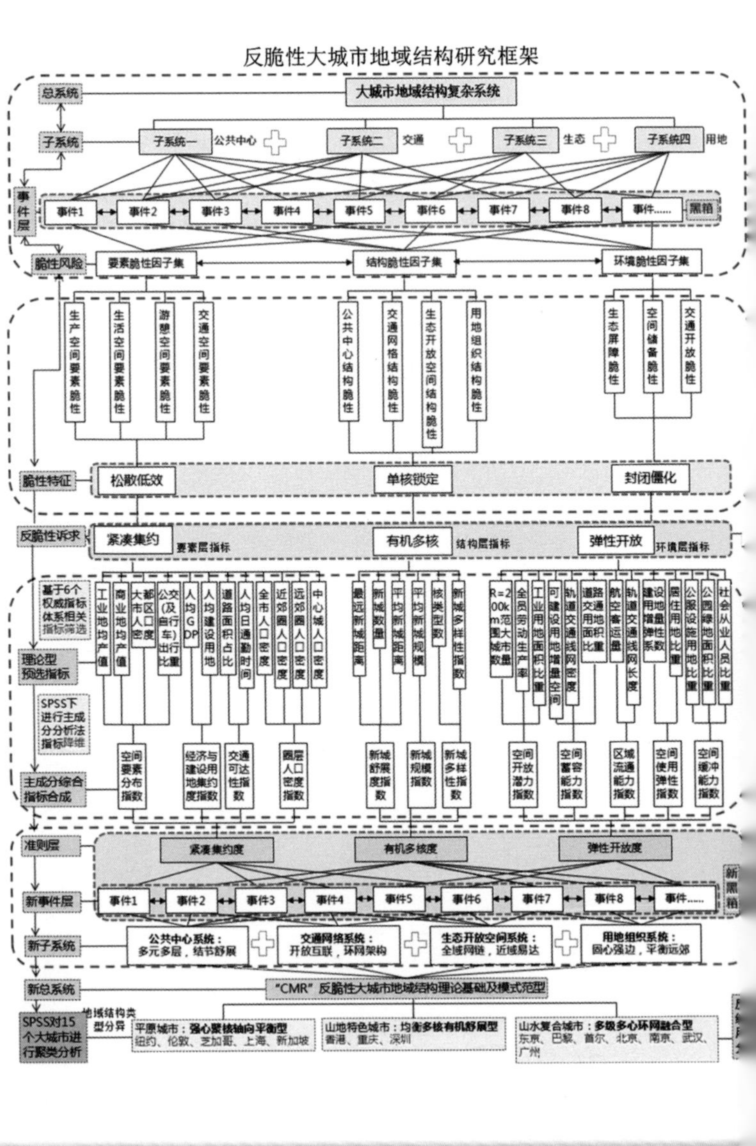

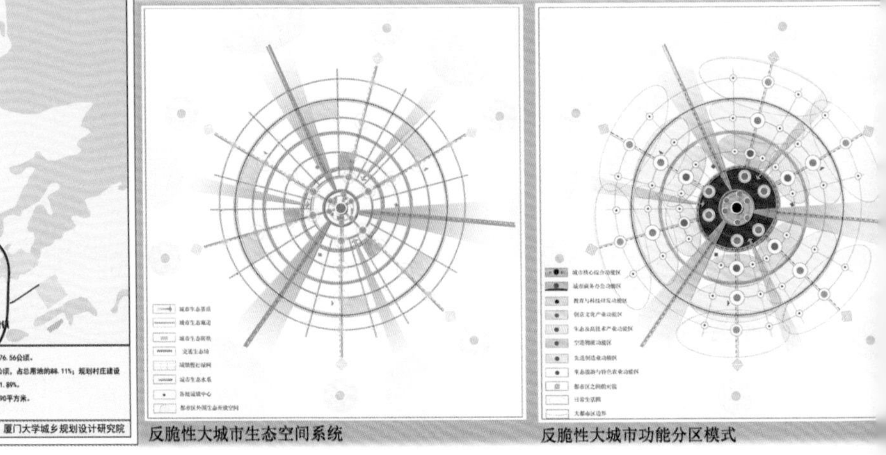

反脆性大城市生态空间系统　　反脆性大城市功能分区模式

厦门市总体规划专题研究之

基于陆海统筹的厦门市海岸带空间利用与保护研究

项目所在地：厦门市

研究单位：厦门大学建筑与土木工程学院

项目研究人员：林小如主持

复合型大城市反脆性地域结构空间模型

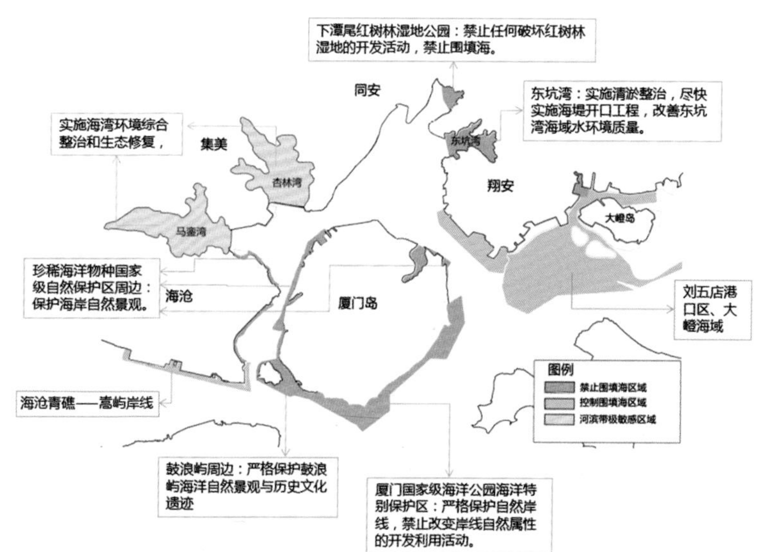

厦门市海洋生态及空间资源保护指引

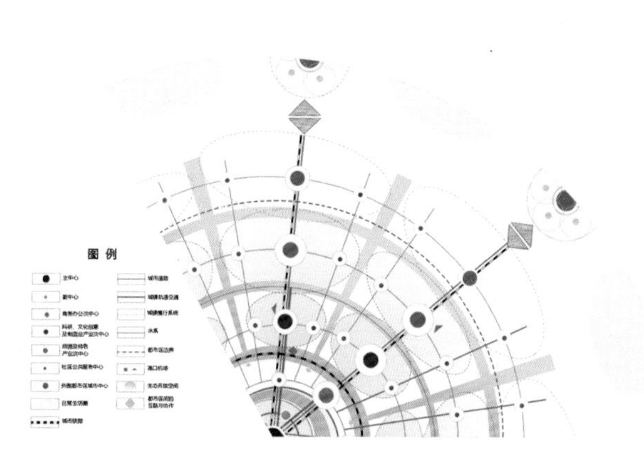
平原型大城市反脆性地域结构空间模型

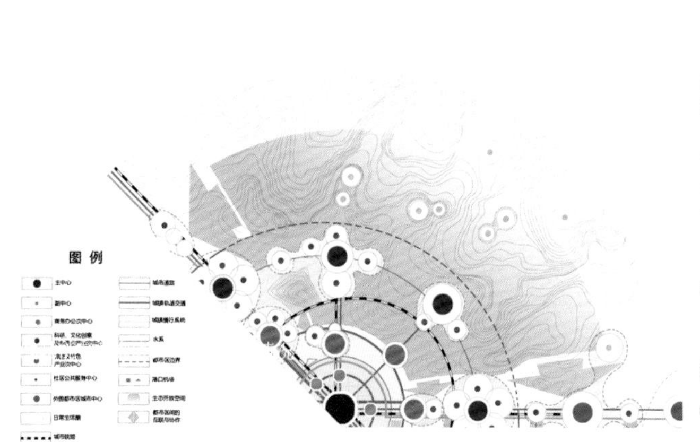
山地型大城市反脆性地域结构空间模型

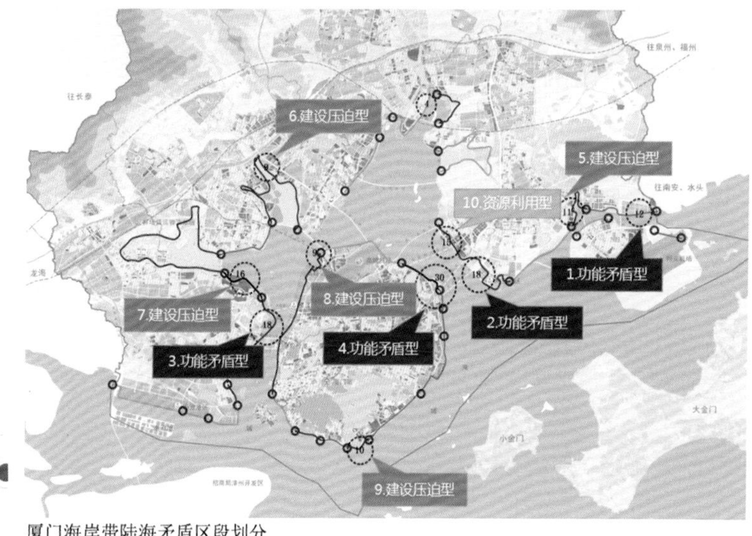

厦门海岸带陆海矛盾区段划分

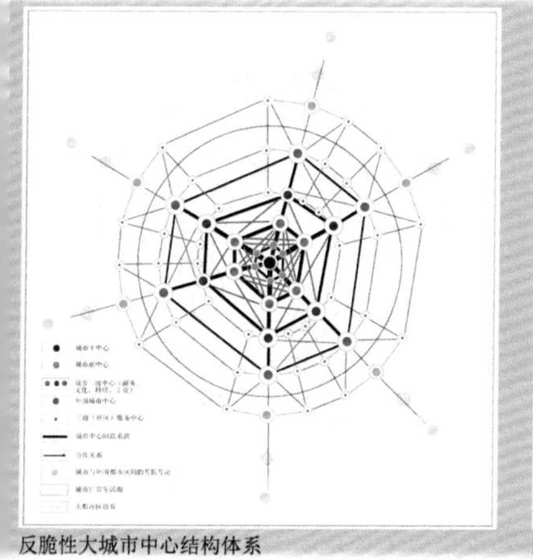
反脆性大城市中心结构体系

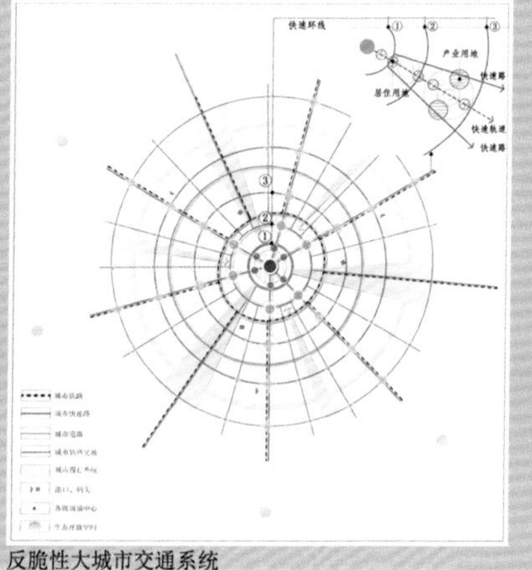

反脆性大城市交通系统

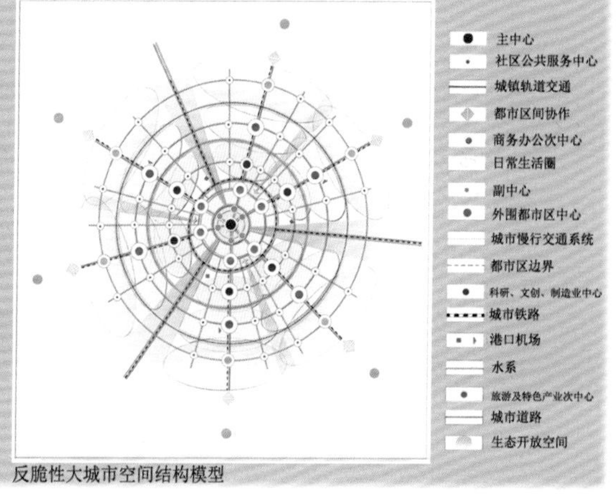

反脆性大城市空间结构模型

贵州安顺新航城城市设计及控制性详细规划

设计地点：贵州省安顺市

设计单位：厦门大学建筑与土木工程学院

厦门合立道工程设计集团股份有限公司

设计人员：王量量　陶健　王惠

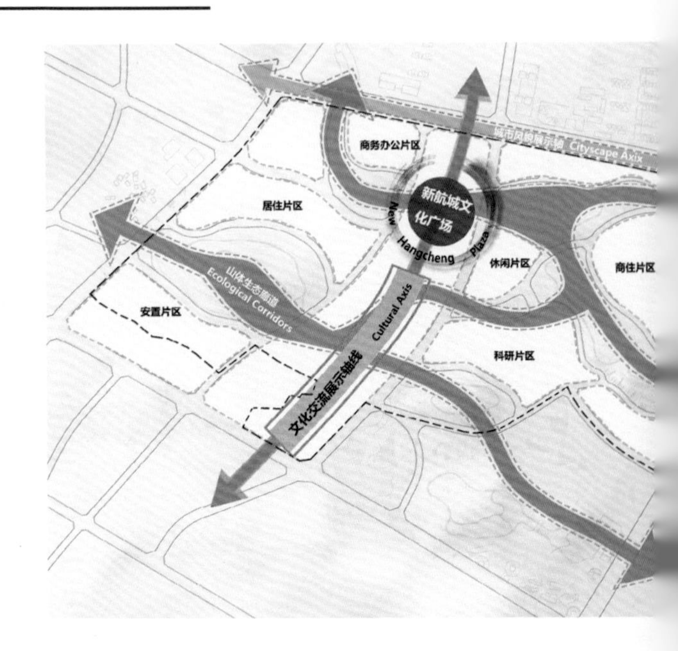

项目位于贵州省安顺市内，基地西侧为连接航城新区与安顺主城区的城市主干道西航城路。规划面积为131.1公顷，其中城市建设用地为49.1公顷。

脉形城市：城市规划结构从自然地势出发，整合现状禀赋要素，保留城市山体作为开放山体公园，以海绵城市为实施导则，以绿色交通为交通战略，打造富有特色的贵州脉形城市。

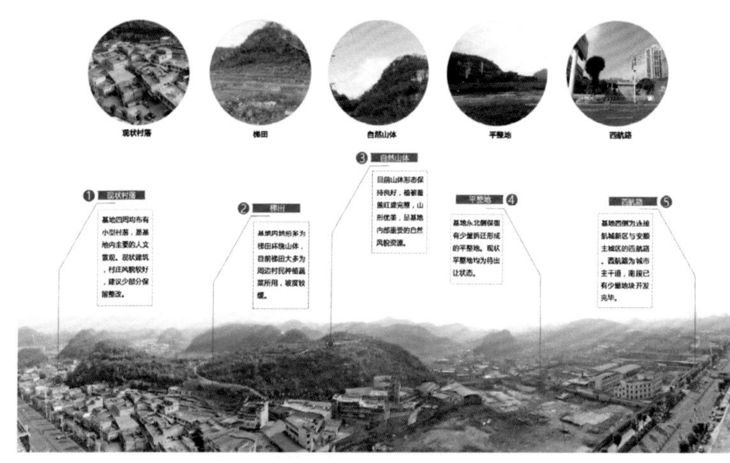

脉形城市

脉形城市是遵照山势脉络与水系流向自然生长的城市，强调顺应自然而生的规划理念，着重保护城市的山水格局。

脉形城市亦谐音慢行城市，规划通过慢行系统连接一系列的“以人为本、慢行优先”的慢行社区，最终形成的适宜步行、可持续发展的城市。

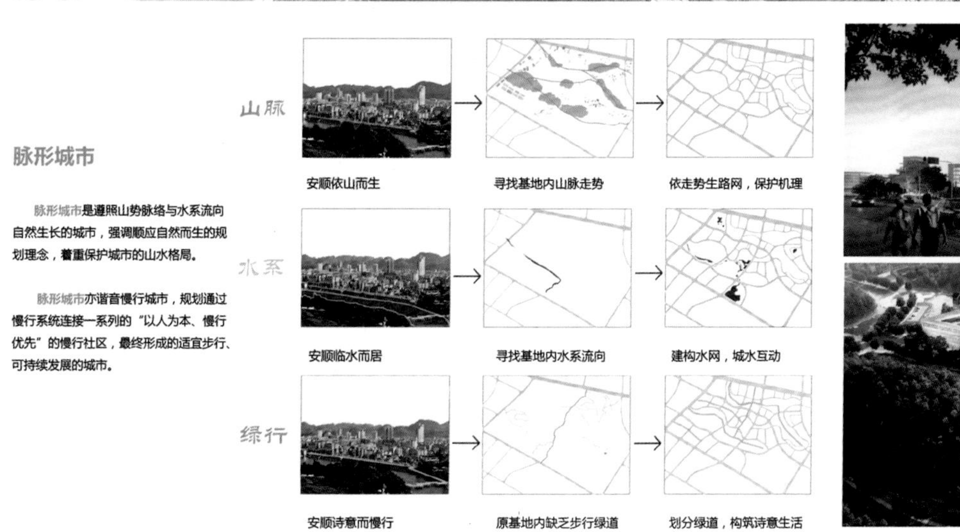

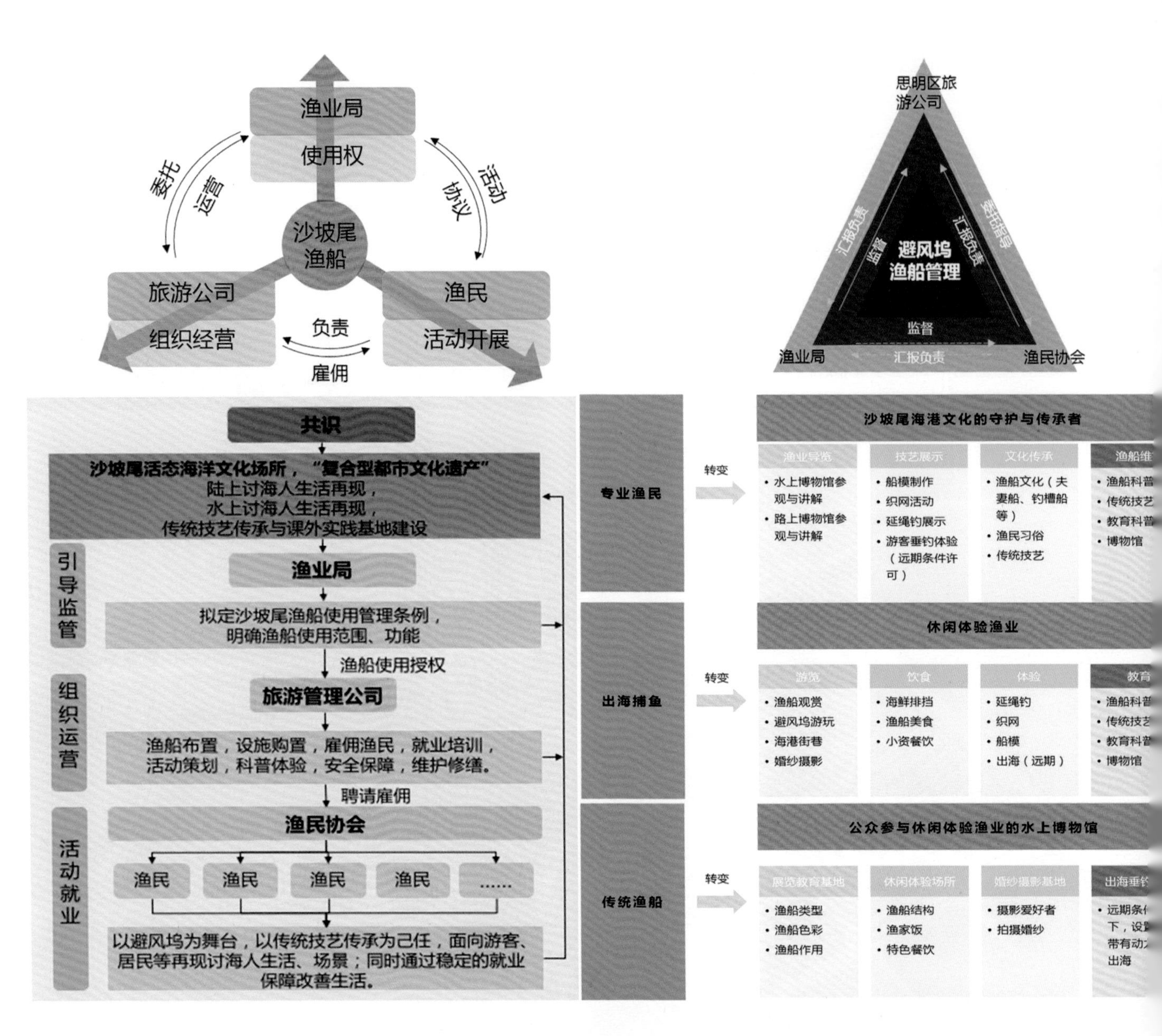

沙坡尾共同缔造工作坊

研究地点：厦门市思明区

研究单位：厦门大学建筑与土木工程学院

研究人员：张若曦

其他团队：中山大学　华侨大学　香港理工大学

研究时间：2016年6月—2017年3月

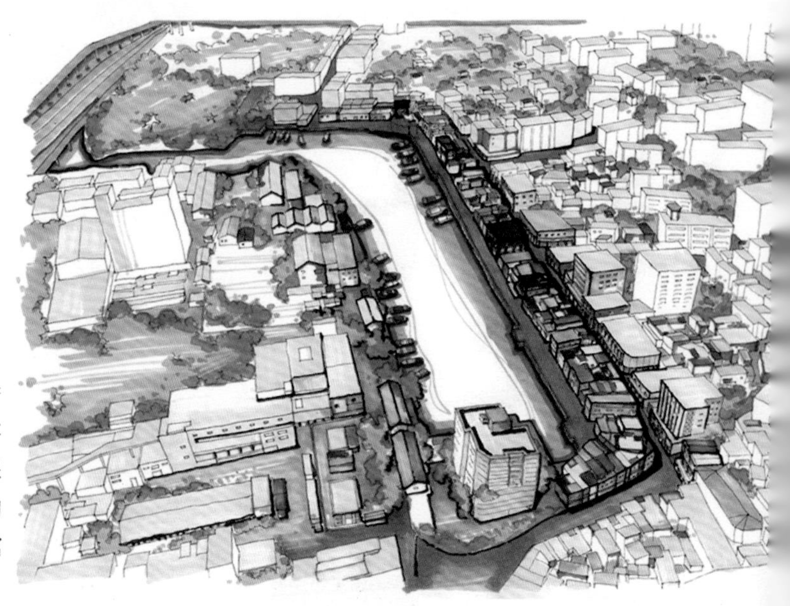

项目位于厦门市思明区厦港街道沙坡尾，工作坊为参与式社区规划实践，以问题为导向，凝聚社区各社会群体对沙坡尾地区有机更新改造的发展愿景，以研究地区发展现状问题、讨论渔船回归为出发点，研究解决渔船回归的空间设计和制度运营问题，并通过对公屋进行渔港博物馆改造策划，重塑沙坡尾多元文化，凝聚渔港记忆。

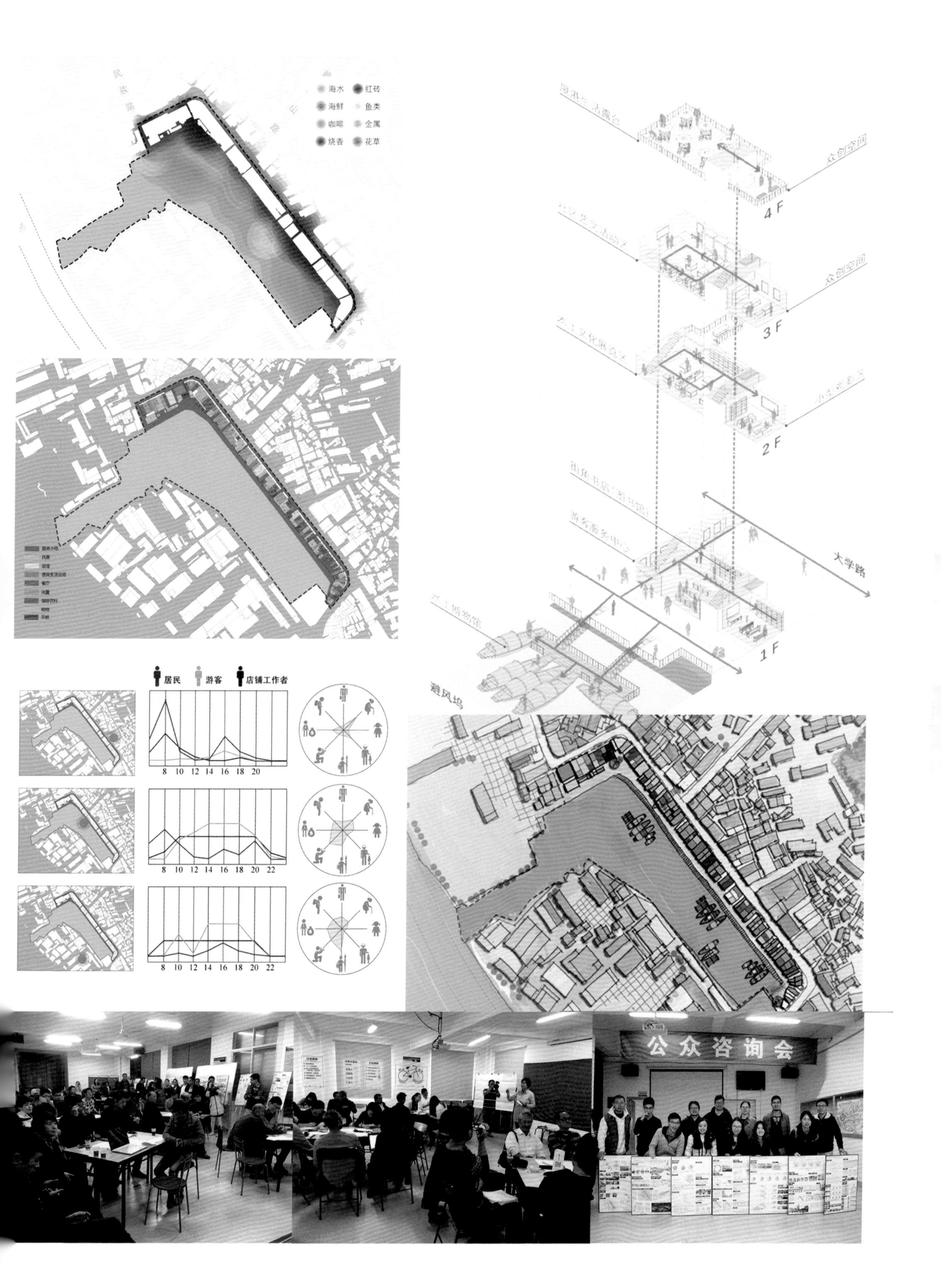
海水
红砖
海鲜
鱼类
咖啡
金属
烧香
花草
居民
游客
店铺工作者
8 10 12 14 16 18 20
8 10 12 14 16 18 20 22
众创空间
4 F
众创空间
3 F
2 F
大学路
1 F
避风坞
公众咨询会

清末玉沙坡古港遗迹分布图

沙坡尾历史街区活态博物馆研究

研究地点：厦门市思明区

研究单位：厦门大学建筑与土木工程学院

研究人员：张若曦

研究时间：2017年4月—2017年11月

沙坡尾活态博物馆范围为承载厦港百年渔港历史的玉沙坡海湾区域。明末清初，海商渔户汇聚形成最初的海港文化聚落，清末时期区域内海防、海运及渔业相关机构云集，成为闽南地区重要的专业渔港。直至近现代，沙坡尾高度集中了渔业企业和相关临港工业，成为厦门经济的重要支撑点。1880年代后，随着产业结构的升级转型，本片区的渔业和渔港逐步淡出，目前成为了厦门渔港历史和渔业文化的存留地。“沙坡尾是‘复合型都市文化遗产’，不仅需要保护，更需要活化发展，形成活态的海洋文化场所。”这是在沙坡尾共同缔造工作坊中，针对历史街区的未来发展，老渔民、本地居民、商家、专业者等各方群体所凝练出来的共识与愿景。在此背景下，本研究针对遍布片区的各文化遗迹、历史建筑、代表机构、记忆场所等珍贵的街区文化资产，进行系统的实地调研、史料考证、口述史采集及空间定位，构建沙坡尾活态博物馆的文化资源库，为街区的持续活化发展及文化复兴提供支撑。

渔业产业结束前后人群评价对比

沙坡尾历史片区文化资源分布图

规划总图

厦门市翔安区香山省级风景名胜区总体规划（2017——2030）

设计地点：厦门市翔安区

设计单位：厦门大学建筑与土木工程学院
　　　　　厦门大学城乡规划设计研究院

设计人员：张力　许志上　郑华阳　陈烁

香山风景名胜区历史悠久，风景优美，于2004年被省政府列为第六批省级风景名胜区。风景名胜区总面积约8.48平方千米，核心景区总面积1.37平方千米。

香山省级风景名胜区是厦门的绿色休闲基地，是翔安的城市绿核，是以花岗岩地貌为特色，以“古寺”“山石”“山泉”为核心自然景观，以庙会为核心人文景观，可开展宗教朝圣、民俗体验、休闲健身等活动的省级风景名胜区。本次规划充分保护香山风景名胜区的自然资源、文化资源和生态系统，围绕香山“贡香、书香、花香”进行规划打造。

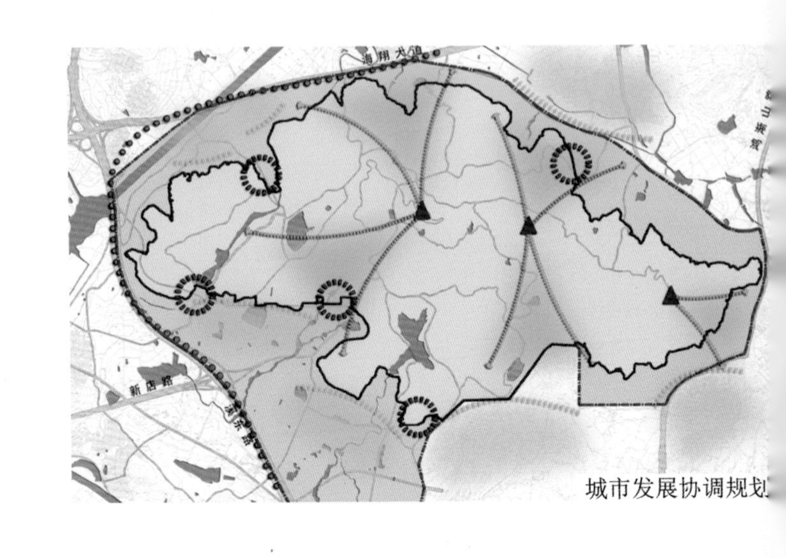

城市发展协调规划

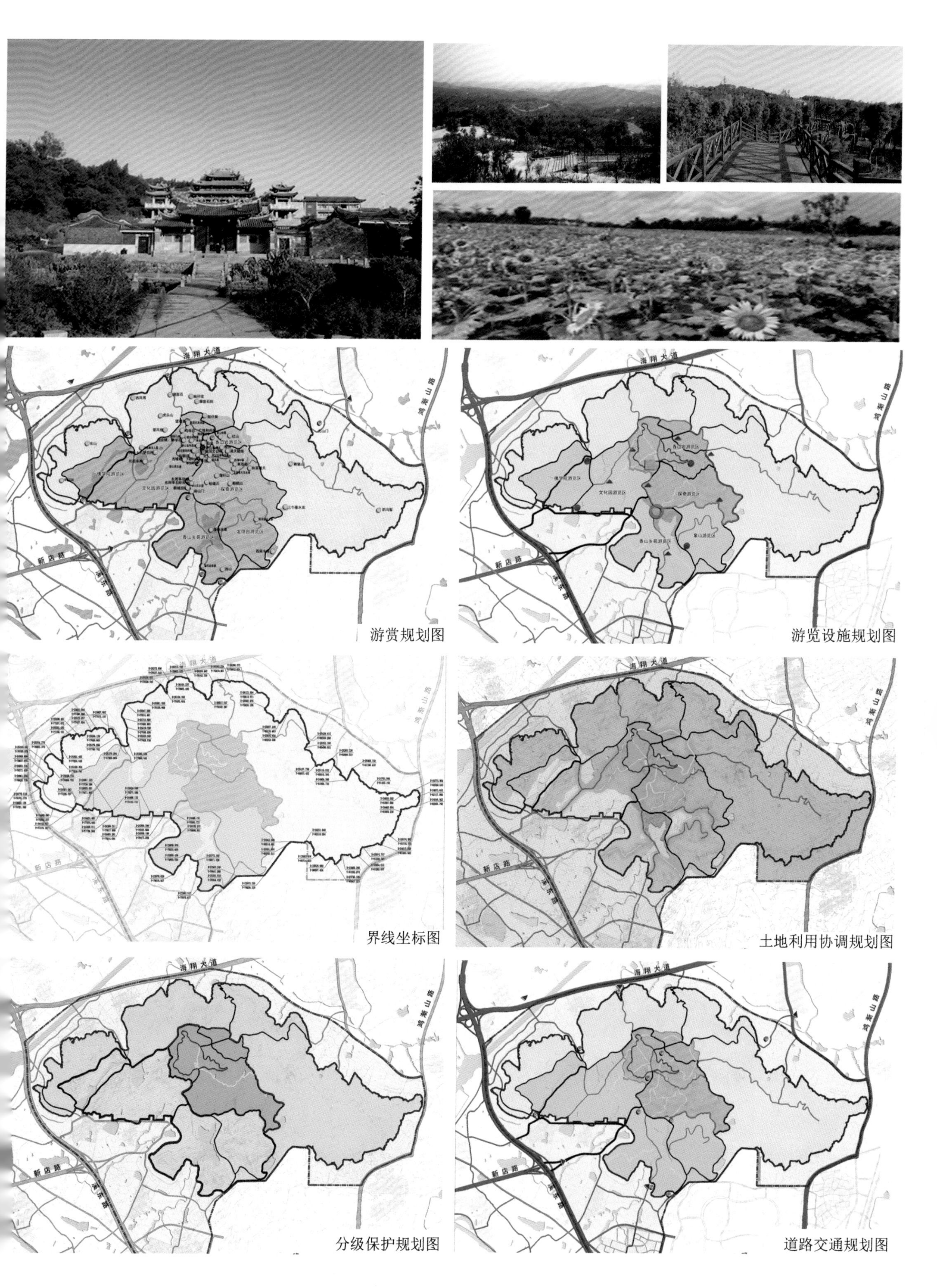
海翔大道
鸿渐山路
新店路
游赏规划图
游览设施规划图
界线坐标图
土地利用协调规划图
分级保护规划图
道路交通规划图

后 记

自学院提议编纂教师优秀作品集到院庆只有短短两月，仅发动全院教师收集各自作品一项工作就花费过半时间，时间相当紧。后经十几位教师和学生辛勤工作，从筛选到排版，于院庆前一周完成定稿并交付付印。在此，谨向所有参与和支持本作品集编纂工作的各位教师以及为编排工作付出辛勤劳动的各位同学表示最诚挚的谢意！

本作品集收录了建院三十年来本院教师参与创作的部分优秀建筑设计、规划设计作品及研究以及美术作品等，其中有已建成获省部级优秀建筑设计奖的工程项目，获奖优秀建筑、规划设计方案，也有师生共同创作的设计作品，凝结了教师和同学们的心血。它既是学院发展过程的阶段性研究资料汇编，也是本院参与、服务地方经济建设和产学研成果的展示。收录的作品主要具有以下几个特征：其一，高度的多样性。设计类型从公共建筑到住区规划，从文教建筑到商业办公，从城市设计到总体规划，覆盖广泛。其一方面展现了我院教师对于设计行业发展的适应能力，另一方面也反映出我国尤其是闽南地区城乡建设的快速发展；其二，关注文化与地域。收录作品普遍展现出基于闽南地域文化及其传统构建体系，关注形态表层含义，摆脱经典现代主义设计局限于深层含义窠臼的倾向；其三，坚持创新。对于厦门乃至闽南地区的设计工作，嘉庚建筑、闽南建筑是宝贵的遗产，也是需要审慎对待的框架。基于现代建造技术，学院三十年来的设计实践展开了对于 “新嘉庚、新闽南”建筑的种种探索，并已开始形成超越本元意义上的“泛嘉庚、泛闽南”设计风格。

介于时间的原因，本集还存在不完善之处，敬请批评指正。另，有的项目作品参与教师和学生人数较多，名单未予详细列举，合作人如有遗漏，也敬请谅解。

《“新闽南”建筑实践——厦门大学建筑与土木工程学院教师优秀作品集（1987–2017）》编委会

2017年12月8日